“十四五”时期国家重点出版物出版专项规划项目

中国城乡可持续建设文库

丛书主编　孟建民　李保峰

Architectural Design and Climate Buffering

A Design Idea of Spatial Layers

建筑设计与气候缓冲

一种空间层级的设计思路

陈晓扬　蔡苗苗　著

http://press.hust.edu.cn
中国·武汉

图书在版编目（CIP）数据

建筑设计与气候缓冲：一种空间层级的设计思路 / 陈晓扬, 蔡苗苗著. — 武汉:华中科技大学出版社, 2023.9

（中国城乡可持续建设文库）

ISBN 978-7-5680-9984-4

Ⅰ. ①建… Ⅱ. ①陈… ②蔡… Ⅲ. ①建筑空间—建筑设计 Ⅳ. ①TU2

中国国家版本馆CIP数据核字（2023）第165416号

建筑设计与气候缓冲：一种空间层级的设计思路 陈晓扬 蔡苗苗 著

JIANZHU SHEJI YU QIHOU HUANCHONG: YI ZHONG KONGJIAN CENGJI DE SHEJI SILU

出版发行：华中科技大学出版社（中国 · 武汉） 电话：（027）81321913

地　　址：武汉市东湖新技术开发区华工科技园 邮编：430223

策划编辑：贺　晴 封面设计：王　娜

责任编辑：赵　萌 责任监印：朱　玢

印　　刷：湖北金港彩印有限公司

开　　本：710 mm×1000 mm 1/16

印　　张：13.75

字　　数：230千字

版　　次：2023年9月第1版 第1次印刷

定　　价：88.00元

华中出版

投稿邮箱：heq@hustp.com

本书若有印装质量问题，请向出版社营销中心调换

全国免费服务热线：400-6679-118 竭诚为您服务

内容简介

建筑次要空间一般不被重视，而恰当的布局能发挥它的热缓冲潜力。本书尝试从这一独特视角出发，提出一种面向气候的建筑内部布局设计思路——空间层级布局，这是一种符合我国国情的节能增效途径。

本书归纳了主次空间的常规布局类型，依据提升型和重构型两类思路提出空间层级优化的原型。同时还结合案例说明了这种优化模式在建筑布局设计中的可行性，并进一步细化了子类型和具体手法，使之具备较广的适用性。

国家自然科学基金项目（51978137）

目　　录

1

一种面向气候的设计思路

1.1 建筑的气候设计观

1.1.1 能源危机的警示

能源危机在全球范围内已不是新鲜事。2022 年夏季以来，能源供给不足叠加高温天气，欧洲电价创新高，交易的次年法国电价达到了 7.73 元 / 千瓦时，德国突破 6.84 元 / 千瓦时 [1]，高电价直接导致高通胀和社会不稳定。50 年前和 2022 年西方能源危机的直接导火索都是国家或组织之间的博弈冲突。20 世纪 70 年代的能源危机是因为欧佩克国家的石油减产和石油出口禁令，本次危机缘于俄欧冲突。它看起来是国家或组织之间的博弈引起的，但是究其根本，资源有限本身才是核心原因。据欧盟能源机构预测，石化能源将在 21 世纪内开采殆尽，石油需求在 2020—2030 年达到峰值。有限的资源在全球进行分配，加上国家实体之间的壁垒，供给不足不是偶然现象，以后或许会频发并导致更深刻的危机。当然，能源危机也给人们带来了反思和改变，自 20 世纪 70 年代石油危机爆发以来，欧洲大力发展清洁能源，并直接推进了《京都议定书》的签订和巴黎气候峰会等事件，达成了节能减碳的全球共识。

从我国情况来看似乎是另一番情景，由于近年来能源供应的平稳和电网技术的支撑，电价一直维持在低位。这对于制造业大国维持竞争力至关重要，但也导致人们的能源危机意识并不强烈，节能动力不足。我国电力消费总量巨大并呈台阶式增长（图 1-1），电力供给快速增长有难度，2021 和 2022 年的多地拉闸限电就敲响了警钟。在发展快车道上的我国对电力的需求只会越来越大，现有的能源消费结构需进一步优化，节能降耗也相当紧迫。回头来看，21 世纪初开始大力发展清洁能源的策略起到了积极作用，截至 2020 年，清洁能源消费的占比达到了 24.4%（图 1-2）。但还需看到，煤电的消费占比依然达到 56.5%，而且较长时间内，它都将是我国主要依赖的能源，这给节能减排带来了巨大挑战。另外我国单位 GDP 能耗、人均能耗分别为世界平均水平的 1.4 和 1.44 倍 [1]，所以需要加大新能源的供给，而更为重要

1 欧洲能源交易所（EEX）数据，引自《上海证券报》，以当时欧元对人民币汇率 6.84 换算。

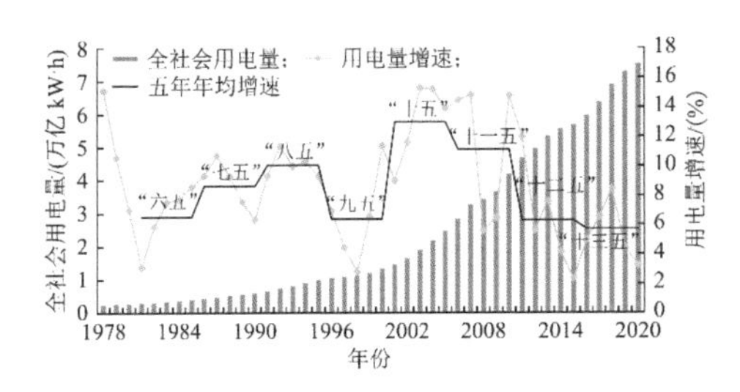

图 1-1　我国全社会用电量趋势

（图片来源：刘青，张莉莉，李江涛，等．“十四五”期间中国电力需求增长趋势研判 [J]. 中国电力，2022, 55(1): 214-219）

注：2020 年煤炭消费比重进一步降至 57% 以内，清洁能源消费比重提高到 24.4%

图 1-2　我国 2020 年能源消费结构

（图片来源：中国电力报，https://www.cpnn.com.cn/epaper/index.html?bc=01&articleId=1448597211112800256&time=20210122）

的是当前需要注重能源消费环节，全面推行能源节约和提效。即使大力发展清洁能源，如果不在有效节能上下功夫，远期供需矛盾也难以化解。况且，清洁能源生产的原材料供应也是有限的，而且我国部分材料还受制于人。锂、镍、钴、锰、稀土等重要生产材料的全球储量都有限度。以新能源汽车为例，全球可开采锂资源约为 1350 万吨 [1]，按目前技术来估算，平均每辆电动车消耗约 7.5 kg 锂 [2]，全球锂资源只能支撑制造约 18 亿辆锂电池电动车。重大能源技术的提升都不是持续发生的，而是脉冲式的，在重大技术革新发生之前，需求的爆发式增长都不可持续。我国尚未爆发大规模能源危机，但是从需求增长的趋势看，不可不防。所以无论从长远发展还是从能源安全的角度来看，节能提效始终都是极为重要的。

在节能方面，建筑领域任重道远。2019 年全国建筑全过程能耗总量为 22.33 亿吨标煤，占全国能源消费总量的 45.8%，碳排放占比达 50.6% [2]。随着我国居住条件的改善，用电量还在快速增长。空调普及率越来越高，居住环境越来越精致舒适。生活也越来越便利，坐在家中就可调用诸多的电器，还能调配大量的资源，遥控视线范围之外的货品和物流。但在这样未来化的场景中，各种智能设备带来的超级便利都需要巨大的电力增量支撑。它包含的不单是手机等智能设备的耗能，更多的是

---

1 美国地质调查局 (USGS)2015 年数据，引自：USGS. Mineral commodity summaries 2015 [R]. U.S. Geological Survey, 2015.

2 以特斯拉 Model S 为估算基准，一辆车使用碳酸锂约 45 kg，随着技术的提升预估使用 40 kg，碳酸锂中锂含量约为 18.9%。

经由它们发出的一道道资源调动指令所带来的耗能。然而坏消息是一定技术条件下的电力增量都有极限，关键性的清洁能源技术如氢能源和可控核聚变应用都还未成形。从以往新技术应用趋势看，新技术投入大范围使用要经历研发、试用和产业化等一系列环节，更不用说突破性的新技术还在研发的路上。无论是因为受制于能源紧张，还是要顺应将来的技术发展，建筑的未来趋势都是，一方面建筑可成为产生清洁能源的供给端，另一方面又要成为利用清洁能源的使用端，以节能降耗。

对于建筑作为清洁能源的供给端，光伏建筑一体化（BIPV）和分布式风能发电为建筑设计提供了方向。越来越多的房屋业主注意到了 BIPV 在节电和投资回报上的吸引力，产品应用逐渐被常规化。因为国内光伏产业的大力发展，目前光伏发电越来越具有经济效益，而且 BIPV 又进一步减少了远距离输电的成本。2022 年 6 月我国发布的《城乡建设领域碳达峰实施方案》提出，到 2025 年新建公共机构建筑、厂房屋顶光伏覆盖率力争达到 50%[3]。它在技术上主要依赖光电转化的效率提升，建筑设计领域只是配合其一体化安装，这对建筑表皮设计具有指导意义。

对于建筑作为清洁能源的使用端，需要通过对建筑设计和机电设备的优化，争取利用环境中的自然能源。对于建筑设计领域来说，需要通过科学的设计达到节能降耗的目的。《城乡建设领域碳达峰实施方案》也提出，2030 年前严寒和寒冷地区新建居住建筑本体要达到 83% 的节能要求，其他区域要达到 75% 的节能要求。建筑设计中的布局、朝向、形体、围护结构等方面都是影响能耗的因素。如果低能耗或近零能耗房屋得以大量建设，这对降低社会总能耗的作用相当可观。在形体空间上进行科学设计是最经济的手段，也是节能的源头环节。

1.1.2 应对气候的必然选择

从 1992 年的里约热内卢地球峰会到 2015 年的巴黎气候大会，人们无不高度重视可持续发展。1992 年地球峰会上参与方同意采取措施减少碳排放，制定可持续发展战略。2015 年中国承诺将于 2030 年左右使二氧化碳排放达到峰值，单位 GDP 中二氧化碳排放比 2005 年下降 60%~65%[4]。发展绿色建筑，是形成人和自然和谐发展的现代化建设新格局的重要内容。我国多次强调，应对气候变化是中国可持续发展的内在要求，也是负责任大国应尽的国际义务，这不是别人要我们做，而是我们自己要做。中国科学院院士秦大河表示："针对气候变化带来的深远影响和潜在风险，全世界急需迅速减少温室气体排放，通过发展低碳清洁能源、增加碳汇以及改变生活方式等，进一步促进可持续发展。"[5] 全球变暖、臭氧层破坏、生物多样性减少等全球性的问题看似离建筑师比较远，而实际上其中建筑消耗的能源几乎占总能源消耗的一半，所以建筑师所做的决定，对实现可持续发展的未来至关重要。

人并不能长期直接生存于自然气候之中，气候缓冲是房屋的基本功能。建筑围护结构减小了气候波动（围护结构的热惯性），过滤了外部气候的影响（遮风避雨、遮阳等），使之适宜人的活动，所以房屋的气候缓冲功能是自建筑产生就直接拥有的属性，是传统建筑应对气候的主要手段，它并不是一个新概念。在大量的当代建筑中，正是因为人们有着依赖设备的高超气候调节手段，围护结构和空间布局本身的气候调节功能反而被轻视，人们付出的代价就是能耗的不合理增长和居住环境的机器化。对技术应用的不谨慎，虽然短期看不出消极影响，甚至是一派欣欣向荣的景象，但长期来看其导致的结果可能是整体生态系统的风险。对环境不友好的人居模式对全球气候变化起到了添柴加火的作用。比如发电成本较低时，在一般建筑内全年大量使用空调设备也无多大代价，有研究表明，2005—2014 年中国各省居民人均电费占人均可支配收入的比例为 1%~3%[6]，离 WHO 所提出的合理上限 10%[7] 还较远，可见在居民用电成本方面尚无压力。这一方面反映的是居住条件的改善，但是从另一方面来看，一味依赖设备产生的消极影响也是深远的。碳排放是一个已知风险，至于依赖机器对人类文化的影响也在持续考察中。应对全球气候变化已成为全球共识，当代重提气候缓冲，正是对这一现象反思的结果。关注生态的建筑师杨经文认为，如今生物气候设计的重要性不仅与当下的减碳和舒适性议题相关，而且与当代文化相关[8]。

1.1.3 望向传统——经验的启示

说起让建筑适应气候，首先想到的可能是传统经验，人类的建筑史就是和自然作斗争的历史，人类在斗争中积累了适应和抗衡自然的方法。

人类适应自然的主要方式之一便是建造建筑，为人遮蔽风雨和日晒，阻挡寒冷或酷暑，缓解洪涝或干旱。建筑就是人的另一层外衣。极端气候是检验建筑适应性的最佳试金石，在这样的气候条件下建筑的应对方式最容易显现，传统建筑在这方面积累了丰富经验。现代建筑中的被动式气候调节方式大多可以在传统经验中找到源头，传统经验为现代建筑提供了启发。对此伦佐·皮亚诺表示："记忆的意识与革新的愿望看起来是不和谐的，但是……没有对传统的爱和对过去的记忆，也就不存在现代性。"[9]

适应寒冷气候的典型例子之一是爱斯基摩人的冰屋，其围护结构形成半球形体，由此使形体系数极小，半下沉的室内空间进一步缩小了形体暴露面积，入口空间的狭长甬道形成热缓冲空间，厚重的围护结构带来较高的热惯性。这是爱斯基摩人在长期与自然抗争过程中得到的生存智慧。紧凑形体和厚重围护结构一般是寒冷地区传统建筑的共同特征。

非洲北部、西亚和中国北方等很多地区都有利用掩土抵御室外气候的经验，土壤的热惰性让内部温度波动减小，使之能适应冷旱、干热等多种气候。陕西的窑洞是利用黄土地形凿出的居住空间，并有靠山窑、地坑窑和土坯砖窑等形式，厚重的围护结构有良好的热性能，为人们提供冬暖夏凉的生活空间。直至今天，人们依然认可窑洞的气候优势。20 世纪 80 年代我国与国外学者开展了一轮针对陕西窑洞的实测研究，研究表明，在热环境的某些方面窑洞的表现（冬暖夏凉）比常规住宅具有优势。当然，一些明显的弊端也限制了窑洞如今的应用，比如潮湿、采光等问题[10]。但是掩土的措施在各种气候区的现代建筑中得到了广泛的应用。

中东的干热地区常利用捕风塔改善室内气候，并发展出单向、双向、多向捕风塔的形式。捕风塔这种精巧的装置在一天中的不同时刻组织了有利的通风换热，在现代建筑中也常跨越气候区被采纳借鉴。我国南方的干栏式建筑也利用轻型结构架空、多重遮阳等方式来适应湿热气候。

在可持续发展的价值体系下，对待传统的态度和看待传统的视角都已改变。我们不再用"古色古香、风景如画、落后或原始"等字眼形容传统建筑，我们开始意识到建筑背后的含义，即本土建筑出自与自然的较量和反复试验，我们应该将其视为智慧的集合[11]。总的来说，传统建筑适应气候都是被动的方式。

1.1.4 反思传统——有限的解决方案

在前工业时代技术条件有限的情况下，传统经验的确发挥了某一方面的资源优势，它能应对主要的气候矛盾，但未能完美解决问题。比如窑洞，即使人们知道它冬暖夏凉，现实中也很少会选择这种居住形式。其中有土地政策、容积率方面的限制原因，也有技术短板的制约。居民认可度在降低，是因为它还有潮湿、阴暗等方面的性能短板，一旦出现另一套解决方案能把这些问题解决掉，人们换一种选择是再合理不过的事情了。传统傣族竹楼有较高耸的大挑檐和架空的结构，用轻质带孔隙的材料作围护结构有利于遮阳、散热和排水，但是为了获得良好的通风散热性能，围护结构不够闭合，内部空间隔断也不充分，这些也影响了其在当代的功能适应性。在解决当代实际居住需求时，使用混凝土和砖的新式民居更受欢迎，它可能与传统房屋相似，但是散热和通风的方式已完全不同。围护结构的改变让温度稳定性提高了，但是通风性能受到影响。在对皖南民居的调研中，也发现其夏季遮阳较为充分，加上巷和天井的通风作用，民居的内部夏季气候较为适宜，但是冬季的热环境表现并不佳，遮阳充分的天井在冬季阴冷，由木板制成的围护结构保温和气密性都不够。在夏热冬冷的气候区中，这并不是孤例，该气候区的传统民居都有冬季热环境的问题，所以冬季人们都少有例外地依靠火盆作为改善手段，这些手段在当代只是被替换成了空调和散热器。

如今，建筑占比越来越小。多数情况下，传统建筑被保护起来，起到类似活化石的功用。人们或许不时能从对它们的研究中得到某种启示，但是已经难以把传统经验看成一整套有效的解决方案。在当今技术条件下，纯粹模仿过去无疑是一种低效率且需要审慎对待的选择，学习传统经验还需要分析其具体原理。

1.1.5 立足于现代——“形”的思辨

在学习传统智慧时，有很长一段时期甚至直至现在都在注重“形”本身，或照搬其纹饰，或模仿其形式，或学习其布局，少有对其气候应对经验的总结应用。这很大一部分原因是现代设备技术的介入，使得应对气候成为一件“轻而易举”的事，电力和空调设备变成最常规的技术手段，使建筑不管形态如何都能应对所有气候，所以在学习传统建筑的过程中，人们关注的重点常常偏向形而上的象征符号或形式要素，因为象征符号容易引起情感共鸣，形式的要素也容易被直接感知，而自然要素则习惯性地被忽略。

模仿传统的雕梁画栋或者复制符号是一种浅显的方法，以最简单而直观的符号学方式追求“古色古香”，也最容易实现。而再现传统的布局方式是一种稍复杂的层次，也是一种常见的类型学方法，需要归纳模式进行再演绎。前者基本与气候无关，而后者需要分析区别。空间的比例中可能蕴含了应对地方气候的策略，比如北方四合院的庭院尺度和硬质铺装适合吸纳冬季日照，学习其布局可能会延续这一特点。但是对此也要谨慎看待，因为传统建筑中的空间布局和比例除了适应气候条件外，还有很多制约因素，比如伦理秩序、文化传播、技术条件等。与北方四合院类似尺度比例的硬地庭院同样也出现在了闽南地区的很多大厝中，这是一个值得研究的气候矛盾现象。闽南的气候要求与北方有明显区别，它对于夏季的遮阳通风有要求，而不是偏向庭院的冬季得热蓄热。一种可能的原因是，在文化的传播过程中强势文化更容易被输出，当时的中原文化更具强势，有些大门大户容易向北方学习建筑规制，另一方面豪阔的庭院也更符合大府邸的功能及主人的心理需求，这就造就了闽南局部与北方相似的布局模式。反观当地的另一种建筑“手巾寮”，它更普遍地适应气候。这是普通人家的房屋，通常为一个开间的宽度，长度十几米甚至几十米，因地块狭窄、房屋拥挤，反倒更迫切需要解决通风、采光、温度等与内部气候相关的问题，所以与大厝相比，其在布局模式上与当地气候有更紧密的关联。从这个意义上来说，现代建筑模仿传统建筑的尺度比例，可能更多的是源于对文化情感方面的需求，并不必然与当地自然气候有深刻的联系，其与气候的关联需要解析研究。

向传统建筑学习气候适应策略，首先多半要脱离“形”本身，需要重新梳理传统建筑中气候适应的原理，从经验上升到科学层次。现代的建造技术提供了更多的可能性，建筑材料、结构和构造技术优越的热工性能无疑可为传统经验进化提供条件。比如传统建筑中利用砖墙或者土坯蓄热，当代因为材料的进步可以选择性能更佳的相变材料，又或者因建造技术的进阶可选择水墙（塞维利亚世博会英国馆的水箱墙）。其次，传统经验多数只能提供某一方面的借鉴，而不是一整套系统，这些经验需要在现代技术条件下在设计中整合。因此借鉴的结果并不一定是形似，甚至可能和传统样式截然不同。而且当代的建筑类型和复杂程度远超传统建筑，传统经验集中指向低层高密度建筑的气候问题，当大量的多层、高层、大体量建筑出现时，对传统经验的简单应用就显得不那么得心应手了。

基于以上原因，解析原理和灵活应用才是王道。杨经文在马来西亚高层建筑中所应用的策略是基于对地方气候的分析，综合遮阳、通风、绿化等措施，呈现的建筑形式并不能在传统建筑中找到形似的痕迹，但是各个层面的技术原理还是可以在当地传统建筑中归纳出的。这种整合的思路是应该提倡的学习传统经验的路径。也就是说，立足于现代建筑来应对地方气候依然是最理性的途径，看向传统是实现这一目标的方法之一。我国北方的蔬菜温室大棚是一种利用太阳辐射和热惰性材料调节气候的成熟技术，它的原理也在现代建筑中被运用以应对寒冷气候，托马斯·赫尔佐格的雷根斯堡住宅剖面与之就有很多类似之处（图 1-3、图 1-4）。卡塔尔大学借鉴传统多向捕风塔的原理促进内部通风（图 1-5、图 1-6），使之同时适应风压通风和热压通风。捕风塔还能产生冷气流下沉的反烟囱效应，受此启发人们发明了冷却风塔的技术。美国得克萨斯州拉雷多示范农场（Laredo Blueprint Farm）的建筑就应用了此原理，设计师普林尼·菲斯克（Pliny Fisk III）在风塔头部设置了水循环冷却装置，让进入空气冷却后下沉进入室内（图 1-7）。

1.1.6 现代建筑 · 地方性 · 气候

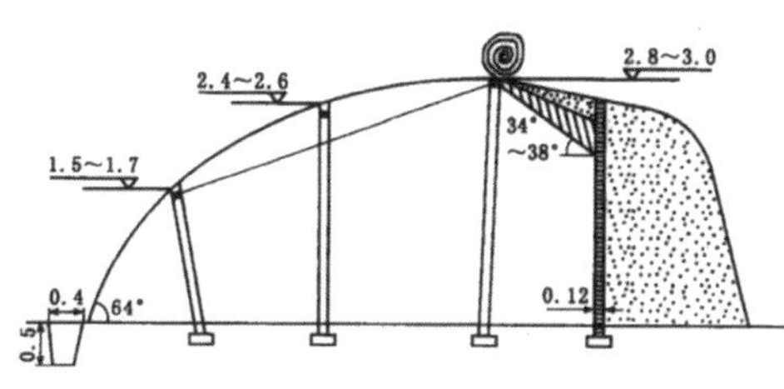

图 1-3 北方的蔬菜温室大棚
（图片来源：参考文献 [12]）

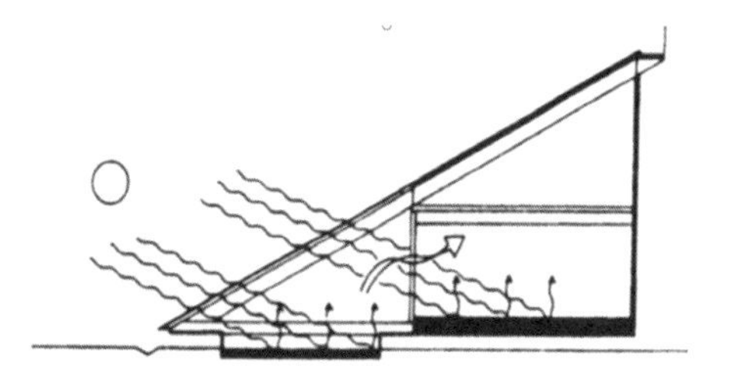
图 1-4 雷根斯堡住宅
（图片来源：参考文献 [13]）

图 1-5 伊朗传统捕风塔

（图片来源：参考文献 [14]）

图 1-6 卡塔尔大学

（图片来源：参考文献 [14]）

图 1-7 美国得克萨斯州拉雷多示范农场

（图片来源：www.flickr.com）

在现代建筑的发展历程中，主要潮流似乎出现了与地方性对立的倾向。全球化趋势催生了一种具有广泛适用性的现代建筑体系。事实也证明，现代建筑合格承担了这一使命，完成了快速城市化进程中大量建设的任务，也确实导致了建筑与地方环境割裂的问题，千城一面就是其表现形式之一。然而，现代性是否与地方性在本质上对立，这值得思考。

现代建筑的发展本身具有批判性的传统。一方面，批判现代建筑技术对自然生态的破坏，20 世纪 70 年代西方的绿党运动正是出于这样一种反思，提出了可持续发展的概念。在建筑领域麦克哈格的“设计结合自然”[15] 及 Victor Olgyay 的“设计结合气候”是其中主要代表，主张重新确立建筑与自然的和谐关系。其后生态建筑理论和实践得到大力发展，证明现代建筑在对待地方自然环境上并不一贯是对立的态度。适应地方气候是建筑适应自然的重要方面。另一方面，批判现代建筑技术对多元文化的忽视。工艺美术运动、后现代建筑、乡土建筑、有机建筑、地方性建筑等都是现代建筑理论吸取地方要素内涵的结果，它们并不是摒弃现代建筑另起炉灶，而是对现代建筑内涵的丰富。

地方性建筑理论和实践一直和现代建筑的全球普及如影随形。现代建筑的国际范式导致千城一面，但是在主流之外，一直都有地方化的建筑实践。哪怕是奉为圭臬的现代主义建筑先驱们都有这样的尝试，早期现代建筑师路易斯·康、阿尔瓦·阿尔托、赖特等建筑师都曾关注地方性这一主题。即使是现代建筑运动的主将勒·柯布西耶，在激进地推进纯粹主义之外，也有昌迪加尔建筑群这种试图遵循印度“太阳法则”[1]的实践。“十次小组”在20世纪50年代就提出了“归属感”和“场所”等概念。罗伯特·文丘里主张建筑应直接与它所在地的渊源相关，并提出了“文脉”的概念[16]。弗兰姆普敦（又译弗兰普顿）20世纪80年代阐述了“批判的地域主义”的概念，主张在抵抗现代建筑全球泛滥的同时对地方建筑文化进行再创造[17]。近年来国内的建筑创作也开始注重乡土、地方文化的现代表达，比如王澍在中国美术学院象山校区、宁波博物馆等项目中以较现代的手法运用了地方材料和建造方法，gad（绿城设计）在浙江东梓关农房社区中用类型学的方法再现了乡村社区肌理。这些都是在现代建筑与地方性之间寻求关联的尝试，使得现代建筑以恰当的方式根植于地方自然或文化环境，而在这些方式中，气候又是更为深刻的关联要素。

---

1 勒·柯布西耶写道：“印度除了有行政和财务的规定，还有太阳法则：太阳是一本日历，记录了耸人听闻的温度、酷热、随季节或位置变化的干燥或潮湿的气候。建筑的首要问题是营造阴凉地；其次是空气的流通；再次是控制液压，以疏散雨水。这需要真正的建筑技艺，以及对现代建筑方式史无前例的改造。”（引自参考文献 [11]）

注重建筑的气候适应性是现代建筑地方化的重要方面。勒·柯布西耶是国际范式的重要推广者，但是他在炎热气候区的一些作品也有针对地方气候的设计思考，比如印度昌迪加尔高等法院（图 1-8）、艾哈迈达巴德棉纺织协会总部大楼、里约热内卢教育卫生部大楼等项目，立面上采用板、箱、百叶等要素塑造阴影缓冲空间，发展出一套“brise-soleil”（遮阳）策略。同样，路易斯·康在印度和孟加拉国的作品针对炎热气候注重阴影空间的塑造，虽其面貌与地方传统建筑截然不同，但是因其气候响应策略也具有地方特色。哈桑·法赛、杨经文、查尔斯·柯里亚等建筑师对炎热气候下的建筑设计有诸多有益探索。哈桑·法赛试图发掘不依赖机械技术的埃及建筑气候效果，他对当地原型建筑展开了广泛调查，将气候应对经验整合到建筑创作中，并将之作为“国际范式”的替代方案。在其著作《为穷人造房子》（*Architecture for the Poor*）中清晰可见的主张是用“适宜技术”应对恶劣气候条件，通常来讲，适宜技术是现代技术与传统技术的一种折中。柯里亚提出了“形式追随气候”的观点，他写道：“在深层的结构层次上，气候条件决定了文化和它的表达方式，它的习俗，它的礼仪……先进的技术每十年都会发生变化。而每当技术变革时，建筑学都必须重新创造它赖以为基础的神话般的形象和价值。”[18] 他在干城章嘉公寓设计中，将

图 1-8 昌迪加尔高等法院

（图片来源：夏至，有方网，https://www.archiposition.com/items/41993b08b7）

厨卫、露台等次要空间围绕客厅布局，使之获得充分遮阳和通风（图 1-9）。托马斯·赫尔佐格在寒带建筑的气候设计上有诸多探索，他主张采用高效率的技术手段响应气候[19]，所以其建筑作品具有鲜明的现代感，但这与它所承载的地方性并不相悖。我国岭南地区的当代建筑在响应地方气候方面较为有特色，常运用冷巷、遮阳等手法应对湿热环境。在深圳信息职业技术学院建筑群的创作中，将“冷巷”原型在当代建筑中进行延展，发展出了横向冷巷、竖向冷巷不同的类型形态。

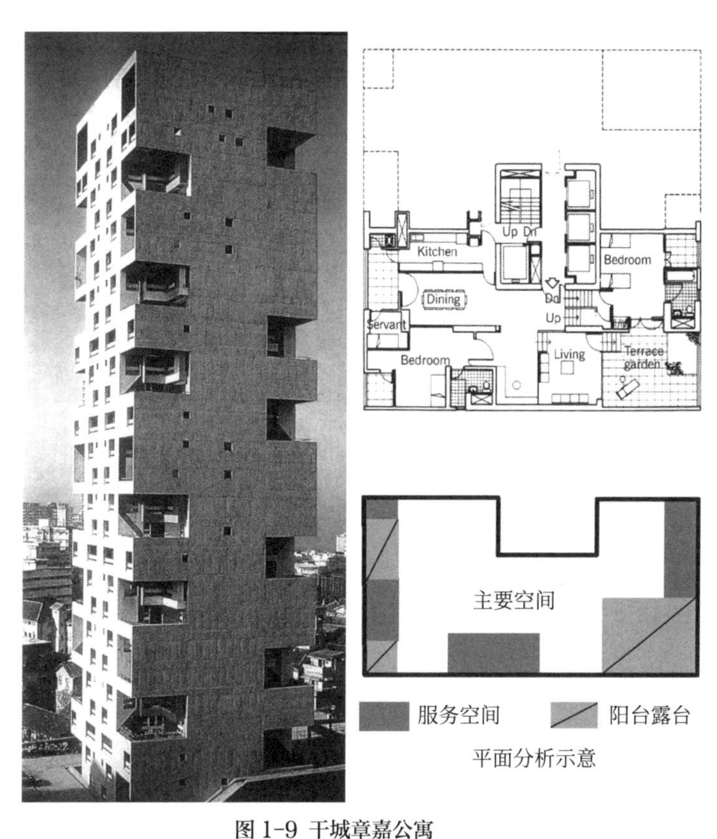

图 1-9 干城章嘉公寓

（图片来源和加工自：参考文献 [20]）

1.2 气候缓冲与空间设计

1.2.1 空间设计的气候价值

我国建筑面积超过 500 亿平方米，其中 90% 以上是高能耗建筑[1]。现在每年新增建筑面积超过 20 亿平方米，占全球新增建筑面积的一半以上。建筑能耗居高不下，建筑性能提升潜力巨大，性能提升是我国建筑业今后很长一段时间的常态。一方面，大量的建筑节能措施中，传统的简单加保温层方法（所谓的“穿外套”）已经不能满足建筑性能提升和微气候改善的多层次需求，尤其在气候适应性上有颇多障碍。比如对于南方地区一味加强保温的做法就存在争论，江亿院士认为，在南方保温不是建筑节能的重点，有时会起反效果，大家可能是“瞎忙”[21]。在舒适的气候条件下，因为有保温层，建筑的太阳辐射得热和内部得热不容易散发出去，如果再加上自然通风不畅，反而需要开空调。另一方面，一些绿色示范建筑采用的高端技术难以具有普遍的推广性。清华大学超低能耗节能示范楼的每平方米造价接近 1 万元，其属性只是实验型，暂时难以被大量复制应用。采用市场常规技术的绿色建筑，建筑的增量成本也较大。有研究表明，上海 2007 年的绿色建筑项目成本增量在 8.5%~13.9%[22]，部分城市的这一数字成倍增长。所以，无论是按部就班做好保温等措施，还是应用一些附加技术，都有性能或经济方面的障碍，用得不好最终会造成浪费。而空间优化更具有综合热调节性能，是建筑性能提升的基础方法。

当代建筑师已经形成共识：空间和钢筋混凝土本身就是微气候调节的基础手段。通过科学的设计，空间本身具有热调节能力，这是最低代价的被动节能和改善微气候的手段。在印度昌迪加尔，勒·柯布西耶设计的光影之塔旨在研究太阳运动和表皮建构的关系，用以支持他在当地的建筑策略。建筑板片构件可以将阳光控制在建筑物的四个角落，使内部空间获得遮阳和通风，由此适应当地的炎热气候（图 1-10）。生物气候学创始人 Olgyay 认为建筑气候调节有三种方式：改善气候设计地段微气候、

1 经济参考报，2015，http:// http://dz.jjckb.cn/www/pages/webpage2009/html/2015-03/30/content_3796.htm.

改变建筑实体的气候防护特点、利用机械空调设备[8]。在大量的城镇建筑中，采用第一种方式有难度，仅仅是植树造林防沙固土都需要一代又一代的不懈努力。当然，规划层面应当考虑通风、日照等因素，让建筑单体所处环境更为有利。第三种方式空调全覆盖要付出代价，这也是当前建筑能耗巨大的主要原因所在。第二种方式最符合我国国情，实际上当前最主要的改善建筑性能方法，诸如加强保温、增强气密性等措施都属于这一范畴。除了在表皮上动脑筋，建筑的空间布局也极具潜力，而且是最节约的手段。空间热缓冲策略是从空间优化设计中要效益，与建筑结合最紧密，既经济又绿色，是符合我国国情的。要让空间充分发挥微气候调节作用，就需建立它与气候环境的关联，正如传统建筑所践行的那样。

图 1-10 昌迪加尔光影之塔

（图片来源：夏至，有方网，https://www.archiposition.com/items/41993b08b7）

1.2.2 空间层级

建筑设计实践中有不同的空间层级理论，或从空间类型分类，或从结构类型分类，或从使用角度分类。有些不同的分类角度，可为气候设计提供不同视角。比如关系到区分内外，就与传热有关；而区分使用度，就与气候调节重要程度相关；区分结构与填充，就和气候调节的可变性相关。

路易斯·康提出了建筑中“服务空间”和“被服务空间”的概念，把结构、设备、楼梯、电梯等辅助空间整合在一起，置于主要空间的四周，或与主要空间竖向叠加[23]。服务空间是使用频率相对较低的辅助空间。在犹太社区中心浴室的设计中，将设备、卫生间等服务空间变成建筑的结构空心柱。服务空间和被服务空间基本交织在一起，形成古典的构图。在理查德医学研究中心设计中，进一步把服务空间从单元中移出、外置，服务空间与被服务空间的层次关系更为明显，由此使得被服务空间更具整体性和自由性（图 1-11、图 1-12）。将服务空间分化出去对气候设计有很大意义。首先是服务空间对气候调节的需求低，而需要气候调节的被服务空间体积变小。其次是外置的空间有可能起到气候缓冲作用。虽然如理查德医学研究中心这般的服务空间所占比例较小，并不能在传热方面为服务空间提供遮蔽，但是沿着气候缓冲这种思路拓展，外置服务空间的形状本身是可以设计的，如果扩大包裹面积，或者注意其布局的位置，抑或是调整其通透程度，未尝不能在传热方面带来优势。路易斯·康

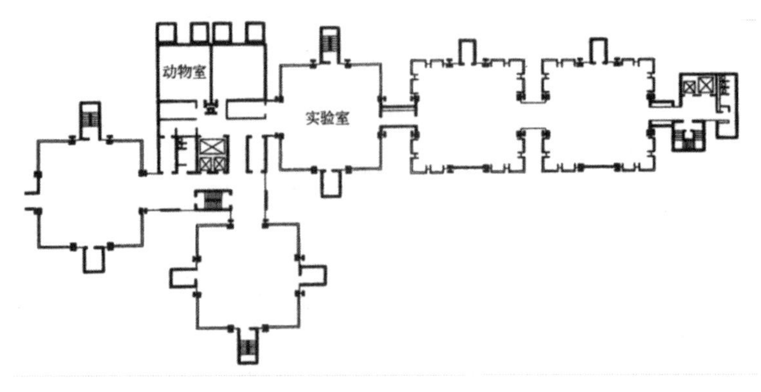

图 1-11 理查德医学研究中心平面图

（图片来源：参考文献 [23]）

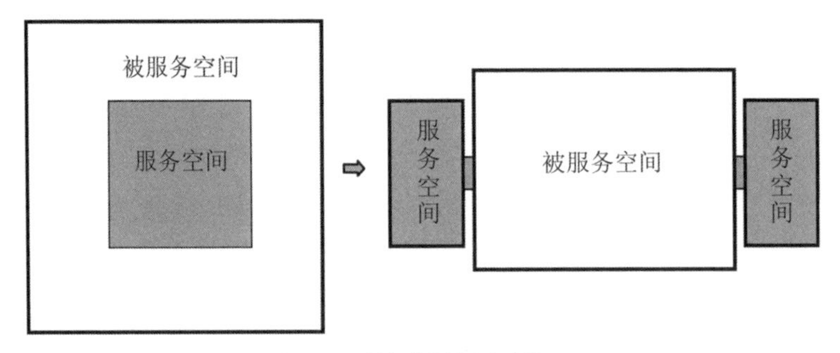

图 1-12 服务空间布局示意

的另一件作品孟加拉国达卡国家医院，其外部形成一个廊道空间，在平衡采光、遮阳、通风方面适应地方气候。这条廊道是一个具有积极社交功能的场所，和路易斯·康在其他作品中所呈现的那种服务空间有所不同，这是一种主动适应气候的变体（图1-13、图1-14）。路易斯·康在印度和孟加拉国的建筑作品，是早期现代建筑中出现较少的设计结合气候的事例，为现代建筑播下了气候设计的种子。

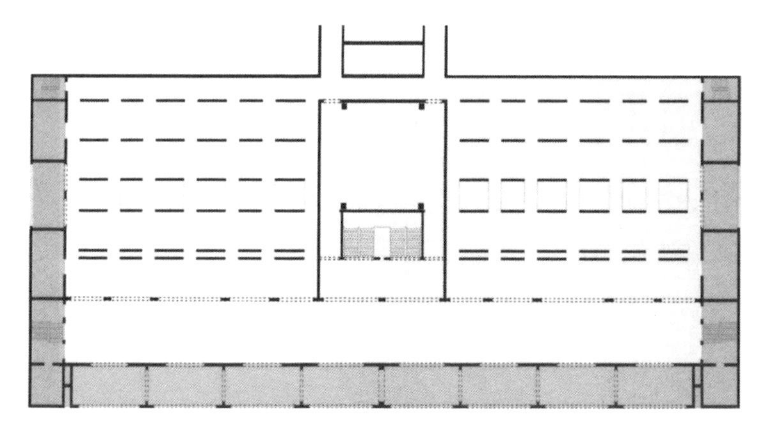

图1-13 达卡国家医院平面示意

（图片加工自：参考文献[24]）

图1-14 达卡国家医院廊道实景

（图片来源：有方网，https://www.archiposition.com/items/20181106095026）

黑川纪章在“新陈代谢”理论中将建筑分为稳定体（static）和易变体（dynamic）两部分，认为稳定体的变化有限，而易变体的灵活性使得建筑性能具有适应性。另外荷兰的哈布拉肯（N. J. Habraken）提出支撑体理论（SAR），认为建筑中的支撑体（support）相对稳定，而填充体（infill）相对活跃，可以根据需要进行组合变化[25]。这一理论由鲍家声教授结合我国国情在住宅领域进行了扩展研究[26]。从建构的角度看，通常结构是稳定体，围护有可变属性。结构可能有 70 年寿命，围护的寿命则短得多。将这一概念延伸，围护结构中有可相对固定的部分，也有可变的部分，季节性或者昼夜间的可变表皮为气候适应性提供了某种可能。

托马斯·赫尔佐格提出了“温度洋葱”的理论，根据建筑空间的不同使用温度要求，把使用空间按照从里到外的顺序依次布置，形成一定的梯度空间，可以达到节能的目的[13]，这极具启发性。实际上，选址、规划布局、建筑结构都是人们所需的外围缓冲，赫尔佐格将这一概念延伸到建筑内部布局。而且内部空间有层次分化的基础，有服务空间与被服务空间，有次要空间与主要空间。赫尔佐格在 Pfalz 别墅设计中，将温度要求最严格的浴室置于中间，其他房间按照温度需求向外层层环绕，以形成温度缓冲（图 1-15）。这是最接近气候缓冲理念的空间层级理论。当然，这个案例关注的是热传递这一种形式的调节，那么能否将对流、辐射调节方式也结合到外围

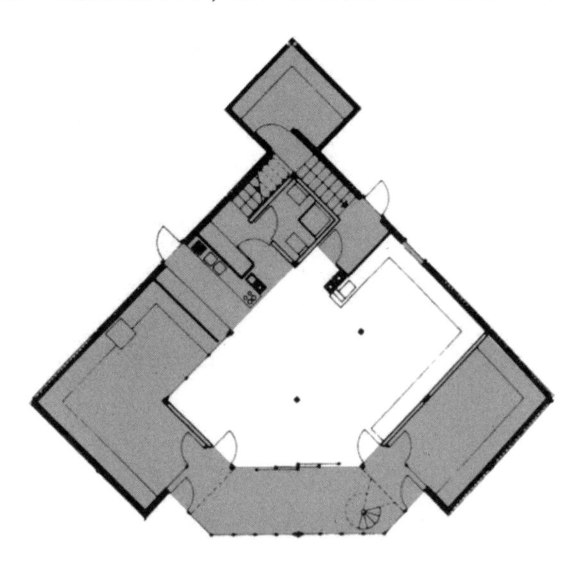

图 1-15 Pfalz 别墅

（图片加工自：参考文献 [13]）

次要空间呢？赫尔佐格在雷根斯堡住宅和慕尼黑住宅中也做过这样的尝试，用“房中房”的剖面模式对应“温度洋葱”，主体房屋的南面包裹一层面向太阳的倾斜透明腔体，并具有了冬夏不同的运行模式（图 1-16）。如果再拓展思考一下，能否赋予外围空间一种综合调节方式，使之适应不同气候区的不同季节，而且关键的是，这种模式能否适应各种功能类型的建筑？

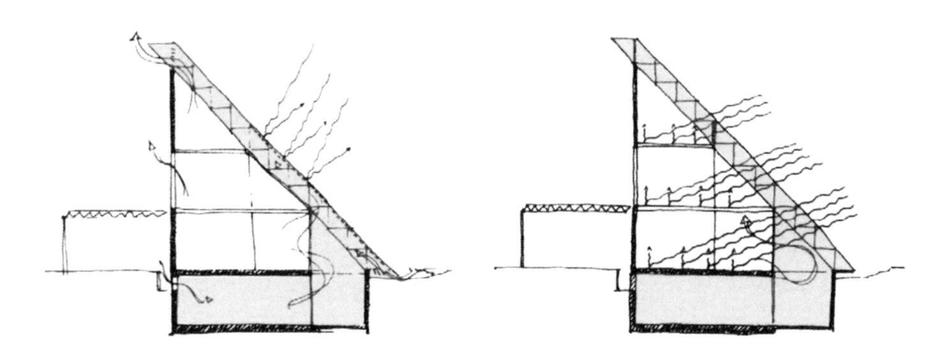

图 1-16 慕尼黑住宅
（图片加工自：参考文献 [13]）

1.2.3 气候缓冲

气候缓冲属于被动式设计或建筑气候学领域，与生物气候设计理论一脉相承。Victor Olgyay 首先提出了生物气候设计（bioclimatic design）的概念，David Pearson、布兰达·威尔、杨经文、查尔斯·柯里亚等都继续丰富了这一理论。杨经文分两个层面进行了归纳，“建筑因地方特定气候条件和季节变化而独特——温带的遮阳设计、寒带的紧凑形体、干热地区的蓄热体、湿热地区的充足通风。”“生物气候设计也指被动式设计……建筑朝向、材料选择、开口和遮阳让建筑理想地获得用以采光和得热的阳光，以及用以降温和通风的微风。”[8] 国外从 20 世纪 50 年代开始，已经进行了这方面的实践，积累了大量案例。但是也应看到，一些发达国家对建筑气候的标准设定往往过高，导致采取绿色技术的大量建筑其实不节能，对此在案例学习中应审慎对待。

气候缓冲虽然是现代建筑中的重要概念，但在古代建筑中早已出现，并被广泛运用于建筑布局中，对建筑气候起到了一定的调节作用。如中国南方民居中大量存在的天井、冷巷、檐廊、架空层、骑楼灰空间等，均属于外部环境与内部房间之间的过渡空间（即热缓冲空间），通过自然通风组织、遮阳等方式，对内部空间的热环境起到了一定的缓冲调节作用，从而有效缓解了夏季潮湿闷热的气候环境。

国内近年来对建筑气候与节能越来越重视，出现了不少研究和实践者。宋晔皓较早在国内提出“生物气候缓冲层”的概念，它是指建筑与周围生态环境之间建立的缓冲区域，既可以防止室外恶劣气候对内部环境的影响，又可以对室内环境进行微气候调节[27]。他主张从聚落空间、建筑实体及建筑细部三个层次进行缓冲设计，部分理念体现在贵阳清控人居科技示范楼项目中（图 1-17）。李钢提出了“建筑腔体”概念，建筑腔体即建筑采取适宜的空间体形、运用相应的技术措施，利用或辅助利用可再生能源来营造内部气候环境[28]。梅洪元结合寒冷地区的气候特点，对典型空间形态进行了优化策略总结[29]，并在寒地绿色生态示范建筑中体现。李保峰针对夏热冬冷地区气候特点，提出建筑表皮可变化设计的概念，以平衡夏季通风、隔热与冬季保温等各个季节的需求[30]。孟建民等在深圳信息职业技术学院科技楼设计中探讨了传统的“冷巷”空间在高层建筑中的应用策略[31]。

总的来说，生物气候设计的核心思想是：合理利用阳光、风、水、土壤和植物等环境资源，在规划、建筑空间、材料构造上采取措施，以实现良好微气候构建。建筑要实现减碳和节能的目的，首先要充分发挥被动式设计的潜力，而后再以主动式调节方法作为补充，而不是反向行之。赖特在 1944 年设计的雅各布斯之家是早期现代建筑中运用被动式策略的典范（图 1-18）。这个被称为“太阳能半圆形”的房

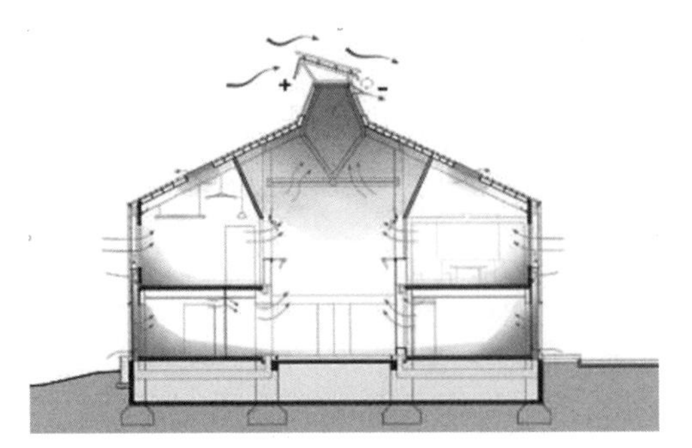

图 1-17 贵阳清控人居科技示范楼通风组织
（图片来源：参考文献 [32]）

图 1-18 雅各布斯之家（Jacobs house II）
（图片来源：https://atlasofinteriors.polimi-cooperation.org/2014/03/19/wright-jacobs-second/）

屋北面是覆土坡，使其形体系数降低和免受冬季冷风吹袭。南面有大块窗户和厚重挑檐，这样冬季暖阳可照进屋内，而夏季阳光则被挑檐遮挡，南侧门窗较多又有利于通风。内部厚重的墙体和地板由于有较大热惯性而有利于保持室温。

善于应对干热气候的建筑师哈桑·法赛在埃及总统行宫的设计中，巧妙利用了风和水来调节室内气候，用传统的捕风塔引入气流，塔内设陶罐装置以加湿和冷却进入的空气（图 1-19）[33]。气候缓冲在捕风塔的腔体内完成，该腔体和其他相连的腔体共同作用，实现预想的自然通风。查尔斯·柯里亚针对印度的气候特点，提出了“开敞空间”和“管式住宅”的概念。“开敞空间”强调庭院在建筑气候调节方面的重要性；“管式住宅”在住宅剖面设计中置入烟囱状的通风管道，利用“烟囱效应”将室内热空气排出，利用通风口将冷空气补充进室内空间，在加强室内通风的同时，也对室内进行了降温处理[34]。

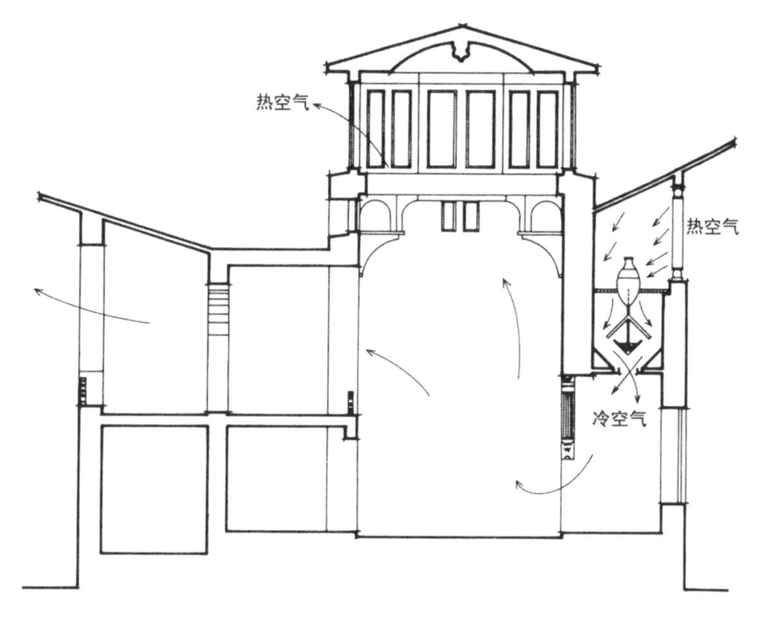

图 1-19 埃及总统行宫剖面

（图片加工自：参考文献 [34]）

应对湿热气候，杨经文善于利用遮阳装置、导风板、垂直花园等方法来缓冲气候[35]。他主张将围护结构和核心服务空间（辅助空间）作为“环境过滤器”形成室内外缓冲空间，利用通透的围护结构与不同标高的开敞空间组织自然通风，并将辅助空间设于外侧，减少东、西晒对主要功能空间的影响[36]。在梅纳拉商厦设计中，利用外置的服务核心筒遮挡日晒，内凹并连续至屋顶的垂直花园一方面打造了一个小型的垂直生态系统，另一方面也为建筑内部空间提供了降温通风的通道和遮阳的平台（图 1-20）。越南建筑师武重义在设计中大量运用地域性材料，为应对越南的湿热气候，将垂直绿化、种植屋面、庭院、露台等空间设于气候边界处，作为室内外过渡空间，通过遮阳隔热、引入自然通风等方式来调节建筑微气候，从而降低能耗[37]。

对于寒冷气候，德国建筑师托马斯·赫尔佐格的“温度洋葱”理论是典型的气候缓冲理论，根据温度梯度变化，空间从内向外依次布置，像洋葱一样，层层向外展开[38]。寒冷地区有利用太阳辐射得热的传统，无论是直接得热、阳光房、特朗伯墙还是双层立面，都利用了这一原理，除了直接得热，其他方式都在建筑主体空间外附加得热腔体。

这些都是典型的被动式气候缓冲方法，从当代建筑中能看到它们，但是可以发现两个问题。第一个是它多被用在示范项目中，大量的建筑只是在围护结构的构造方面加强性能，较少会利用空间本身的安排来提升性能。第二个是这样的案例多倾向于应对某个季节的气候，对多季节的应对能力有限。

气候缓冲的功能主要有两种：防寒和防热。在炎热或寒冷的气候环境中容易诞

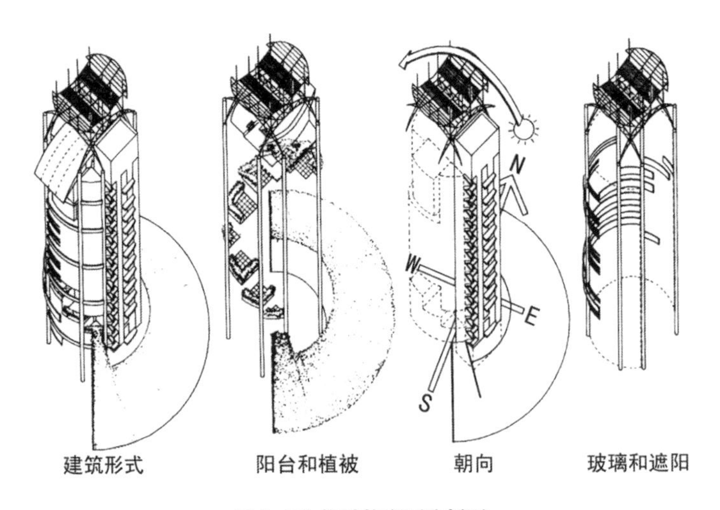

图 1-20 梅纳拉商厦分析图

（图片来源：参考文献[39]）

生成熟的气候缓冲方法，因为只要重点应对某一季节的气候即可，要么得热，要么防热，所以能看到的经典气候缓冲设计多集中于这些气候区。夏热冬冷的气候就比较难以应对，它需要在建筑设计中结合这两种缓冲功能，两者的要求又南辕北辙。比如在南京，夏季希望通风、遮阳、绝热，冬季又希望防风、得热。如果把目光投向传统建筑，也会发现该区域的传统建筑在冬季也有明显短板，它着重应对夏季的炎热，以前冬季依然需要靠火盆取暖。而且雪上加霜的是，因为城市热岛效应，某些寒冷气候区的城市在夏季也变得炎热，比如北京，根据 1971 年至 2019 年大数据，在 20 世纪 70 年代，北京夏季（6—8 月）平均气温仅为 23 ℃，到了 20 世纪 80 年代达到 24.1 ℃，2011 年至 2019 年夏季的平均气温更是高达 25.5 ℃，年均高温日也从 3.5 天增至 12.1 天[1]。而北京的房屋有厚保温层，在夏季能进一步加强“焐热”效果，所以一些寒冷气候区也会陷入类似的夏热冬冷气候区的两难境地。照此趋势，若继续只是一味加强保温和得热，就会在夏季起到反作用而造成不必要的浪费。

那么是否有在这些区域兼顾冬、夏的缓冲方法呢？这需要分析思考，大致有两种思路。一种是所用策略本身能兼顾冬夏。比如利用围护结构的热惰性来缓冲热传递，恰好很多建筑的墙体和楼板材料具有较好的热惰性。实际上大部分建筑，不管是否采用了所谓的绿色设计策略，都在依靠结构体的热惰性来抵御外界气候，但是其效果在冬夏季往往还不够。如果要完全依靠围护结构的热惰性来缓冲气候，理论上的结构厚度往往大得离谱。西藏和新疆的传统民居走的是这一路线，但其尚且不能在严寒冬季的自然运行状态下保持热舒适。还有一种是将适应冬夏的两类策略在建筑上错位使用，而且某季的策略在相反季节要有可适应的抑制方法。比如阳光房和双层玻璃幕墙在夏季要有遮阳和通风措施，冷巷最好在冬季能关闭等。李保峰提出的以可变表皮来应对夏热冬冷气候[30]，以及吕爱民提出的“应变建筑”策略[40]，正是基于这样一种思路。这种思路就如把建筑当成人体，热的时候隔热通风，冷的时候穿衣保暖。这就对建筑运行提出了要求，建筑必须是“聪明”的，同时也对建筑设计有了相应要求，设计策略必须兼顾冬、夏。

1 天气预报网，https://www.tianqiyubao.org/news/view-58830/.

至此，基本能得出结论：恰当布局的空间层级具有气候缓冲潜力，其中以托马斯·赫尔佐格的“温度洋葱”布局最为接近这一设想，服务与被服务空间理论为空间层级分化提供了某种依据；气候缓冲手段通常要结合空间腔体，外部空间腔体通常是气候缓冲的关键场所。可见，空间层级与气候缓冲天然具备内在关联。另外，单一季节的空间缓冲方法较容易实现，而兼顾冬、夏的缓冲方法需要集成创新。

1.3 一种空间层级的设计思路

空间优化设计所形成的热缓冲是一种最经济、绿色，且和建筑结合最紧密的性能提升和微气候改善手段，在我国值得大力推广，其设计规律也值得深入探讨。依据其作用逻辑，首先需要回答下列几个问题。

1.3.1 空间层级设计

问题一：空间层级化所形成的温度梯度效应广泛存在于建筑中，空间如何优化组织才能将温度梯度转化成有效的热缓冲，让外层空间成为加强版的“保温隔热”层？

建筑空间由大大小小的腔体依据一定功能组织规律组合而成，会形成外部腔体包裹内部腔体的布局，自然会在建筑中形成温度梯度。与外部气候相接的腔体因为外层围护结构的缓冲，温度波动初步削减，与外部气候间隔的腔体则被保护起来，温度波动进一步减小。温度梯度广泛存在于建筑中，但是多数未能与空间层级以最优方式结合，因为多数情况下主要使房间靠外布置以便获得自然采光和通风。对此进行思考，反向布局是否具有合理性，能否解决功能使用和反向布局的矛盾。采光和通风的障碍在当今如此多样的解决手段下已不是难题，大体量建筑设计已经提供了很多成熟的被动式方法。托马斯·赫尔佐格的“温度洋葱”布局最接近这一设想，而且在他设计的小住宅中已证明具有一定可行性，需要思考的是，这种模式能否推广到其他类型的建筑中。比如中廊式布局在建筑中最为常见，能否进行内外关系重构，将交通空间置于外侧呢？事实上，这样的案例也并不鲜见，教学楼中不一定遵循“脊椎”式的交通串联模式，也会出现交通空间围绕教室的情况。这种布局模式在热环境方面的优势恰恰值得挖掘，如果只停留在功能空间层次就甚为可惜。

如果进行布局重构，让次要空间充当主要空间的热缓冲层，让空间腔体成为加强版的“保温隔热层”，无疑可以明显提升环境舒适度。建筑空间有层级化规律，热传递顺序有规律可循，建立两者的互动机制具有可行性，使热缓冲层级和空间层级布局的整合优化成为可能（图 1-21）。当然，如果有些类型的建筑空间层级难以重构，主要矛盾决定了主要空间在外而次要空间在内，这就需要某种措施来优化换热次序或者提升外层空间的热调节能力。这也是可行的，而且也正是整合研究中需要考量的问题，重构和优化是整合的两个思路方向。

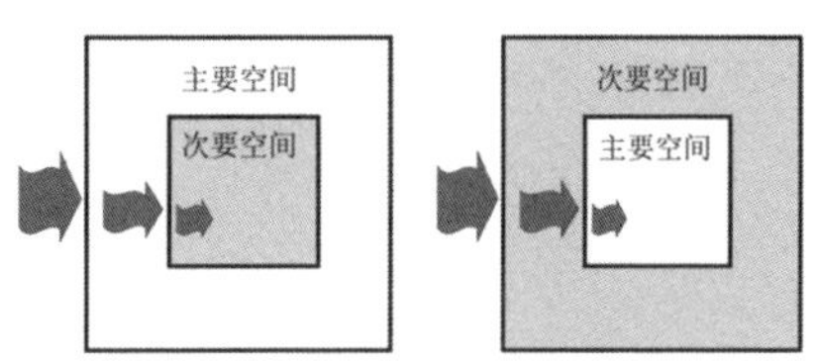

图 1-21 空间层级与温度层级

1.3.2 自然采光适应性

问题二：主要空间内置时，对其自然采光条件有所影响，是否会影响其适应性？

从剖面关系看，环绕的次要空间对日间自然采光的影响较小。环绕空间的楼板相当于挑檐，会遮挡局部自然采光，但可能通过反射提高房间深处的照度而使照度均匀（图 1-22）。有适当宽度的挑檐甚至可能减少照明能耗[41]。对于大进深建筑，本身就需要通过中庭、光井等方式来优化自然采光，增加的环绕空间层并不改变这种模式，它依然只是改变了相邻空间的总体照度。另外，采光所占能耗在建筑能耗中占比较小[1]，加上近年节能灯具的快速发展，采光能耗已经不是建筑能耗的主要矛盾。

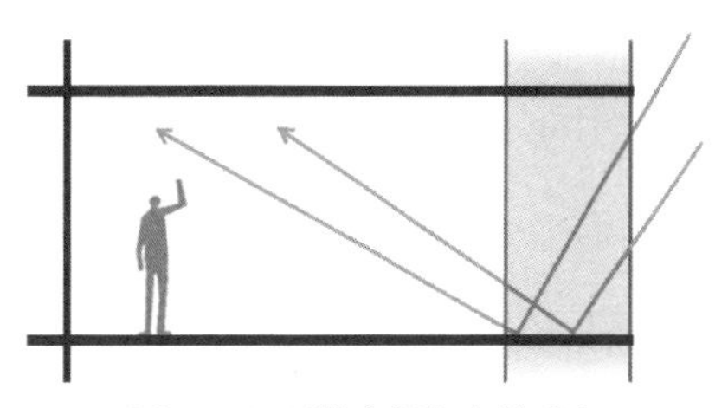
图 1-22 环绕空间与自然采光

1 以办公建筑为例，照明能耗占比为 10% ~ 30%，参见参考文献 [42]。

自然采光还与太阳辐射相关。在遮阳和太阳辐射方面，外围空间层反倒能适应季节。外围楼板对主要空间相当于起到遮阳板的作用，夏季可以遮挡高度角较大的太阳辐射，冬季可以透过高度角较小的太阳辐射(图1-23)。当然，如果缓冲空间过宽，则会影响其太阳辐射调节效果，所以应对剖面高宽比加以注意。

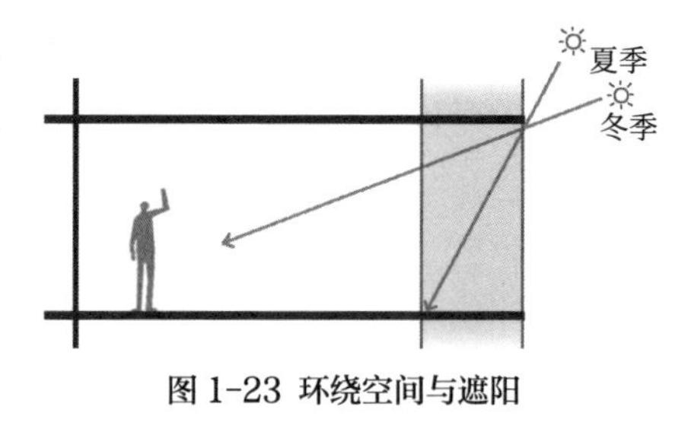

图 1-23 环绕空间与遮阳

总体来说，缓冲空间层对自然采光影响不大，对太阳辐射的调节有积极作用，并不影响其适应性。

1.3.3 自然通风适应性

问题三：主要空间内置时，会对其自然通风条件有所限制，对此能否加以解决，以增强其适应性？

主要空间内置时因外层有另一层界面的干扰，原来的直接对外通风变成了间接通风，这无疑对内部自然通风换气有影响。自然通风可分为两种：高频率的自然通风和低频率的换气。前者适用于春、秋季和夏季夜晚，后者适用于冬、夏季。自然通风与“保温隔热”听起来似乎矛盾，它们能整合的基础在于建筑通风率的季节性变化规律（图 1-24）。正因为如此，空间缓冲才有采取不同模式的可能：室外过热过冷时，建筑保持低频率的健康通风，以“保温隔热”的策略为主，同时气候边界层还能预冷或预热换气所需的少量新风；室外温和时，建筑保持较高频率的降温通风，以诱导自然通风和预冷策略为主。由此可见，空间缓冲与诱导自然通风的结合恰恰能提升其季节适应性。如果说“空间缓冲”是个静态概念，那么加入季节性通风模式就变成了动态概念，它让热缓冲概念更具有适应性。

分开看的话，在冬夏保持健康通风时，由于换气频率较低，缓冲空间对通风换气的影响很小，反而可能对新风进行预调节。在保持降温通风时，缓冲空间对风压通风的影响相对较大，此时需要对外层界面进行谨慎处理。缓冲空间对烟囱通风不仅无影响，还可能因为增加了竖向腔体而提升烟囱通风的潜力。大体量的建筑通常需要组织烟囱通风，缓冲空间与大体量建筑结合反倒能增强其气候适应性。外围缓冲空间主要影响的是中小体量建筑春秋季的风压通风，其影响就相对有限，因此在此种类型的建筑设计中，缓冲空间表皮要有一定开口率，灵活开启的表皮具有较强的气候适应性。

通过对上述三个问题的初步探讨可知，缓冲空间层具有明显的传热和热调节优势，在自然采光和通风的多数方面具备适应性，其局部的消极影响可以通过表皮设计加以消除。这种空间层级的设计思路是一种应对气候的有效方法。

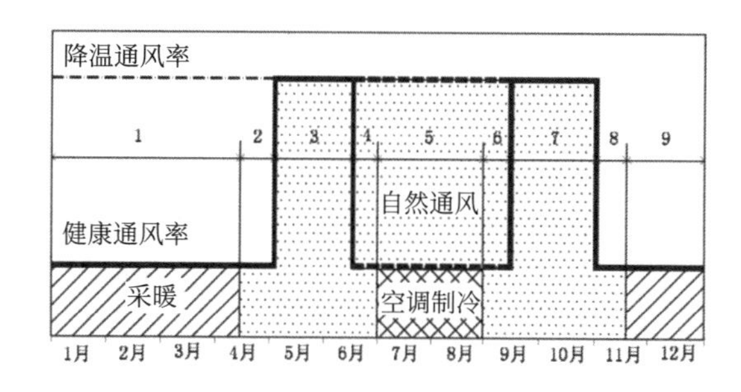

1. 采暖与空调制冷期（1,5,9），控制自然通风，室内需保持健康通风率水平；
2. 温和季节（3,7），开窗通风，室内保持降温通风率水平；
3. 采暖过渡与空调制冷过渡期（2,4,6,8），可控制自然通风，关窗利用围护结构缓冲以维持热舒适，室内需保持健康通风率水平；
4. 空调制冷与过渡期（4,5,6），可利用夜间通风，白天关窗、夜间开窗，通风率在健康通风率与降温通风率之间切换（虚线所示）；
5. 各地气候条件不一，通风方式转化时间也不同，图中所示时间仅为示意。

图 1-24 建筑通风率的季节性变化规律

（图片加工自：王怡，刘加平，肖勇强．地域性气候条件下自然通风的有效时数分析 [J]. 西安建筑科技大学学报（自然科学版），2007，39（4）：541-546）

2

空间层级布局的类型

2.1 主次空间布局的层级类型

在层级空间布局中，次要空间能起到热缓冲作用，所以首先应着眼于次要空间所处位置进行布局的归纳分析。通过对大量建筑案例进行搜集整理，并对其主次空间布局的层级类型进行抽象概括与原型提取，针对次要空间所处位置，大致总结出核心式、内廊式、外廊式、南北式、围绕式和垂直式六种常见空间层级类型（图 2-1）。

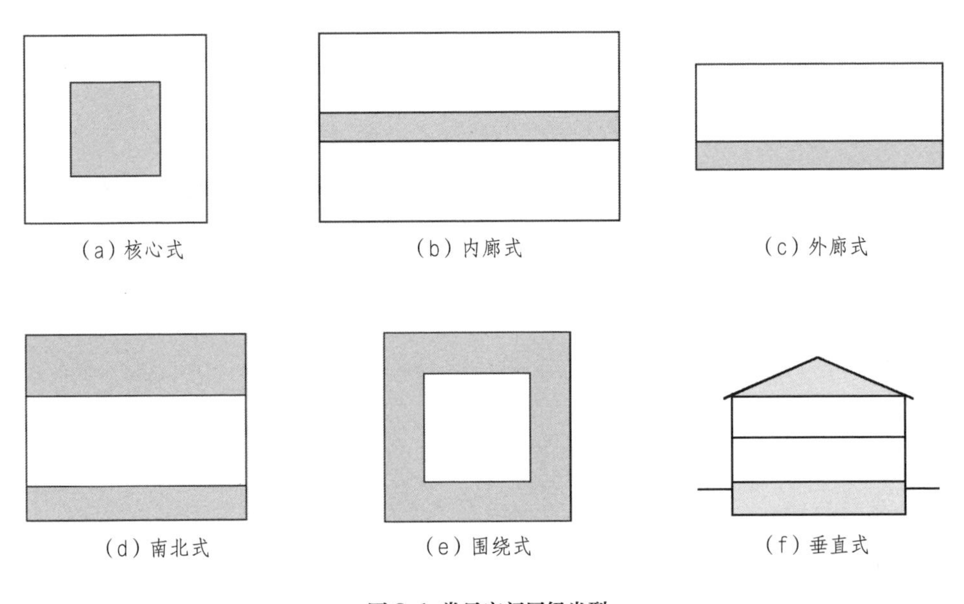

图 2-1 常见空间层级类型

2.1.1 核心式空间层级

核心式空间层级中，次要空间位于中心位置，主要空间围绕在外侧，这种布局方式在高层与多层集中式建筑中较为常见。

采用塔式平面的办公楼、公寓、酒店等高层建筑多为核心式布局。通常将楼梯间、电梯间、设备间、卫生间等辅助功能空间整合在一起，结合剪力墙设置形成核心筒，外侧用环形走廊将各个功能房间串联起来，或在外侧形成开放式布局。主要空间通过直接与外部环境相邻的围护结构进行采光、通风，而次要空间被包裹在内侧，无直接采光与通风。核心式空间层级将辅助功能整合到核心筒中，使其空间最小化，从而将更多空间和阳光、通风、视野等资源让给主要功能空间，这是非常高效、节约的空间组织方式。这种布局符合功能性的常识，条件好的外围区域容纳高频率的活动，条件差的内部区域容纳低频率的活动。

深圳平安金融中心便是采用塔式平面、核心式空间布局的超高层办公建筑，由电梯、楼梯、设备间、卫生间等辅助功能结合剪力墙结构，组成九宫格式核心筒设于中心，办公等主要功能空间围绕核心筒设在外圈（图 2-2、图 2-3）。

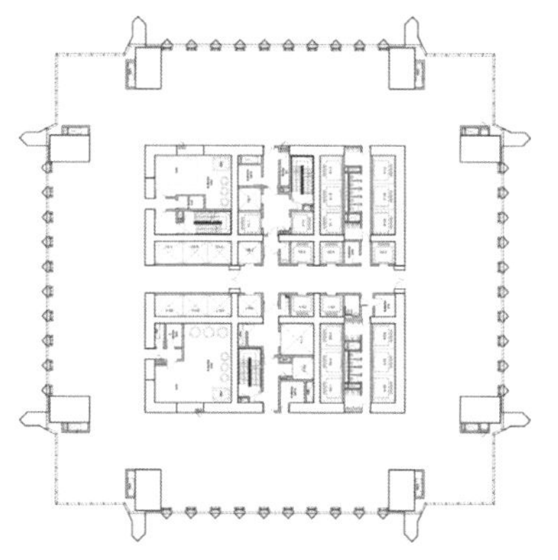

图 2-2 深圳平安金融中心平面图

（图片来源：KPF 建筑事务所，https://www.archdaily.cn/cn/886724/ping-an-jin-rong-zhong-xin-kpf）

图 2-3 深圳平安金融中心实景图

（图片来源：Tim Griffith，https://www.archdaily.cn/cn/886724/ping-an-jin-rong-zhong-xin-kpf）

多层集中式建筑中，功能空间的紧密布置使得内部空间效果、采光、通风等较差，因此通常在中心设置集景观、交通、采光等功能于一体的通高中庭，其他功能空间围绕中庭进行布局。中庭空间通常设置天窗以引入光线与通风，底层设置休闲活动、展览、景观等公共功能，能够取得较好的布局与空间效果，它被广泛应用于文化、展览、大型商场等建筑类型中。

路易斯·康的代表作埃克赛特学院图书馆便是采用中庭式布局的建筑，开架式阅览空间及交通、辅助功能围绕在中庭四周呈中心对称式布局，而主阅览区则位于建筑最外侧，直接获得良好的自然采光，中庭顶部设置天窗，十字架形式的深梁有效地阻挡了大量直射光，为中庭内的公共空间及阅览区引入了柔和的光线（图 2-4、图 2-5）。

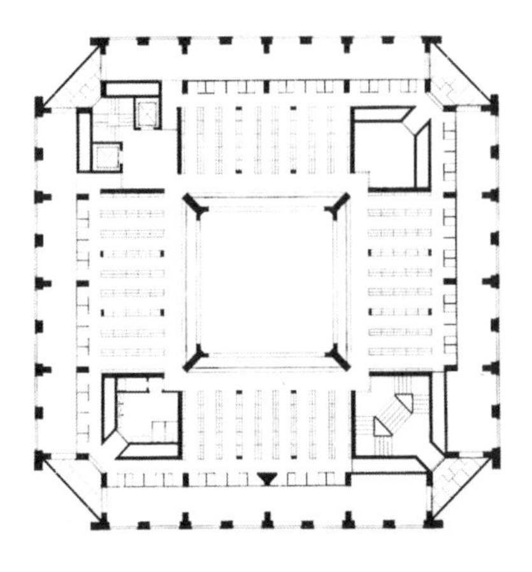

图 2-4　埃克赛特学院图书馆平面图
（图片来源：参考文献 [23]）

图 2-5　埃克赛特学院图书馆实景图
（图片来源：胡康榆，有方网，https://www.archiposition.com/items/20190805114224）

2.1.2　内廊式空间层级

内廊式空间层级中，主要空间由各功能房间组成，位于外侧，而次要空间由走廊充当，位于内侧，由内走廊串联起两侧若干房间，呈脊椎式布局，这种空间层级在高层、多层建筑中均有广泛运用，是极为普遍的空间层级类型。

教学楼、宿舍、办公楼、公寓、酒店等有大量小尺度房间的建筑多采用内廊式布局，房间紧密地排列在走廊两侧，横向走廊与分散布置的竖向楼梯、电梯结合，形成简单、高效的交通系统，同时使尽可能多的房间获得较好的朝向、采光等，能够获得较高的功能均好性。内廊式空间层级非常紧凑、简洁，但也容易产生单调感。采用内廊式布局的建筑中，除宿舍等居住建筑在房间外设有阳台，其他类型的建筑均由主要空间直接对外采光通风。

杭州第二中学钱江校区学生宿舍楼便是标准的内廊式布局建筑，由内走廊串联起两侧的宿舍单元与楼梯间、洗衣间等辅助功能，为打破内廊式布局的单调感，设计时进行了有规律的错动与划分，形成了曲折有致的走廊，并适当留空增加观景阳台以丰富建筑内部空间效果（图 2-6、图 2-7）。

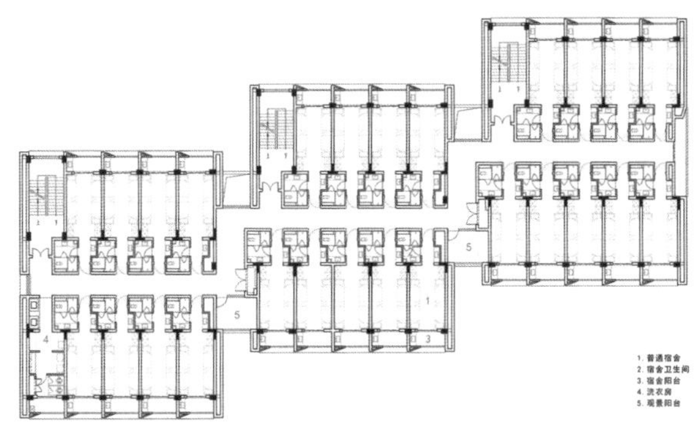

图 2-6　杭州第二中学钱江校区学生宿舍楼平面图

（图片来源：浙江大学建筑设计研究院，https://www.archdaily.cn/cn/931107/hang-zhou-di-er-zhong-xue-qian-jiang-xiao-qu-star-nu-sheng-su-she-zhe-jiang-da-xue-jian-zhu-she-ji-yan-jiu-yuan?ad_source=search&ad_medium=projects_tab）

图 2-7　杭州第二中学钱江校区学生宿舍楼实景图

（图片来源：章鱼见筑，链接同左图）

2.1.3　外廊式空间层级

外廊式空间层级与内廊式布局接近，均为由走廊串联起各功能房间，不同的是外廊式布局中仅走廊单侧设有房间，由于空间利用率较低，无法适用于追求高效、集约空间的高层建筑，而在多层建筑中运用较多。

中小学普通教室对于采光要求较高，需获得冬季直射光，同时要求室内采光具有稳定性，因此多采用外廊式布局，开敞式走廊设于南侧，遮挡夏季阳光，教室设于北侧，获得照度均匀的北侧光线。这种南廊式布局在我国南方及中部地区得到了大量运用，而北方地区相较于获得稳定的北侧光线，对教室冬季接收直射光得热与保温的需求更高，因此多采用北廊式布局，将封闭式走廊设于北侧可阻挡冬季寒风，并起到一定的保温作用，教室设于南侧可直接获得太阳直射光。此外，分散式布局的办公、文化、展览等建筑也有使用外廊式布局的，但综合来说，外廊式布局在学校建筑中运用更多。南廊式和北廊式是常见的外廊式布局方式，此外，也有部分建筑出于场地条件限制或功能、布局的考虑，将外廊设于东、西两侧。

泰州中学新校区科学技术楼便是采用外廊式布局，一层风雨廊连接起两栋科技楼的东、西两端，围合形成内庭院，走廊设于庭院一侧，串联起实验室、仪器准备室、教师办公室、卫生间、楼梯等功能空间，并成为学生们课余观景、休闲、交流的场所（图2-8、图2-9）。

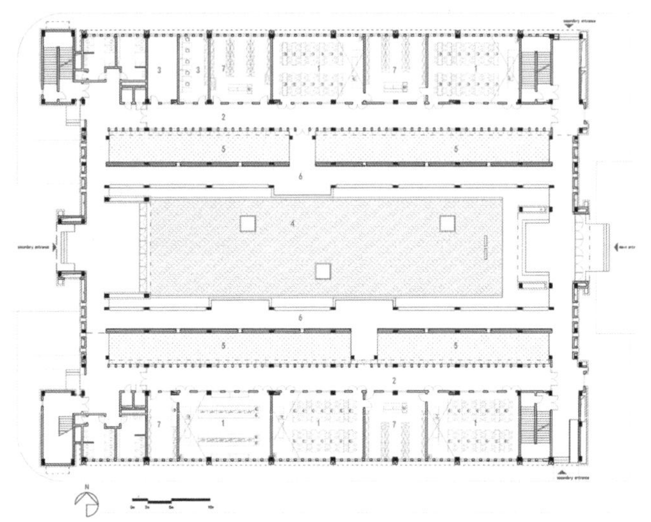

图 2-8 泰州中学新校区科学技术楼平面图

（图片来源：华南理工大学建筑设计研究院，https://www.archdaily.cn/cn/873722/he-jing-tang-ting-yuan-shen-shen-tai-zhou-zhong-xue-xin-xiao-qu?ad_source=search&ad_medium=projects_tab）

图 2-9 泰州中学新校区科学技术楼实景图

（图片来源：姚力，华南理工大学建筑设计研究院，https://www.archdaily.cn/cn/873722/he-jing-tang-ting-yuan-shen-shen-tai-zhou-zhong-xue-xin-xiao-qu?ad_source=search&ad_medium=projects_tab）

2.1.4 南北式空间层级

南北式空间层级是住宅类建筑常采用的空间层级类型，出于日照、采光、通风等因素的考虑，主要空间和次要空间呈现南北式分化，主要空间位于南侧或中部，次要空间位于南、北两侧。

住宅建筑通常包括客厅、卧室、餐厅、厨房、卫生间、阳台等功能，其中客厅、卧室、餐厅等为主要空间，厨房、卫生间、阳台等为次要空间，根据对日照、采光等的需求程度，可作进一步分级：客厅、主卧室必须获得直射阳光，为主要功能房间；次卧室需要进行采光（直射光或漫射光均可），餐厅进行直接采光或间接采光均可，为次要功能房间；厨房需要进行采光、通风（设于北侧），卫生间需要进行通风换气（位于北侧或机械通风暗室），阳台需要获得采光（南侧为主、北侧为辅），为次要空间。因此，需要阳光直射的主卧室、客厅、景观阳台等设于南侧，不需要直射光的卫生间、厨房、生活阳台等设于北侧，而餐厅、次卧室等根据布局需要设于南、北侧均可。

郑州瀚海晴宇小区 4#、6#、7# 住宅楼便是标准的南北式布局，户型为 150 平方米五室三厅一厨六卫，客厅、主卧室套间与一个次卧室套间位于南侧，且外侧设的景观阳台，餐厅、厨房、两个次卧室套间、保姆房套间、生活阳台等次要功能房间与楼梯间、电梯间等辅助功能空间均设于北侧，平面布局呈现出明显的南北分化特征（图 2-10、图 2-11）。

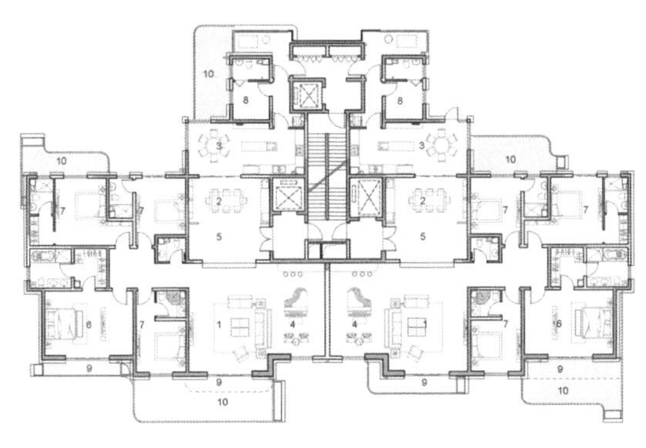

图 2-10　郑州瀚海晴宇住宅平面图

（图片来源：筑弧建筑设计事务所，https://www.archdaily.cn/cn/899610/zheng-zhou-han-hai-qing-yu-zhu-zhai-qu-zhu-hu-shi-wu-suo?ad_source=search&ad_medium=projects_tab）

图 2-11　郑州瀚海晴宇住宅实景图

（图片来源：张虔希，链接同左图）

2.1.5 围绕式空间层级

围绕式空间层级是厅堂类公共建筑常采用的布局方式，主要空间（大尺度厅堂）位于中心位置，辅助服务等空间围绕厅堂布置，设在外侧，呈现次要空间围绕、包裹主要空间的布局关系。围绕式空间层级适用于观演建筑、体育建筑、展览建筑等厅堂类建筑。

厅堂类建筑的主要空间为剧场、音乐厅、报告厅、体育馆、展厅等大尺度空间，这类空间对光线照度与稳定性、室内热环境与风环境的舒适度和稳定性要求较高，且人员与设备热扰量较大，而自然采光与通风较难满足要求，因此通常采用人工照明、空调、机械通风等设备。同时，将主要空间设于中心位置能够更好地组织观众流线、服务流线等，提高功能空间组织的效率与便捷性。

观演建筑辅助空间主要包括售票接待厅，演员更衣、沐浴、服装、道具、排练等演出准备空间，观众使用的休息厅、卫生间等功能空间；体育建筑的辅助空间主要包括更衣、沐浴、卫生间、器械室、休息室等功能；展览建筑的辅助空间主要包括藏品库房、展品维护、研究，售票接待厅、观众使用的休息厅、卫生间等功能，有些建筑还包括餐厅、纪念品售卖等商业功能。这些功能中，接待、商业、观众休息等观众服务与形象展示空间和办公人员日常使用的房间对热环境舒适度有一定的要求，属于灵活的次要空间，可将其列为主要空间，也可作为次要空间使用，而其他空间对热环境要求较低，可以直接作为次要空间。

济宁海达行知学校演艺中心便是标准的围绕式布局建筑，观众厅与舞台设于中间，周围环绕着门厅、楼梯间、卫生间、排练室、更衣室、服装室、道具室、设备间等辅助功能房间（图 2-12、图 2-13）。

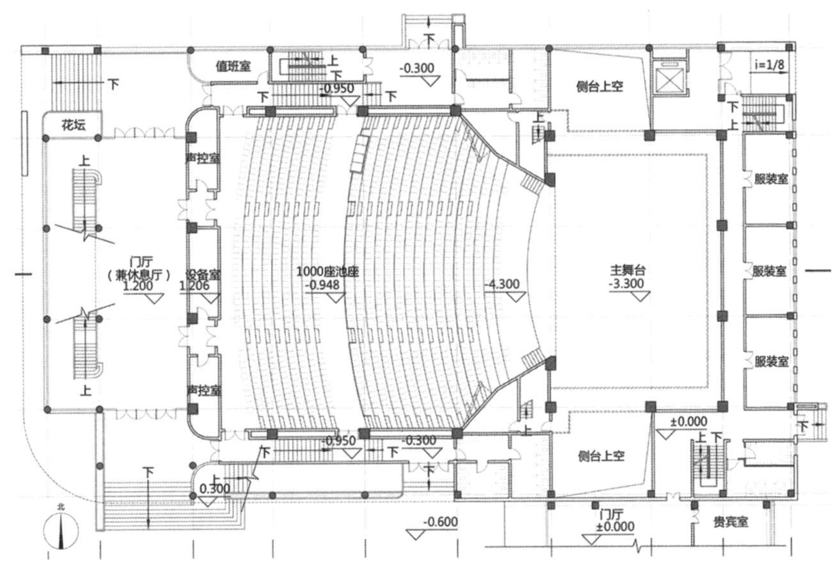

图 2-12　济宁海达行知学校演艺中心平面图

（图片来源：象外营造工作室，https://www.archdaily.cn/cn/907722/ji-zhu-hai-da-xing-zhi-xue-xiao-xiang-wai-ying-zao-gong-zuo-shi?ad_source=search&ad_medium=projects_tab）

图 2-13　济宁海达行知学校演艺中心实景图

（图片来源：邵峰，链接同上图）

2.1.6 垂直式空间层级

垂直式空间层级是传统建筑常采用的布局方式。顶层为杂物或闲置空间，主要空间在其下布置，呈现主次空间垂直分布的形态。将坡顶空间封闭，起初或许是因为气候。若是不封闭，夏季顶层将变得酷热难耐，所以民间才有“暑不登楼”的说法。至于吊顶、藻井等的装饰作用也是依附于气候作用而发展的。现代建筑采用的传统坡顶多为一种响应传统的手法，顶部空间通常作为阁楼或干脆闲置成为闷顶，这种类型在小进深的各类建筑中都存在。当然也有其他变体，比如傣族竹楼这样的干栏式建筑，贴近地面的半高层也是次要空间，它让主要空间离开地面以抵御潮湿。

这种层级布局类型也同样适用于平屋顶，当然，设计者很可能是看重这层次要空间的气候缓冲潜力，比如屋顶遮阳层、通风屋顶等都属于此类。平屋顶的顶层夏季较热是常识，要解决这一问题，设计者要么在屋顶构造上加强设计，要么在屋顶空间上动脑筋。

带地下室的建筑也属于垂直式空间层级布局，地下室通常作为储藏、车库、设备等次要功能用房为主体空间服务。但是在传统建筑中，地下室也常起到热调节作用，比如在中东干热地区。

由此可见，垂直式空间层级在设计初衷上可能具备气候设计的动因。

德国法兰克福 Kleine 住宅中，为了和传统街区协调，采用小尺度坡顶形式，将顶层设置为阁楼，地下室设计成酒窖，主要居住和工作室空间分布在 1~3 层（图 2-14、图 2-15）。

以上六种空间层级基本囊括了常见的主、次空间组合，这些空间布局还可通过进一步组合形成空间更为复杂的大体量建筑。它们的这种布局逻辑，多是因为空间关系、交通组织等内在功能性因素，也有部分是因为采光、通风、隔热等气候因素。接下来要判断的是，这些空间层级布局与热缓冲有何关系。

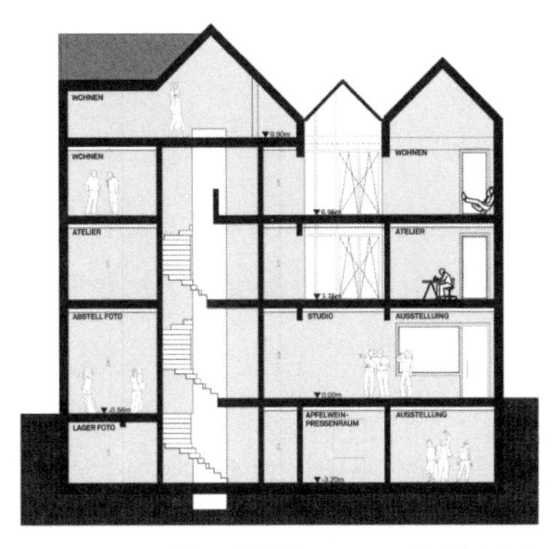

图 2-14 德国法兰克福 Kleine 住宅剖面图

（图片来源：Franken Architekten，转自筑龙学社，https://bbs.zhulong.com/101010_group_3007072/detail37967638/）

图 2-15 德国法兰克福 Kleine 住宅实景图

（图片来源：Eibe Sînnecken，链接同上图）

2.2 空间层级的热缓冲性能初步分析

若要实现热缓冲调节，则应将主要空间置于内层，作为被包裹空间，次要空间置于外层，作为热缓冲空间，这样的空间组合方式是为了满足热缓冲调节的建筑空间层级关系。接下来将对六种常见的空间层级的主、次要空间布局与设计进行具体分析，并对其进行热缓冲性能的初步分析。

（1）**核心式空间层级**

核心式空间层级中，由楼梯间、电梯、设备室、卫生间、中庭等辅助功能空间组成的次要空间位于热舒适度更高的内侧，而主要空间位于外侧，直接接触外部环境，进行直接采光与通风，对外换热，无任何缓冲空间，夏季得热量与冬季散热量均较大。

因此，核心式空间层级属于主要空间包裹次要空间的布局方式，可能与热缓冲机制相违背，值得进一步思考。

（2）**内廊式空间层级**

内廊式空间层级中，次要空间（走廊）位于热舒适度更高的内侧，而主要空间位于外侧。在有阳台的建筑中，阳台位于主要功能房间与外部环境之间，能够起到一定的热缓冲调节作用，而在其他建筑中，主要空间直接接触外部环境，无缓冲空间。

因此，有阳台的内廊式空间层级因主要空间外有阳台起到包裹缓冲作用，可能具备一定的热缓冲性能；而无阳台的内廊式空间层级属于主要空间包裹次要空间的布局方式，可能与热缓冲机制相违背，值得进一步思考。

（3）**外廊式空间层级**

外廊式空间层级中，走廊与功能房间为并列式布局，次要空间对主要空间起到一定的热缓冲调节作用：走廊若设于南侧，夏季可遮阳隔热，但对主要空间的冬季得热有一定的影响；若设于北侧，冬季可阻挡寒风，对功能空间起到一定的保温缓冲调节作用，但夏季无法减少主要空间的直接得热量；若设于东、西侧，主要空间冬季可直接得热，但夏季西晒与走廊温室效应对主要空间热环境的影响较大。

因此，外廊式空间层级可能具有一定的热缓冲调节作用，但季节适应性可能较差。

（4）**南北式空间层级**

南北式空间层级中，各房间根据功能分为朝南区与朝北区，从南向北呈现次要空间—主要空间—次要空间的布局关系，这样的功能分化式布局为空间带来了一定的热缓冲调节能力：辅助功能房间设于北侧能够阻挡冬季寒风，减少主要空间的冬季散热与夏季得热，可起到冬季保温与夏季隔热的作用，而景观阳台设于南侧可减少主要空间的夏季得热，起到遮阳隔热的作用，但对于主要空间的冬季直接得热有一定的干扰。

因此，南北式空间层级符合热缓冲调节机制，可能具备较好的热缓冲性能。

（5）**围绕式空间层级**

围绕式空间层级中，尺度较大的厅堂等主要空间位于内侧，辅助服务空间设于外侧，环绕着主厅，可作为主厅的热缓冲空间，起到夏季遮阳隔热与冬季保温的作用。

因此，围绕式空间层级属于次要空间包裹主要空间的布局方式，与热缓冲调节机制所提倡的空间层级相吻合，可能具备较好的热缓冲性能。

（6）**垂直式空间层级**

垂直式空间层级中，顶层热环境虽相对较差，但是如果将其作为辅助空间，可以充当热缓冲层。地下室一般冬暖夏凉，天然具备热缓冲潜力。而且垂直式布局适用于多数建筑，如果科学规划功能，垂直式空间层级可具备较好的热缓冲性能。

综上所述，可初步得出一种可能结论：围绕式、南北式和垂直式空间层级与热缓冲机制相符，具备较好的热缓冲性能，外廊式空间层级具备一定的热缓冲性能，而核心式与内廊式空间层级与热缓冲机制相矛盾。因此，需要重新思考：常见的空间层级模式是否一定是合理的？能否在满足各种建筑设计要求的情况下，同时符合热缓冲规律，这种兼顾式的空间层级模式是否具备可行性？而这正是本书尝试研究的问题。

本章针对热缓冲性能及建筑空间层级两个关键词进行了初步分析与分类。根据预冷、预热能力与所处位置的不同，对热缓冲空间进行了一定的分类，并对每一种热缓冲空间的热调节性能及特点进行了总结与分析。对建筑空间层级进行了总结与

概括，提取出六种常见空间层级类型：核心式、内廊式、外廊式、南北式、围绕式、垂直式，针对六种层级的空间组织方式、建筑类型适用性、主要空间采光及通风状况、主次空间功能及形式等方面进行详细分析，根据主次空间的特点及组合关系，初步分析不同空间层级类型是否符合次要空间包裹主要空间的热缓冲空间层级关系。这些均能为接下来的主、次空间层级组织研究及热缓冲性能优化提供基础理论支撑。

3

空间层级类型的热缓冲性能

本章将以夏热冬冷地区典型布局建筑为研究对象，通过实例测量、软件模拟等对核心式、内廊式、外廊式、南北式、围绕式、垂直式六种常见空间层级类型的热缓冲性能进行分析与评价，为下一步的针对性优化设计提供支撑。主要模拟软件为 DeST-C，它是由清华大学建筑学院建筑技术科学系研发的面向设计人员的以 AutoCAD 为开发平台的建筑热模拟软件，可以综合太阳辐射、建筑围护结构传热与辐射、室外大气及大地情况等影响因素，对建筑热环境及能耗进行全年逐时模拟。软件采用中国气象局提供的全国 270 个地面气象台站近 30 年的气象观测资料，可以真实反映不同地区不同月份的气候条件[1]。

3.1 核心式空间层级

根据热缓冲调节理论，可以初步判定主要空间包裹次要空间的核心式空间层级中，次要空间位于更有利的内侧，而主要空间位于外侧，无热缓冲层，热环境舒适度较差，核心式空间层级可能不具备热缓冲性能。接下来将结合软件模拟与案例实测来进行详细分析。

3.1.1 热缓冲性能模拟与实测研究

如图 3-1 所示，模拟对象为常见核心式布局的抽象建筑原型（15 m×15 m×10.8 m），建筑共 3 层，由外侧主要空间包裹内侧次要空间。模拟地点为南京市，设定不设置门窗，无人员使用及设备热扰等，不使用空调，仅通过固定频率的机械通风换气取得自然室温，除夏季夜晚通风换气为 10 次 / 时外，其他时间均为 0.5 次 / 时，选取二层内、外侧房间为测点，模拟室内外全年逐时温度，

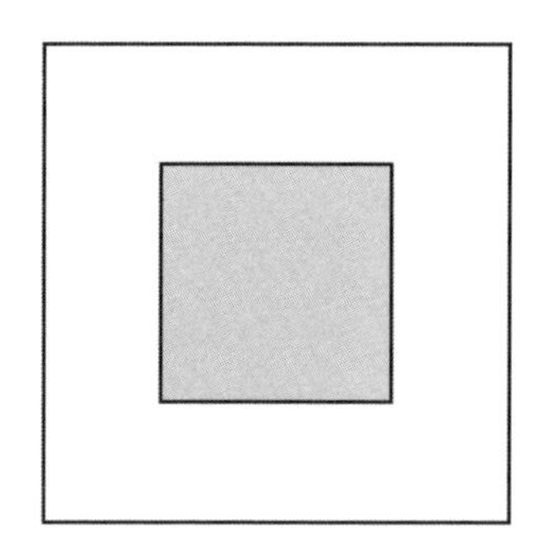

图 3-1 核心式空间层级模拟建筑

1 清华大学 DeST 开发组 . 建筑环境系统模拟分析方法——DeST[M]. 北京 : 中国建筑工业出版社 , 2006.

并以 7 月 11 日至 13 日、1 月 22 日至 24 日为代表进行具体的分析总结，结果如下。

模拟结果显示，冬、夏两季核心式空间层级的内、外侧房间均呈现出一定的温度梯度。夏季，内侧次要空间温度最低，且较为稳定，而外侧主要空间全天温度均高于内侧空间，日平均温度约 28.6 ℃，二者温度差值最大可达 2.9 ℃（图 3-2）。冬季，外侧主要空间温度略低于内侧空间，二者日平均温度相差约 0.5 ℃（图 3-3）。因此，在核心式空间层级中，外侧主要空间在冬、夏两季热环境舒适度与稳定性均较弱，尚且不如内侧的次要空间。

综合冬、夏两季模拟数据，可判定在核心式空间层级中，外侧主要空间热环境比内侧次要空间差，建筑内外形成了室外、主要空间与次要空间的温度梯度，与热缓冲调节机制有矛盾。核心式空间层级热缓冲性能较差。接下来，将结合实测数据进行进一步的验证。

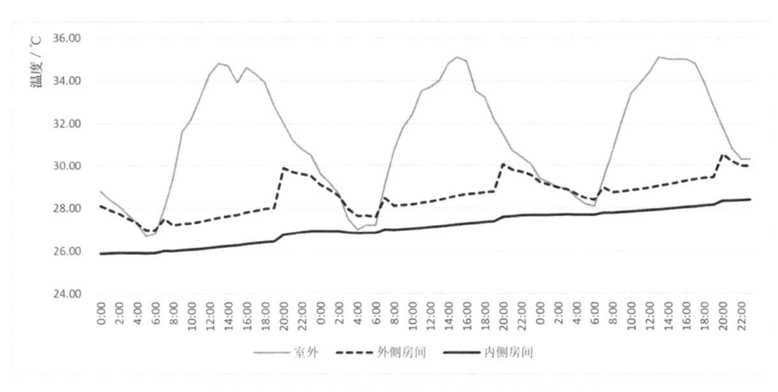

图 3-2 核心式空间层级夏季室内外温度变化

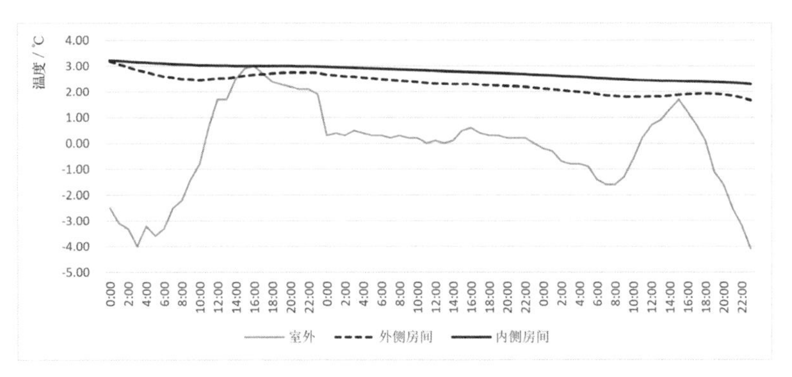

图 3-3 核心式空间层级冬季室内外温度变化

核心式空间层级的热缓冲性能冬季实测研究中，选取东南大学四牌楼校区逸夫建筑馆为研究对象。逸夫建筑馆为典型的核心式布局高层办公楼，共 16 层，由外圈办公室围绕内侧的核心筒构成。十四层走廊全封闭、无开窗，八层走廊局部开外窗（图 3-4）。选择八层卫生间玄关、电梯厅，十四层卫生间玄关、电梯厅及一层室外 1.2 米高遮阴处为测点，于 2021 年 1 月 22 日至 25 日（四天均为小雨天气）连续测量 72 小时。实测期为寒假期间，无空调运行。测量期间内门窗关闭，仅偶尔使用房间开门，卫生间玄关外窗局部开启，不使用空调等辅助采暖设备。分析核心式空间层级建筑内、外侧空间的热环境特点，并对比不同封闭性对空间热环境的影响，结果如下。

图 3-4 逸夫建筑馆标准层平面图及测点示意

结果显示，逸夫建筑馆室内、外存在明显的温度梯度，室内各空间温度均明显高于室外，内侧电梯厅温度最高。走廊无外窗的十四层内侧电梯厅温度最高，日平均温度可达 16.6 ℃，八层电梯厅的温度稍低一些，日平均温度约 16.1 ℃，二者温度达到了室外温度的两倍，热环境舒适度较好。实测中，在电梯厅内可明显感觉到室内环境较为温暖。十四层内、外侧空间日平均温度相差约 1.3 ℃，而走廊开窗通风、散热量更大的八层内、外侧温度差较大，约为 3.2 ℃。各层空间内，十四层内侧电梯厅全天温度的稳定性最好，最高温与最低温的差值仅为 0.3 ℃（图 3-5）。因此，冬季核心式空间层级外侧主要空间的温度、热稳定性、热环境舒适度均比内侧次要空间差。

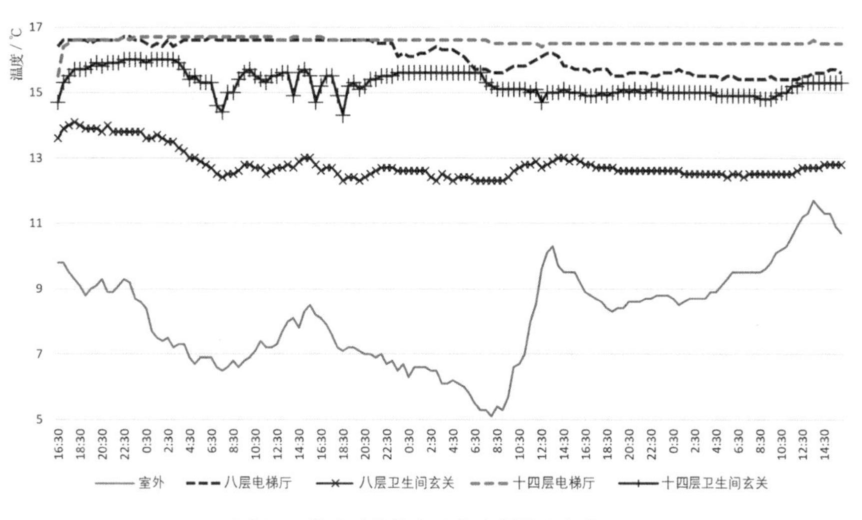

图 3-5 逸夫建筑馆冬季室内外温度变化

张祎玮对典型核心式布局的南京新地中心二期办公楼进行了夏季实测研究（7 月 22 日至 23 日）。测量期间，各空间不使用空调，走廊窗户全天开启，办公室关闭窗户，开启门。结果显示，内、外侧空间呈现出一定的温度梯度，外侧办公室日平均温度高于内侧走廊，白天温度明显高于走廊，而晚上略低于走廊，且办公室全天温度浮动较大，稳定性比内侧走廊差（图 3-6）[43]。因此，核心式空间层级夏季外侧主要空间的温度、热环境舒适度与热稳定性均不如内侧次要空间。

3.1.2 热缓冲性能评价

核心式空间层级中，楼梯间、电梯间、设备间、走廊等次要空间设于内侧，主要空间设于外侧，将次要空间包裹起来，反而成为次要空间的热缓冲空间，不符合热缓冲调节机制。主要空间夏季吸收了过多热量，对内侧空间起到了遮阳隔热作用，而冬季虽然能够直接获得太阳光，但散热量也同样较大，全天温度浮动较大，因此，冬、夏两季的热环境舒适度与稳定性均比内侧次要空间差。综上所述，核心式空间层级热缓冲性能较差，这种空间布局值得反思。此外，核心式空间层级的研究结果也证明了内外包裹式的空间布局方式能够使内侧空间获得较好的热环境舒适度与稳定性，实现对内侧空间的热缓冲调节作用。

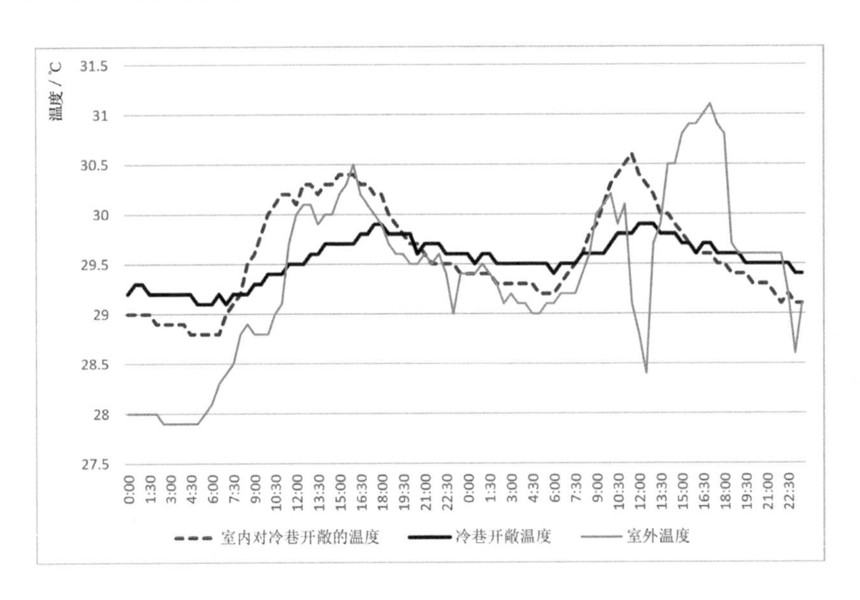

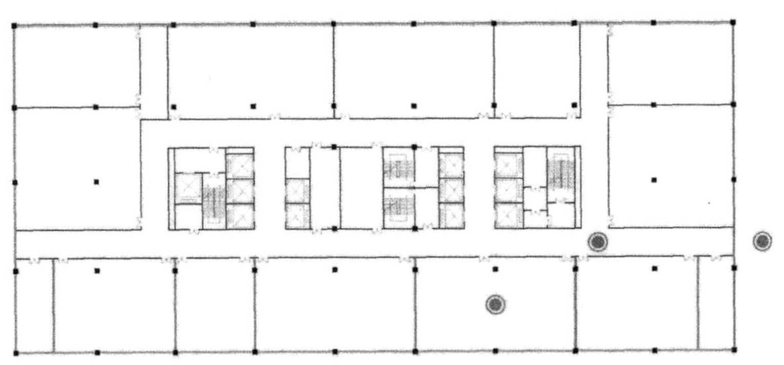

图 3-6　新地中心二期办公楼夏季室内外温度变化及测点示意

（图片来源：参考文献[43]）

3.2 内廊式空间层级

根据热缓冲调节理论，初步判定加设阳台的内廊式建筑具有一定的热缓冲调节作用，而无阳台的大部分内廊式建筑可能不具备热缓冲性能。因此，接下来将结合 DeST 模拟及案例实测对其进行进一步的分析与验证。

3.2.1 热缓冲性能模拟与实测研究

如图 3-7 所示，模拟对象为常见内廊式建筑的抽象原型（20 m×12 m×10.8 m），建筑共 3 层，由内走廊串联起南、北两侧使用空间。模拟地点为南京市，设定不设置门窗，无人员使用及设备热扰等，不使用空调，仅通过固定频率的机械通风换气取得自然室温，除夏季夜晚通风换气为 10 次 / 时外，其他时间均为 0.5 次 / 时，选取二层南、北侧房间及走廊为测点，模拟室内外全年逐时温度，并以 7 月 11 日至 13 日、1 月 22 日至 24 日为代表进行具体的分析总结，结果如下。

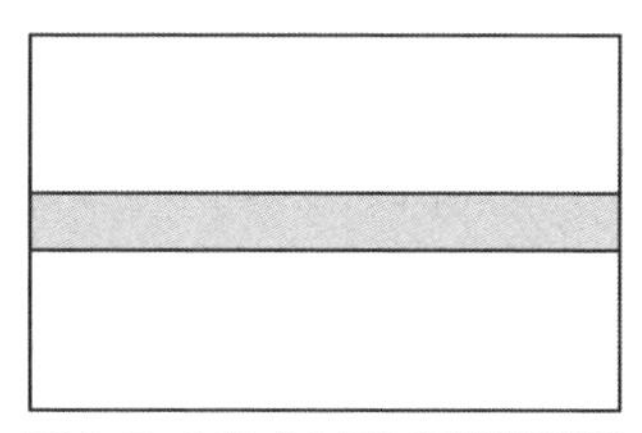

图 3-7 内廊式空间层级模拟建筑

内廊式空间层级中，夏季室内各空间均随着室外温度变化有一定的温度浮动，白天低于室外温度，而晚上略高于室外。直接得热量较多的南、北侧房间温度基本相同，且略高于内走廊，房间与走廊的温差在 20:00 点达到最大，约 0.8 ℃（图 3-8）。

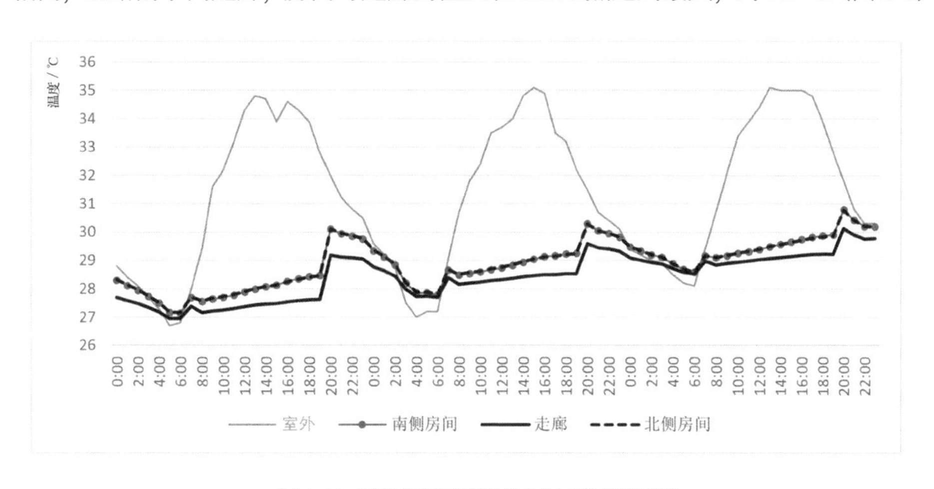

图 3-8 内廊式空间层级夏季室内外温度变化

夏季室内各空间均会受到室外热环境的影响，位于外侧的办公空间阻挡了进入走廊的大部分热量，因此温度略高，室内热环境相较于内走廊略差一些，而内侧走廊的热舒适度与稳定性略好。

冬季模拟结果显示室内各空间温度均较为稳定，位于内侧的走廊温度全天基本略高于南北侧房间，南侧房间温度略高于北侧房间，走廊与外侧房间呈现一定的温差，与北侧房间的温差最大为 0.6 ℃（图 3-9）。因此，冬季外侧主要空间的热环境与内侧次要空间相比略差，内侧走廊的热舒适性与稳定性略好，但是相差很小。

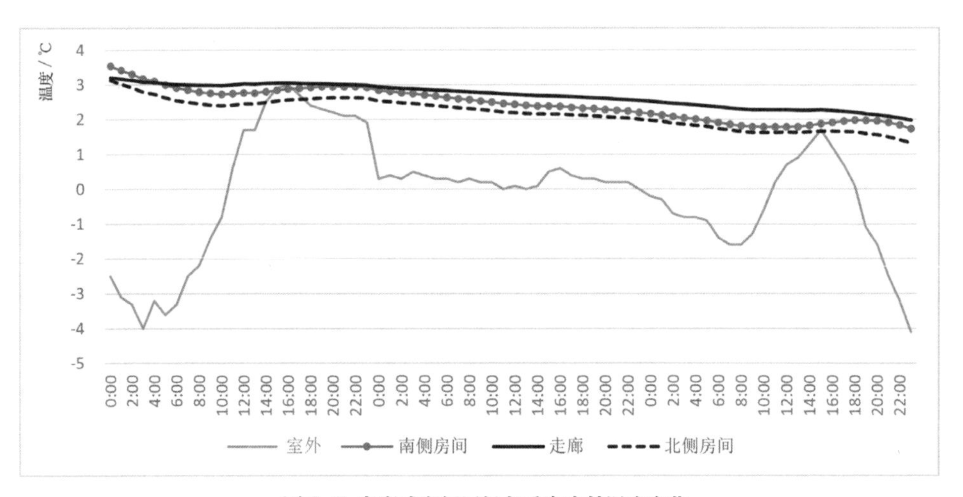

图 3-9 内廊式空间层级冬季室内外温度变化

综合冬、夏两季模拟数据，可判定在内廊式空间层级中，外侧主要空间热环境舒适性比内走廊略差，建筑内外形成了室外、主要空间与次要空间的温度梯度，不符合热缓冲调节机制。接下来，将结合实测数据进行进一步的验证。

实测分析选择典型内廊式建筑（南京市同创软件大厦，共 6 层，东西朝向）进行冬季热缓冲性能研究（图 3-10）。测量期间，各空间不使用空调，走廊两端及中部窗户均开启，除偶尔使用房间开门外，其他时间房间门窗均保持关闭，房间窗户气密性较佳。研究对象为五层东侧房间，房间内靠外墙设有壁柜，壁柜旁为凹窗。选择走廊、房间及室外遮阴处为测点，于 2020 年 12 月 22 日至 24 日连续测量 72 小时，结果如下。

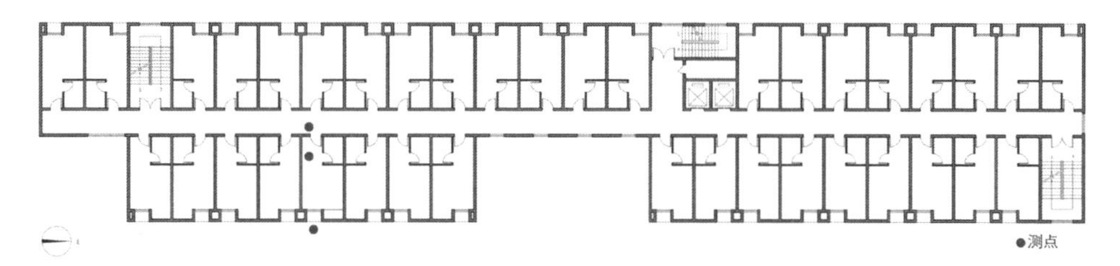

图 3-10　南京市同创软件大厦五层平面图及测点示意

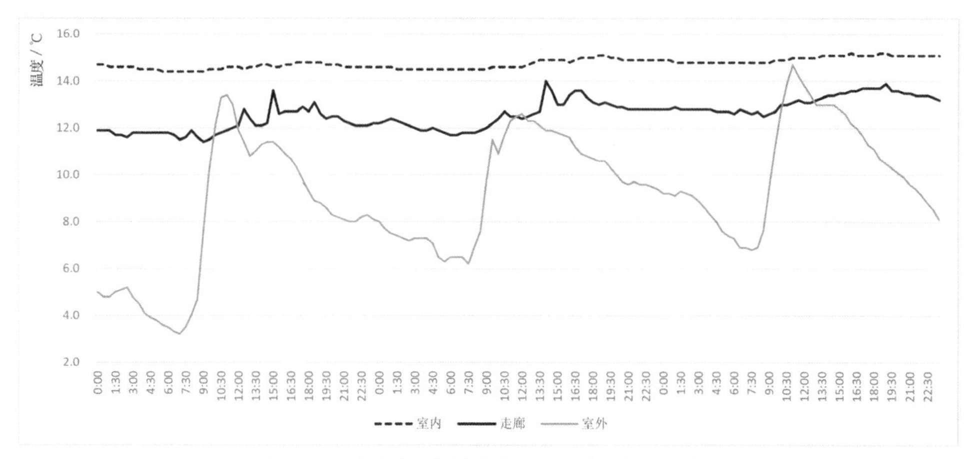

图 3-11　南京市同创软件大厦冬季室内外温度变化

结果显示房间室内温度最高，且较为稳定，走廊温度介于室内与室外温度之间，与室内温度保持约 2 ℃的温差，走廊由于窗户开启，与室外热交换量较大，其温度低于房间，且浮动略高于房间（图 3-11）。其结果与前面的模拟有所不同，冬季走廊的热环境反倒略差于房间，这可能是因为在实测中走廊是开窗通风状态，而房间是封闭状态。参考对比张祎玮在东南大学文昌宿舍楼的冬季实测，该建筑为典型南北朝向内廊式，共 6 层，实测时间为 2 月 22 日寒假期间，各空间不使用空调，走廊与宿舍均开窗通风，选择走廊、南侧房间及室外遮阴处为测点（图 3-12）。这组与前一次实测的不同处在于房间也直接对外开窗通风。其数据显示：房间与走廊均开启窗户保持通风的情况下，走廊、房间与室外呈现较明显的温度梯度，走廊温度最高，与房间温度差值最高可达 4 ℃（图 3-13）[43]。综上所述，在实测中，内廊式空间层级中外侧主要空间的热环境稳定性与舒适度其实不如内侧走廊，而且相比于模拟，此规律可能更为明显。当然，这种差距也可能是由直接开窗通风所导致的。

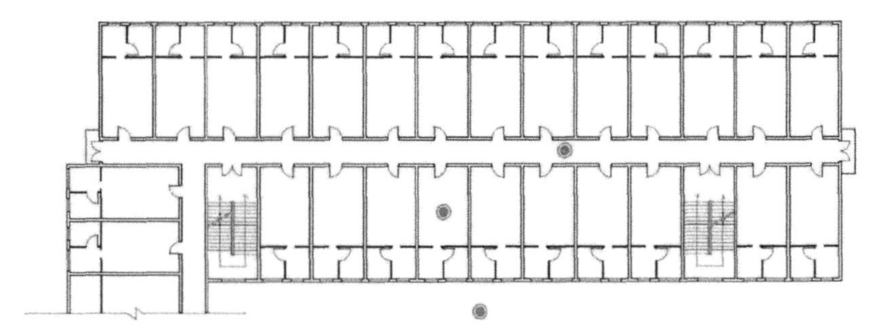

图 3-12 文昌宿舍楼平面图及测点示意

（图片来源：参考文献 [43]）

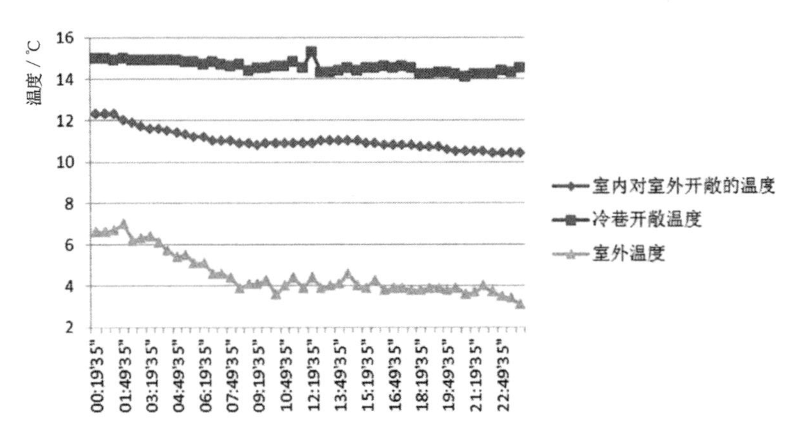

图 3-13 文昌宿舍楼冬季（2 月 22 日）室内外温度变化

（图片来源：参考文献 [43]）

由两组实测比较也可以初步推测，换气的换热次序对热环境也有影响，直接对外换气的空间受热干扰较大。进一步可以设想，内廊式布局中，房间如果不对外直接换气，而是以走廊为中介间接换气，那走廊同样也可以起到一定的热缓冲作用。这比较具有启发性，在不改变某些类型建筑内外层级的情况下，也同样可以利用次要空间稍微优化热环境。

基于此，张祎玮对文昌宿舍进行了夏季实测研究（7 月 31 日），测量为暑假期间，各空间不使用空调，走廊与宿舍均关闭窗户，宿舍门向走廊开敞，选择五层走廊、南侧房间及室外遮阴处为测点（实测点见图 3-12）。结果显示，室内各空间温度和浮动幅度明显低于室外，且室外、宿舍与走廊呈现出温度梯度，宿舍的全天温度基本略高于内走廊温度，二者温度差值约为 1 ℃（图 3-14）[43]，相差并不大。一方面，这再次验证了内廊的热环境条件略优于外侧房间，另一方面，如果房间利用内廊换气，也能保持相对较好的热环境条件。

3.2.2 热缓冲性能评价

内廊式空间层级中主要空间位于外侧，直接与外部环境进行热交换，夏季得热与冬季散热量均较大，主要空间反而成为次要空间的隔热、保温层，冬、夏两季的热环境舒适度均比内侧走廊稍差。因此，内廊式空间层级与热缓冲调节机制有所矛盾，热缓冲性能并不佳，可对空间组织方式进行优化设计。

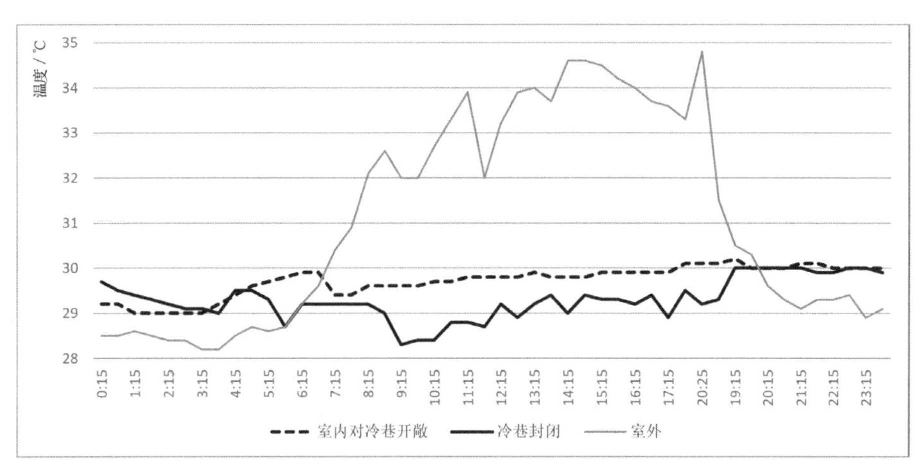

图 3-14 文昌宿舍楼夏季室内外温度变化

（数据来自：张祎玮）

3.3　外廊式空间层级

根据热缓冲调节理论，可初步得出外廊式空间层级略微具备热缓冲调节能力，其作用效果与季节适应性有限。接下来将结合软件模拟与案例实测进行详细分析，以对其热缓冲性能加以验证。

3.3.1　热缓冲性能模拟与实测研究

模拟对象为常见外廊式建筑抽象原型（15 m×7 m×10.8 m），建筑共 3 层，走廊设于房间南侧（图 3-15）。模拟地点为南京市，设定不设置门窗，无人员使用及设备热扰等，不使用空调，仅通过固定频率的机械通风换气取得自然室温，除夏季夜晚通风换气为 10 次 / 时外，其他时间均为 0.5 次 / 时，选取二层房间及走廊为测点，模拟室内外全年逐时温度，并以 7 月 11 日至 13 日、1 月 22 日至 24 日为代表进行具体的分析总结，结果如下。

图 3-15 外廊式空间层级模拟建筑

夏季外廊式空间层级中室内各空间温度均随着室外温度变化呈现较大的波动，白天室内温度低于室外温度，晚上略高于室外，房间与走廊的全天温度基本一致（图 3-16）。冬季走廊温度稍稍高于房间（图 3-17）。因此，综合来看，外廊式布局冬、

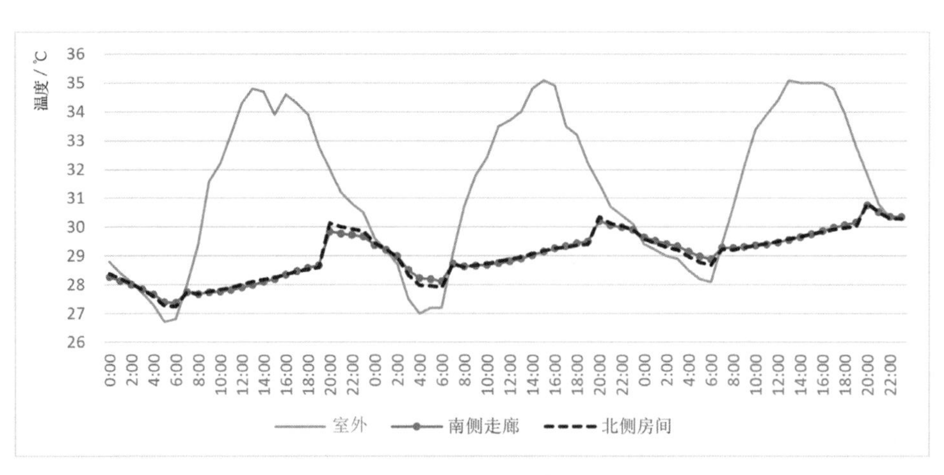

图 3-16 外廊式空间层级夏季室内外温度变化

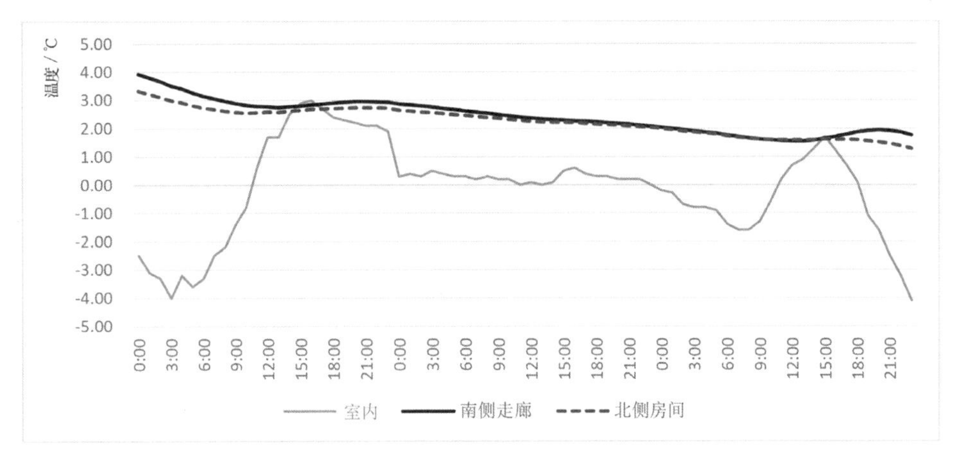

图 3-17 外廊式空间层级冬季室内外温度变化

夏两季走廊与房间的温度较为接近，热环境条件基本相当。从无门窗的原型模拟结果来看，外廊式布局不太具备热缓冲调节能力。但外廊式布局中，走廊与房间的围护结构差别较大，材料热工性能和窗户的差异对室内热环境影响较大，因此，接下来将对具体的外廊式建筑进行实测与模拟分析，进一步验证其是否具备热缓冲性能。

冬季实测研究中，选择典型外廊式布局建筑（南阳市八中附属中学办公楼）进行具体分析。建筑共 5 层，为东西朝向，封闭走廊位于东侧，西侧为办公室、实验室等房间，选择四层教科室、化学仪器室、封闭走廊及室外遮阴处为测点（图 3-18）。测量期间，各房间无人员使用与设备干扰等，门窗均关闭，于 2021 年 2 月 10 日至 13 日（均为晴天）进行连续 72 小时的测量，结果如下。

由实测结果可知，两个房间的温度较为稳定，而走廊全天温度浮动稍大，随着室外温度变化而呈现较明显波动（图 3-19）。两个房间位于西侧，能够获得下午的直射阳光，但窗户面积较小，白天得热量与夜间散热量不足以导致室内温度波动较大，因此西侧房间温度较为稳定，其中窗户面积稍大的化学仪器室温度略有波动。走廊位于东侧，能够获得一定的太阳热辐射，而大面积的窗户使得走廊围护结构热工性能较差，白天得热升温、夜间散热降温导致温度波动较大。房间、走廊与室外呈现出一定的温度梯度，因此，冬季东侧走廊能通过减少房间散热面，起到一定的保温作用，但作用较为有限。

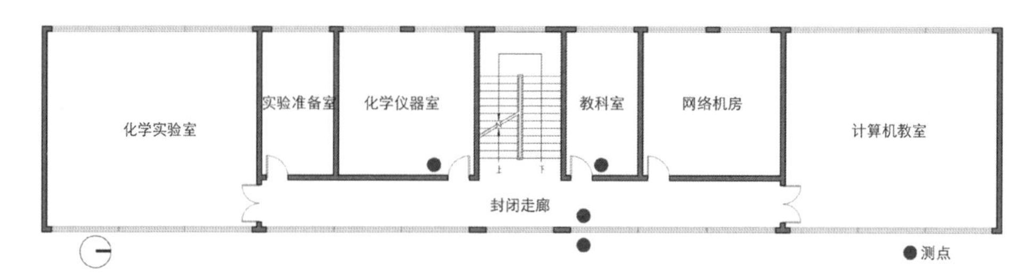

图 3-18 南阳市八中附属中学办公楼四层平面图及测点示意

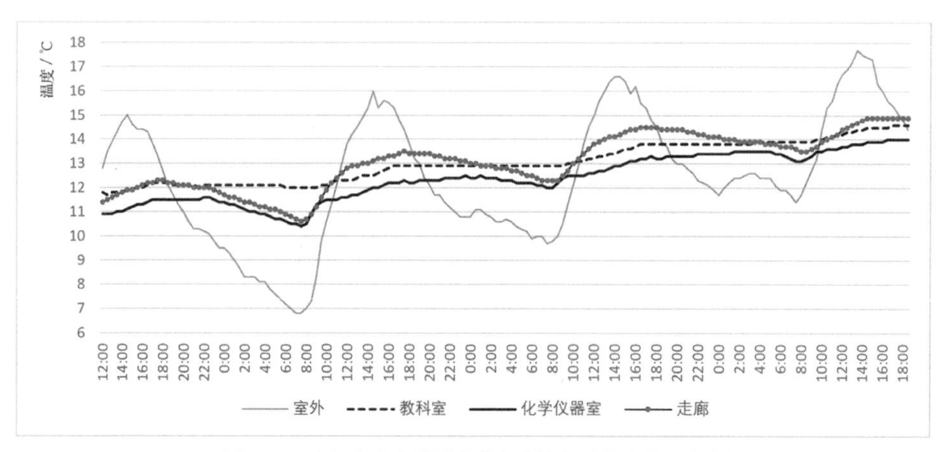

图 3-19 南阳市八中附属中学办公楼冬季室内外温度变化

湖北工业大学黄艳雁等人以武汉市某办公楼为例研究了夏季外廊对室内热环境的热缓冲调节作用（2017 年 8 月 6 日）。建筑共 4 层，为标准的东廊式布局，选择三层会议室、外廊及室外三个测点，测量期间，各空间门窗关闭，且不使用空调。结果显示，外廊温度始终高于室内温度，二者温度基本稳定，且均保持在较高的温度范围内（图 3-20）[44]。走廊温度较高，这主要是因为其围护结构中玻璃较多，热工性能较差，获得的热量更多。室外、外廊、房间之间虽呈现出一定的温度梯度，但房间朝西，获得的直射光较多，西晒与东廊较高的温度对房间的热环境产生了一定的破坏作用。因此，东廊在夏季无法起到遮阳隔热的缓冲作用。

综合冬、夏两季实测结果，东廊式布局建筑能够起到一定的冬季热缓冲调节作用，而夏季作用效果较差。

外廊式布局根据走廊与房间位置关系，可分为南廊式、北廊式及东、西廊式，走廊与房间之间不同的位置关系对房间热环境的影响有较大的差异，因此接下来以

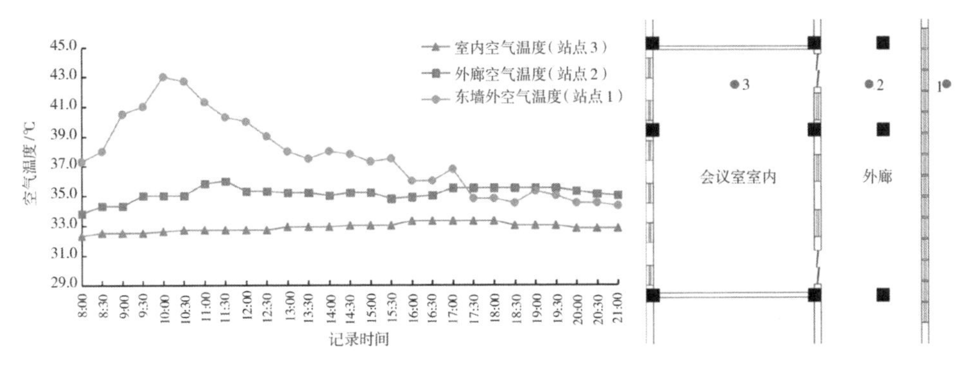

图 3-20 武汉某办公楼夏季室内外温度变化及测点示意

（图片来源：参考文献[44]）

有南廊、北廊、西廊的外廊式建筑为研究对象，使用 DeST 软件模拟其热环境，比较不同方位外廊式布局的热缓冲性能。

如图 3-21 所示，模拟对象为三栋布局相同、朝向不同的三层外廊式建筑（23 m×7 m×10.8 m，窗墙比 0.25），模拟设定不使用空调，无人员使用及设备热扰等，仅通过固定频率的通风换气取得自然室温，除夏季夜晚通风换气为 10 次 / 时外，其他时间均为 0.5 次 / 时，以南京市为研究地，分别选取二层房间与走廊为测点，模拟室内外全年逐时温度，并以 7 月 11 日至 13 日、1 月 22 日至 24 日为代表进行具体的分析总结，结果如下。

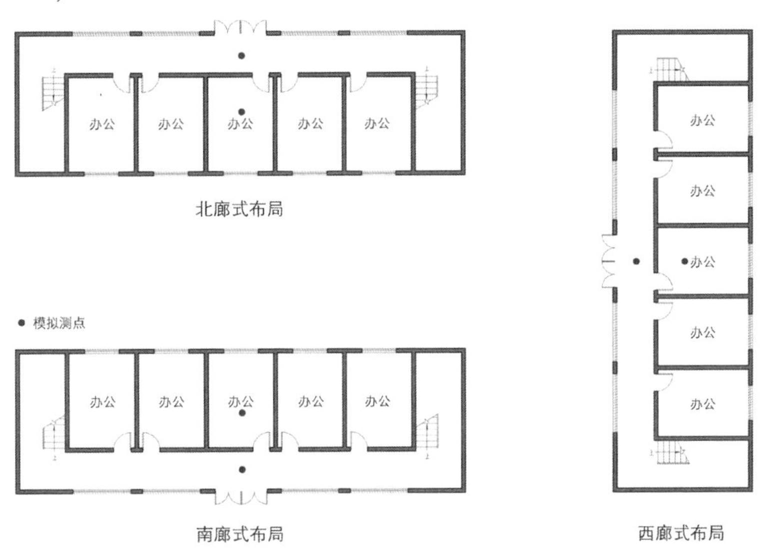

图 3-21 外廊式模拟建筑平面图

模拟结果显示南廊式布局中，夏季在室外、走廊与房间之间形成了一定的温度梯度，走廊全天温度均介于室外与房间温度之间，走廊与房间呈现一定的温差，日平均温度差约 1.1 ℃，房间温度最低，日平均温度约 31 ℃（图 3-22）。冬季的南廊式布局中，房间温度较为稳定，日平均温度约 6.9 ℃，下午走廊的温度略高于室内，而其他时间走廊与房间的温度基本接近（图 3-23）。

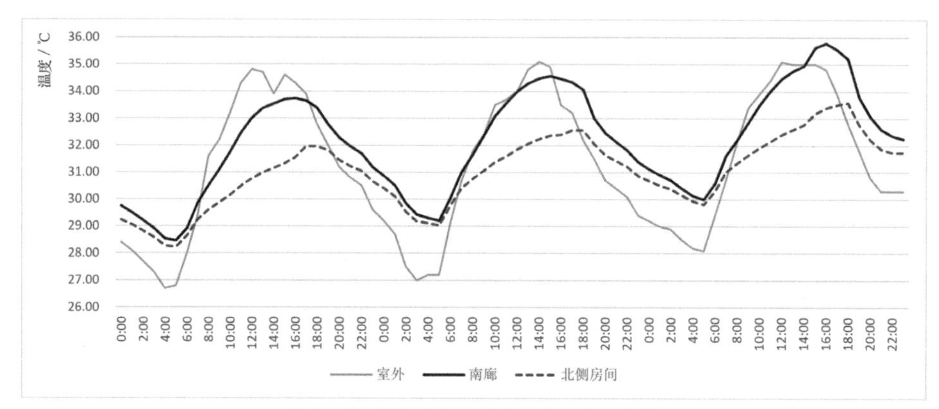

图 3-22 南廊式布局夏季室内外温度变化

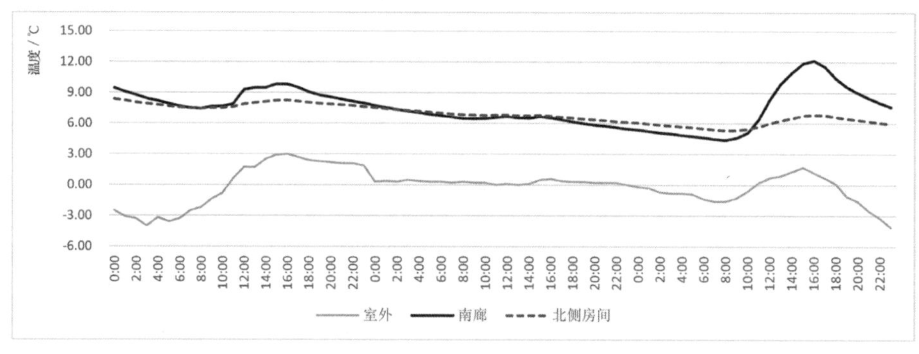

图 3-23 南廊式布局冬季室内外温度变化

综合来看，夏季南廊能够起到遮阳、隔热作用，而在冬季没有明显的作用效果，反而减少了房间的直接得热，南廊对北侧房间起到一定的夏季热缓冲调节作用，但冬季作用有限。

北廊式布局中，夏季在室外、走廊与房间之间形成了一定的温度梯度，走廊的全天温度均高于房间，下午受到西晒的影响，二者温差达到最大，约 3.5 ℃（图 3-24）。模拟结果再次证明，与窗墙比相比，朝向并不是夏季房间热环境的主要影响因素，前者对室内热环境的影响更大。开窗面积较大的走廊虽位于北侧，较少收到直射光，但由于玻璃的温室效应，夏季走廊温度反而高于南侧办公室。冬季，室内、外同样呈现明显的温度梯度，房间直接朝南，接收直射光直接得热，温度最高，平均室温约 7 ℃，走廊温度略低于房间，最高温差约 2 ℃（图 3-25）。

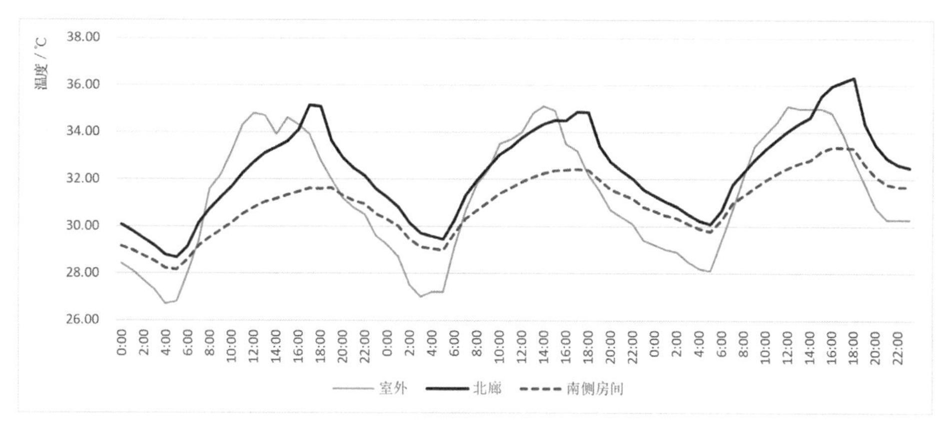

图 3-24 北廊式布局夏季室内外温度变化

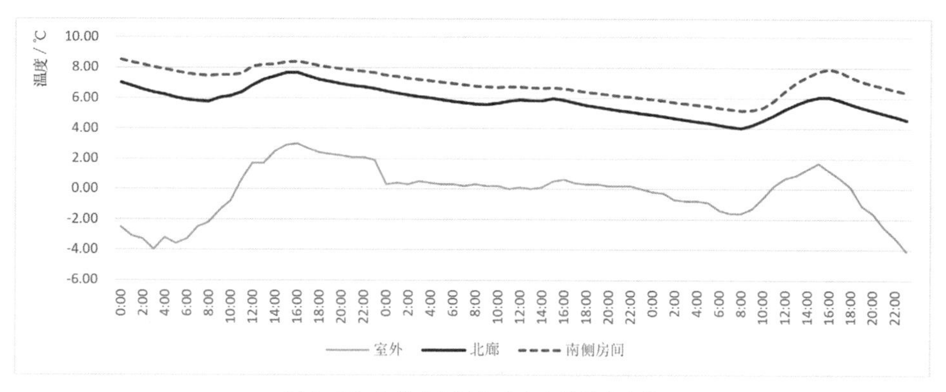

图 3-25 北廊式布局冬季室内外温度变化

模拟结果表明，北廊在夏季无法起到遮阳作用，但在冬季能够减少房间背阳一侧的散热量，从而对其起到一定的保温作用，具有一定的热缓冲能力。综合来看，北廊式布局具有一定的冬季热缓冲性能。对比南廊和北廊布局的模拟结果来看，建筑的夏季热表现基本一致，而冬季中南廊布局的总得热略优。由此是否可以设想，如果要兼顾冬夏，房间最好能同时有南廊和北廊？

西廊式布局中，房间与走廊温度基本均高于室外，房间夏季温度浮动较大，平均温度约32.8 ℃，冬季温度浮动稍小，室温保持在6.7 ℃上下，有1～2 ℃的浮动范围。西廊的温度浮动极大，夏季日温差约12 ℃，最高可达17 ℃，日最高温度均超过40 ℃，冬季日温差相对较小（图3-26、图3-27）。二者相比，夏季走廊温度始终高于办公室，二者温差最大可达12.5 ℃，而冬季走廊与房间温度较为接近。

西廊式布局中走廊全天得热较多，西晒得热量大，夏季虽能对内部空间起到一定的阻挡西晒的作用，但温室效应给房间带来的间接破坏明显，使得房间温度明显高于南、北廊式布局房间，而冬季西廊通过自身得热可对内部空间起到一定的加温作用。因此，西廊式布局具有一定的冬季热缓冲调节作用，但夏季性能差。

从以上模拟可以看出，南廊式布局的冬夏综合效果略优。但是也要注意到，模拟中走廊是按常规设置了较大的窗墙比，如果改变窗墙比，有可能改变走廊的缓冲效果。比如西廊如果减小窗墙比，则可能提升夏季性能。

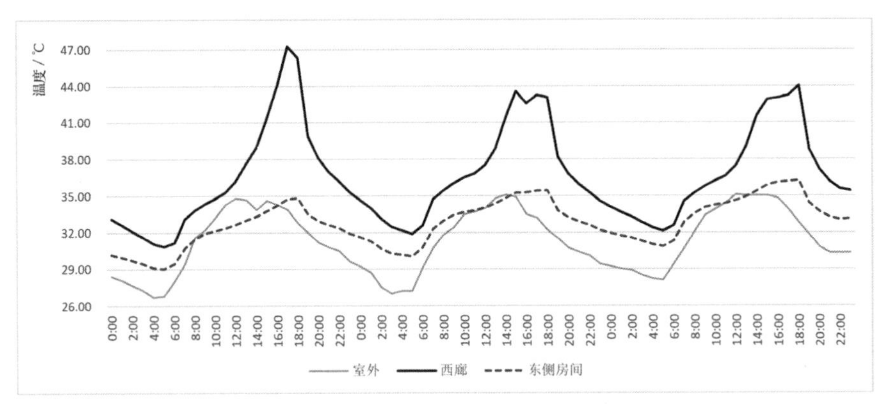

图3-26 西廊式布局夏季室内外温度变化

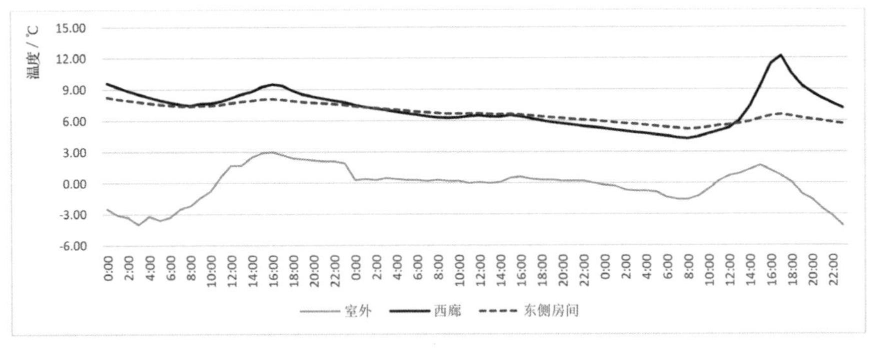

图3-27 西廊式布局冬季室内外温度变化

3.3.2 热缓冲性能评价

夏季外部环境温度较高，主要热源是环境辐射热，在自然运行的建筑中，外侧封闭走廊无论在南侧还是北侧，房间的热环境都较为接近，上述模拟中平均温度均约为 31 ℃。封闭走廊夏季温度都颇高，甚至可能高于室外，这对房间的传热不利，如果房间开启空调，则预计热损失较多，所以要保证走廊夏季开窗通风。冬季南廊式布局的总得热比北廊式布局的多，房间温度虽然相似，但是南廊式布局的温度更高，对于空调房间传热更有利。所以综合来看，夏季可开窗通风的封闭南廊更具优势，夏季南廊通风可避免过热，而且也提供了遮阳，冬季封闭可产生一定的温室效应。

夏热冬冷地区较严重的夏季西晒对西廊式布局有明显负面影响，西廊温度较高，热环境差，从而对房间热环境也产生了间接的破坏作用，室内平均温度可达 32.8 ℃。东廊式布局中，西晒直接对房间热环境造成破坏。北廊式布局可阻挡冬季寒冷北风，有一定保温效果，而且南侧房间可接收直射光直接得热，这也是一种相对较优的布局方式。

由此可见，单侧设置封闭走廊的外廊式布局能够起到一定热缓冲作用，但一种布局方式只具有一定夏季或冬季单一季节的热缓冲调节能力，无法兼顾，因此可进行优化调整。相较而言，夏季可通风的南廊布局更具优势。

3.4 南北式空间层级

根据热缓冲调节理论，可初步判定南北式空间层级具有一定的热缓冲调节能力，因此接下来对南北式空间层级典型案例进行软件模拟与实测分析，以验证其热缓冲性能。

3.4.1 热缓冲性能模拟与实测研究

图 3-28 南北式空间层级模拟建筑

如图 3-28 所示，南北式空间层级模拟建筑共 3 层（12 m×9.6 m×9 m），主要空间位于中部，南、北两侧均设有次要空间，模拟地点为南京市，设定不设置门窗，无人员使用及设备热扰等，不使用空调，仅通过固定频率的机械通风换气取得自然室温，除夏季夜晚通风换气为 10 次 / 时外，其他时间均为 0.5 次 / 时，选择二层南、北侧及中部房间为测点，模拟全年室内外温度逐时变化，并选取 7 月 11 日至 13 日、1 月 22 日至 24 日为代表，进行详细分析，结果如下。

模拟结果显示，南北式空间层级中，夏季各房间均随着室外温度变化而波动，且室外、南或北侧房间、中部房间呈现出一定的温度梯度，中部房间温度最低，日平均温度约 28.6 ℃，全天均略低于南、北侧房间（图 3-29）。冬季各房间同样呈现一定的温度梯度，中部房间温度基本略高于南、北侧房间，日平均温度约 2.6 ℃，且温度浮动较小，热环境舒适度与稳定性均比南、北侧房间略好，但幅度有限（图 3-30）。综合两季模拟结果来看，南北式空间层级中部房间在冬、夏两季均能获得比南、北侧房间略好的室内温度与热环境舒适度，具有一定的热缓冲性能。

接下来将结合具体建筑进行实测分析，以进一步验证南北式空间层级的热缓冲性能。

南北式空间层级冬季实测选择南阳市某住宅为研究对象，住宅位于南阳市卧龙区车站南路某小区，所在楼栋为一梯两户三单元板式住宅楼，共 6 层。实测对象为二层中间户，是标准的南北式布局，南侧为三个卧室与阳台，北侧为客厅、厨房、卫生间，选择卫生间、三个卧室、阳台为测点（图 3-31）。实测期间不使用空调等

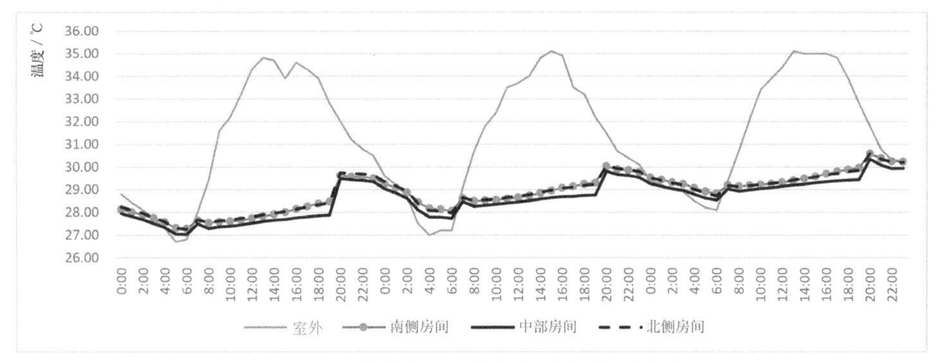

图 3-29 南北式空间层级夏季室内外温度变化

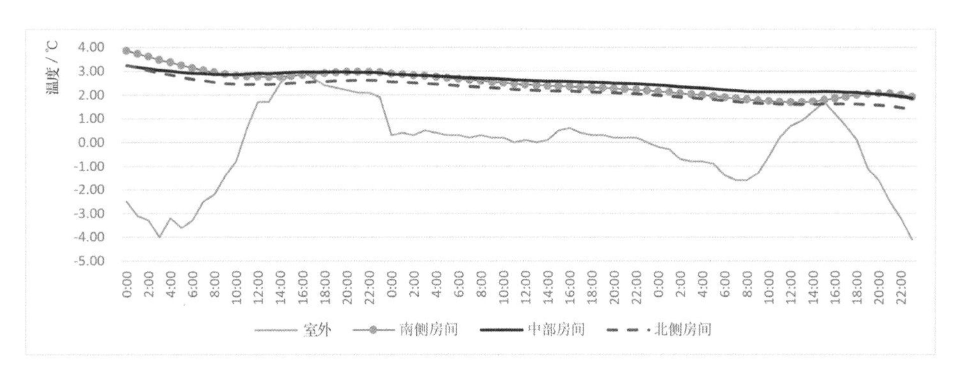

图 3-30 南北式空间层级冬季室内外温度变化

图 3-31 南阳市某住宅户型平面图及测点示意

辅助采暖设备，各房间均正常使用，除偶尔使用开门外，其他时间均关闭门窗，白天人员活动主要在北侧房间，晚上三个卧室均有使用。于 2021 年 2 月 15 日至 18 日进行连续 72 小时的测量，结果如下。

根据实测结果，南北式空间层级中，冬季存在一定的温度梯度，位于内侧的两个次卧室全天温度较为稳定，日平均温度约 13.6 ℃，基本高于南、北侧的阳台和卫生间。南侧阳台由于窗户面积较大，热工性能较差，全天温度随着室外温度变化呈现明显的波动，日平均温度约 12.9 ℃，白天受到阳光直射，下午温度略高于内侧次卧室，而其他时间明显低于次卧室。北侧卫生间开窗面积较小，且无直射光，全天温度波动比阳台稍小一些，温度基本低于内侧次卧室，日平均温度约 13.3 ℃（图 3-32）。

主卧室直接对外开窗，但窗户面积较小，因此整个房间围护结构的热工性能未被明显破坏，全天温度基本稳定，且由于其可直接接收直射光得热，日平均温度约 14.2 ℃，温度略高于两个次卧室。因此，设置尺度适宜的窗户不会对房间的冬季热环境造成破坏，获得直射光反而可以提高房间热环境舒适度。次卧室日平均温度比主卧室低 0.4 ℃，差别不大，被包裹在内侧的次卧室热环境舒适度与稳定性均接近于直接朝南得热的主卧室（图 3-32）。因此，南北式空间层级冬季具有一定的热缓冲性能，但还需增加内侧主要空间的直接得热量。北侧空间温度稍低，但为内侧房间提供了热缓冲。

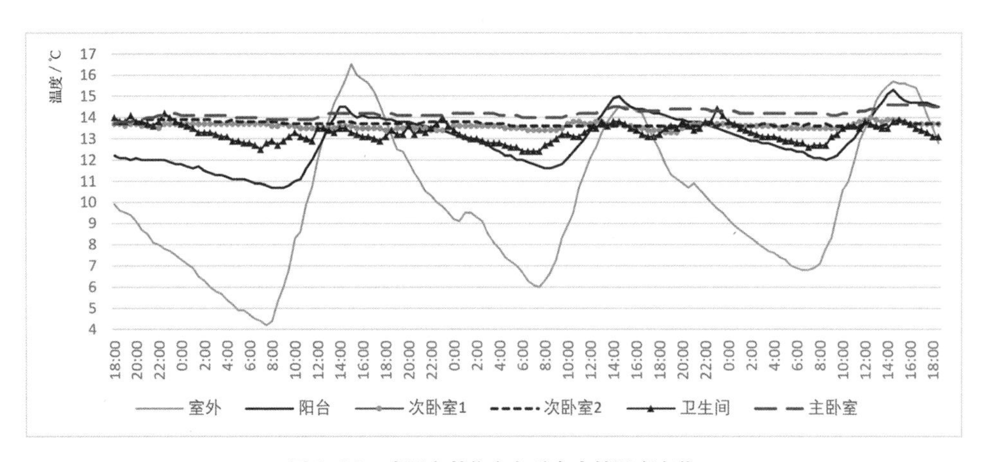

图 3-32　南阳市某住宅冬季室内外温度变化

重庆科技学院石国兵等人对重庆市某住宅进行了热环境的夏季实测研究（2018 年 7 月）。测量对象为典型的南北式布局户型，位于四层，测量期间不使用空间，打开门窗进行自然通风，选择南侧开敞阳台、客厅、餐厅为测点。结果显示，各空间温度均随着室外温度变化呈现一定的浮动，封闭房间的温度浮动稍小一些，中部客厅温度最低，与北侧餐厅的温差约 0.5 ℃；南侧阳台温度接近室外，浮动较大，白天高于室内，晚上低于室内，开敞阳台对内侧客厅起到了一定的白天遮阳与夜间散热降温作用。南、北侧房间的夏季热环境相差较大，呈现出一定的温度梯度，中部房间热环境优于南、北侧空间（图 3-33）[45]。因此，南北式空间层级夏季内侧主要空间热环境优于南、北侧次要空间，次要空间具有一定的热缓冲性能。

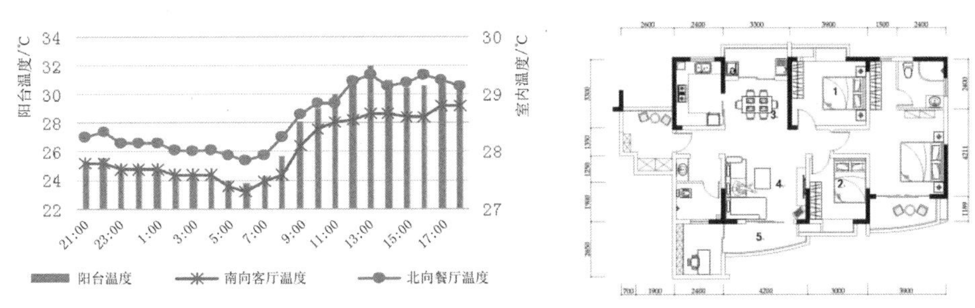

图 3-33 重庆市某住宅夏季室内外温度变化及实测户型图

（图片来源：参考文献 [45]）

3.4.2 热缓冲性能评价

根据模拟与实测分析可知，南北式空间层级中次要空间、主要空间存在一定的温度梯度，位于内侧的主要空间在冬、夏两季均能够获得略优于外侧次要空间的热环境舒适度与稳定性，夏季作用效果较为明显，而冬季主要空间得热不足，热环境略次于直接得热房间。综上可知，南北式空间层级具有一定的热缓冲调节性能与季节适应性，是符合热缓冲调节机制的空间层级类型。但还需要对热缓冲空间进行优化设计，通过空间预热设计等措施增加主要空间得热量，以提升其冬季热缓冲性能。

3.5　围绕式空间层级

热缓冲调节理论与前文对核心式空间层级模拟、实测分析，说明了主次空间的内外次序比较重要，可初步判定次要空间包裹主要空间的围绕式空间层级具有较好的热缓冲调节作用。接下来，将以具有空间布局代表性的建筑为对象，进行软件模拟与案例实测分析，以验证其热缓冲性能。

3.5.1　热缓冲性能模拟与实测研究

如图 3-34 所示，模拟对象为典型的围绕式布局体育馆建筑（44 m×32 m×9 m，窗墙比为 0.2），共两层，体育场位于中部，两层通高，周围为更衣室、沐浴室、器械室、活动室等辅助功能空间，模拟选择内侧的体育场与外侧四个不同朝向的房间为测点，设定地点为南京，无人员使用及设备热扰等，不使用空调等辅助设备，各房间之间及其与外部环境保持 0.5 次 / 时的通风频率，仅夏季夜晚为 10 次 / 时，计算全年逐时温度变化，以 7 月 11 日至 13 日及 1 月 22 日至 24 日为代表进行详细分析，结果如下。

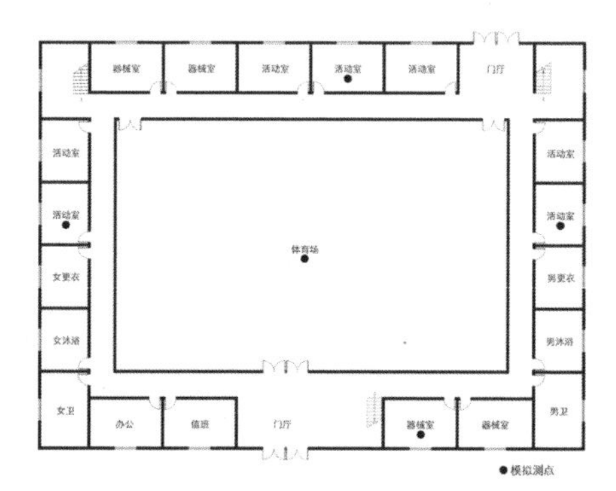

图 3-34　围绕式空间层级模拟建筑平面图

模拟结果显示，围绕式布局中，夏季室内、外呈现出明显的温度梯度，外侧各房间的温度随着室外温度变化呈现较大的浮动，白天温度低于室外，晚上温度略高于室外，内侧体育场的温度基本稳定，且全天温度最低，日平均温度约 24.6 ℃，远低于室外气温（图 3-35）。冬季外侧各房间的全天温度浮动稍小，内侧体育场的温度相对恒定，保持在 5.5 ℃左右，除下午温度略低于直接得热量较大的南侧、西侧房间外，其他时间均略高于外侧房间（图 3-36）。因此，围绕式空间层级中内侧主要空间在冬、夏两季均能具有比外侧空间更好的热环境舒适性，具备一定的热缓冲性能，夏季作用效果较好，冬季则不明显。

上海理工大学黄晨等人对上海体操中心进行了夏季热环境实测研究（1998 年 8

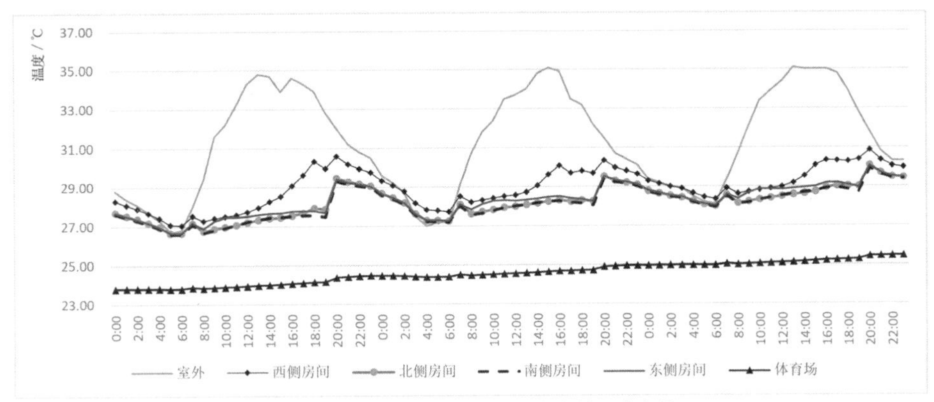

图 3-35 围绕式空间层级夏季室内外温度变化

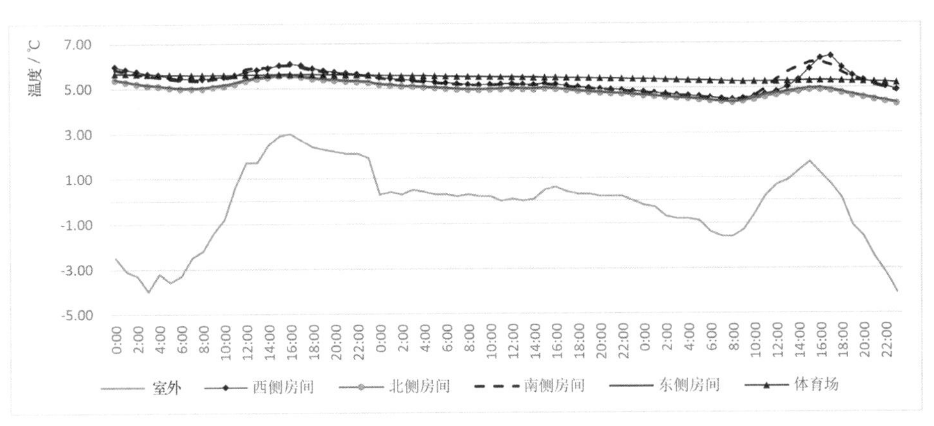

图 3-36 围绕式空间层级冬季室内外温度变化

月 12 日至 8 月 13 日）。实测中，选择内侧场地中不同位置与高度、外侧环廊不同方位为测点，测量期间，各空间正常使用（人流量较小，仅开启一台空调设备），室外温度保持在 35.1 ℃和 35.5 ℃之间，基本稳定。结果显示，采用玻璃幕墙的外侧环廊温度基本高于室内，西侧温度最高，南侧、北侧次之，东侧温度最低，而运动场室内温度最低，且随着高度的升高而逐渐升高，顶部接近外侧环廊温度，底部温度远低于环廊（图 3-37）[46]。因此，围绕式空间层级中，夏季内、外侧空间呈现温度梯度，内侧空间热环境舒适度优于外侧，且夏季效果较为明显。

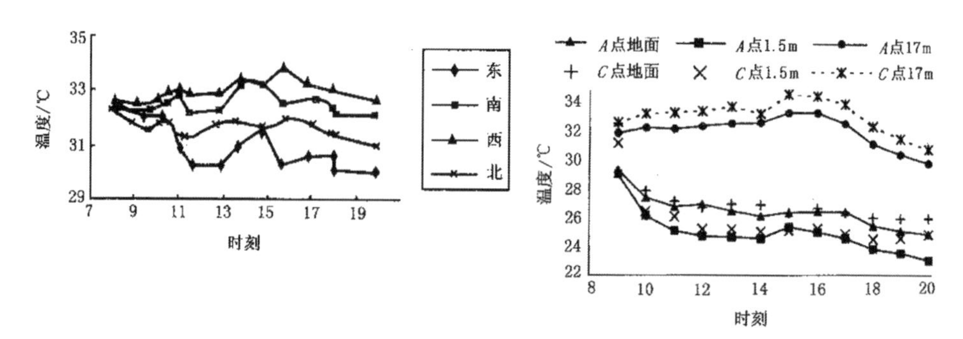

图 3-37 上海体操中心夏季室内外温度变化

（图片来源：参考文献[46]）

3.5.2 热缓冲性能评价

根据围绕式空间层级的模拟和实测结果，可得出以下结论：内外包裹的围绕式空间布局中，外侧空间能够利用夏季遮阳隔热与冬季保温，对内侧空间起到较好的热缓冲调节作用，使得内侧空间在冬、夏两季均具有比外侧空间更好的热环境舒适度，其中夏季调节效果更佳。这些也可通过核心式空间层级的实测与模拟研究得到验证与反推。但与南北式空间层级相似，内侧空间的冬季得热量不足，热环境略次于直接得热房间。因此，围绕式空间层级的热缓冲调节性能与季节适应性较好，是符合热缓冲调节机制的空间层级类型。但还需要对热缓冲空间进行进一步的优化设计，通过热缓冲空间预热设计等对主要空间进行加温，以提升其冬季热缓冲性能。

3.6 垂直式空间层级

太阳从高空照射建筑的方位决定了建筑顶部得热是建筑整体得热的重要组成部分，而建筑的竖向分层，便使得建筑上、下层之间呈现一定的温度梯度，顶层房间成为整栋建筑的隔热层，温度相对较高，顶层住宅热环境差已是为人们普遍接受的常识。

除明确分层的空间形式外，大体量建筑中，下部空气经过使用者、设备等的加热，温度升高，密度变小，热空气流至空间顶部，而冷空气下落至空间底部，如此循环往复，形成了空间内部温度的上下分层，呈现明显的温度梯度，这种分层方式也属于垂直式空间层级讨论的范畴。

根据热传递原理，垂直式空间层级具备了天然的竖向温度分层，拟针对建筑的竖向温度分层进行软件模拟与案例实测研究，旨在验证竖向空间的温度梯度，并探究不同高度竖向隔热层的热缓冲调节性能。

3.6.1 热缓冲性能模拟与实测研究

如图 3-38 所示，将 6 m×4 m×3 m 的房间进行竖向叠加，模拟地点为南京市，设定不设置门窗，无人员使用及设备热扰等，不使用空调，仅通过固定频率的机械通风换气取得自然室温，房间与室外保持 0.5 次 / 时的健康通风，仅夏季晚上增加通风，为 10 次 / 时，并以 7 月 11 日至 13 日、1 月 22 日至 24 日为代表，对比分析单栋建筑不同层房间的热环境差异，结果如下。

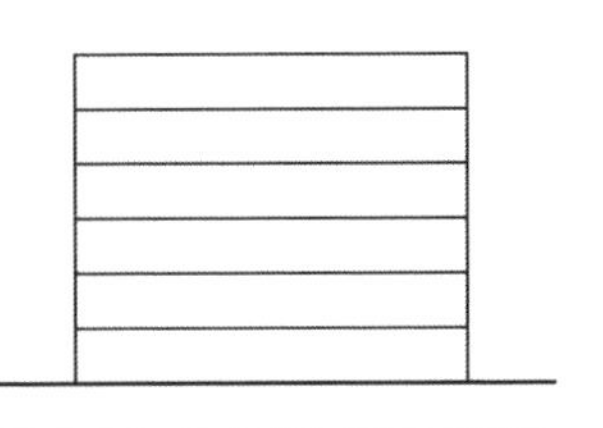

图 3-38 垂直式空间层级模拟建筑

单栋建筑的夏季模拟结果显示，各层房间呈现出较为明显的竖向温度梯度，底层温度最低，日最高温度约 27.8 ℃，与室外最低温度基本一致，热环境舒适度较好；中间层（2~5 层）的温度较高，且较为接近，并随着高度的增加，温度略有升高，日平均温度 29.4 ℃左右；顶层的全天温度最高，日平均温度约 30.4 ℃，与底层房间温度差最大可达 4.4 ℃，热环境最差（图 3-39）。冬季结果显示，房间温度随着层数的增加而降低，一层温度最高，日平均温度约 3.3 ℃。中间层（2~5 层）温度稍低，且较为接近，日平均温度 2.3 ℃。顶层温度最低，日平均温度约 1.5 ℃，与底层的温差最大可达 2.4 ℃，热环境舒适度最差（图 3-40）。

接下来对层数递增（1~6 层）的六栋建筑进行全年逐时温度模拟，模型尺度和参数设置同上，对比分析不同层数空间叠加对底层房间热环境影响的差异，结果如下。

夏季随着建筑层数的增加，底层房间温度逐渐降低，单层建筑房间温度最高，

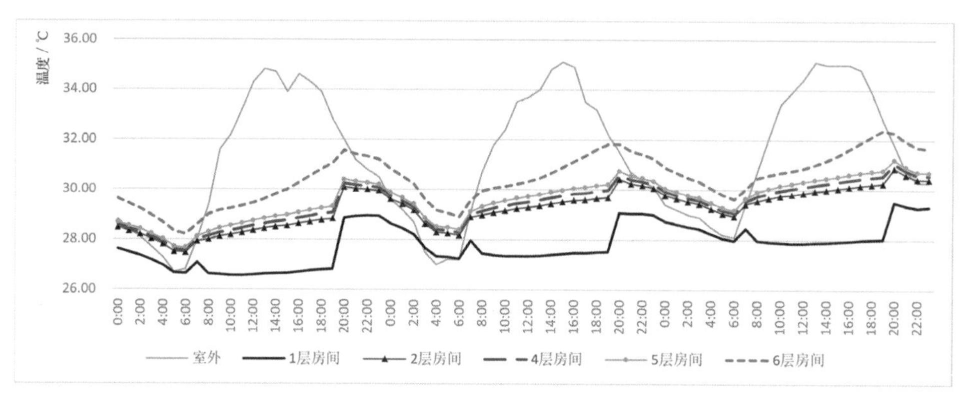

图 3-39 单栋 6 层建筑夏季室内外温度变化

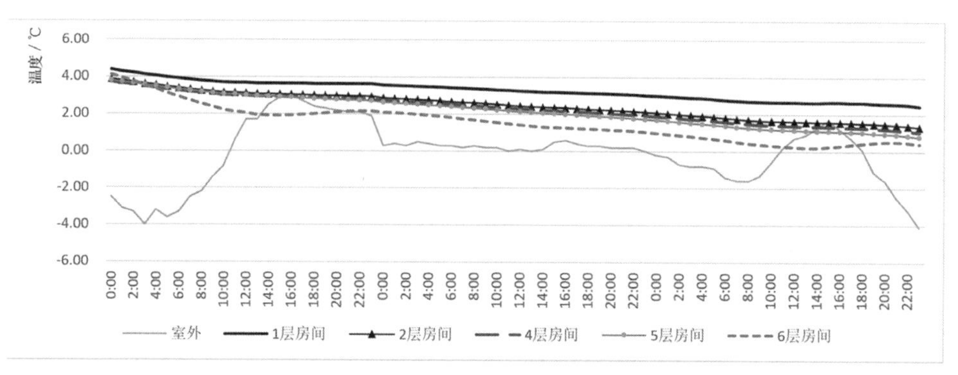

图 3-40 单栋 6 层建筑冬季室内外温度变化

日平均温度约 28.7 ℃，二层建筑的底层房间温度稍低，平均温度约 28 ℃，层数超过 3 层后，底层房间温度基本不再降低，日平均温度保持在 27.8 ℃，与单层建筑房间温度差最大可达 1.7 ℃（图 3-41）。冬季，随着建筑层数的增加，底层房间温度增高，二层建筑与单层建筑的底层房间温差稍增，层数增加到三层后，底层房间温度不再增高，底层房间日平均温度可达 3.3 ℃，与单层建筑相比，平均温度提升了约 0.7 ℃（图 3-42）。

模拟结果显示，垂直式空间层级夏季能够起到较好的竖向遮阳隔热作用，而冬季可起到一定的保温作用，下部空间冬、夏两季均能获得比上层空间更好的热环境，垂直式空间层级中，顶层具有一定的热缓冲性能，夏季作用效果较好。接下来将结合实测进行进一步分析与验证。

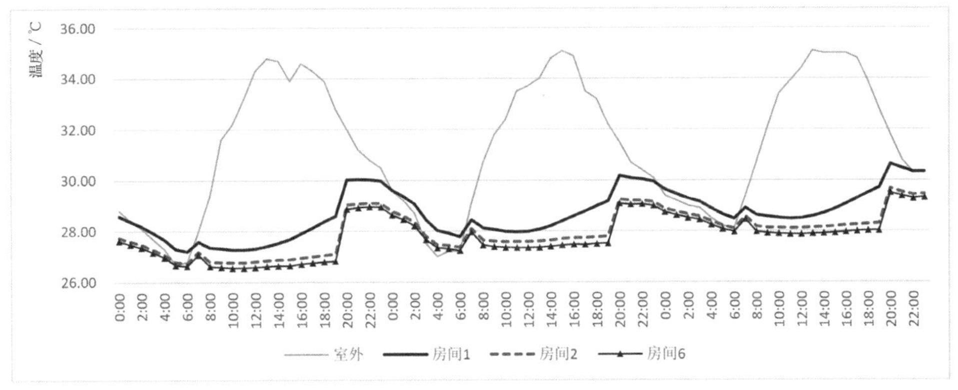

图 3-41 不同层数建筑底层夏季室内外温度变化

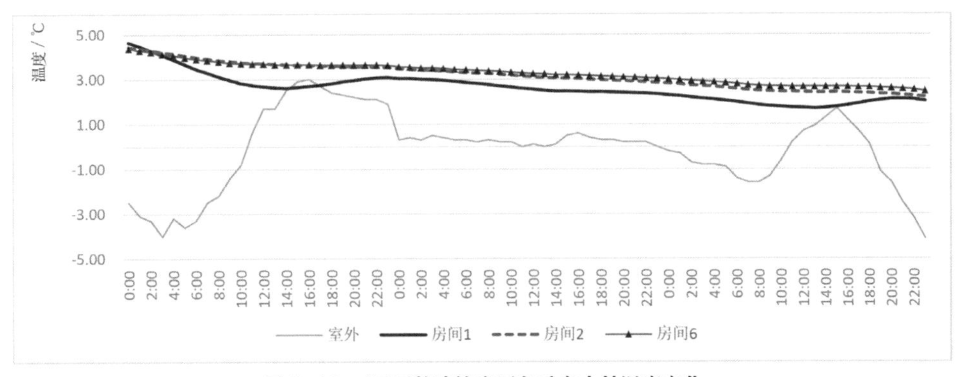

图 3-42 不同层数建筑底层冬季室内外温度变化

垂直式空间层级冬季实测选择南阳市八中附属中学教学楼为研究对象，建筑为外廊式布局，共 4 层，走廊开敞，设于北侧，南侧为教室与教师办公室，选择一至四层同一位置的教室与室外为测点（图 3-43）。测量期间，各房间无人员使用等热扰，不使用空调等采暖设备，且门窗均关闭，于 2021 年 2 月 10 日至 13 日进行连续 72 小时的测量，结果如下。

冬季实测结果与模拟结果相反，随着层数的增多，房间温度反而升高，一层教室温度最低，日平均温度约 11.4 ℃，四层教室温度最高，日平均温度约 13.3 ℃，二者相差近 2 ℃，热环境差异较大（图 3-44）。实测与模拟结果差异较大，可能因为模拟分析中，建筑周围无任何遮挡物，一至六层墙面获得的直射阳光量相同，各层房间热环境的差异主要是由地热、围护结构与外环境热交换界面面积差异等因素造成的。而在实测中，建筑周围遮挡物较多，随着层数的增多，获得的直射光也增加，与地热、热交换界面面积等因素对建筑热环境的影响相比，日照时数对房间温度的影响明显更大。一层房间虽然有顶部各层的叠加保温作用与来自土壤的热量等，但日照时数少，室内温度最低，热环境舒适度也最差。且实测期间气温较高，顶层过大的散热面对室内环境的破坏作用远小于接收直射光得热对室内热环境的提升作用，而若建筑周围遮挡物较少，且气温较低，顶层过大的散热面则会对室内热环境造成较大的影响，使得室内温度与舒适度比底层和中间层差，这些在晏旺 [47]、张启宁 [48]、王琳 [49] 等人的实测研究中得到了验证。因此，实际建筑中，日照遮挡对各层房间冬季热环境的影响极大，若周围无遮挡，竖向叠加能够对底层空间起到较好的保温缓冲作用；若在街区环境中，周围有遮挡，则竖向叠加反而不利于底层空间直接得热。

四川大学王艳等人对成都某高校学生公寓（共 7 层、南北朝向）热环境进行了夏季实测研究（2010 年 6 月至 8 月）。测量期间，房间正常使用，且不使用空调等设备，选择一层、四层、七层相同位置房间及室外为测点。结果显示，室内各房间温度随着室外温度的浮动而波动，且室内温度随着层数的增加而升高，一层温度最低，且稳定性最好，四层平均温度比一层高约 1 ℃，稳定性也比一层略差一些，而七层温度最高，全天温度均高于一层，日最高温度比一层高约 3 ℃，且稳定性较差，全天温度波动幅度较大（图 3-45）[50]。因此，实测表明，垂直式空间层级夏季存在较为明显的温度梯度，底层热环境最佳，随着层数的增加，热环境变差。

3.6.2 热缓冲性能评价

综合模拟与实测结果来看，建筑上下层之间存在明显的温度梯度，且周围遮挡状况与天气状况对冬季热缓冲性能的影响较大，须分别讨论。

若周围无遮挡物影响，冬、夏两季中，底层房间热环境均最好，中间层次之，顶层热环境最差。竖向空间叠加具有夏季隔热与冬季保温作用，热缓冲性能较好，其中夏季作用效果更好。

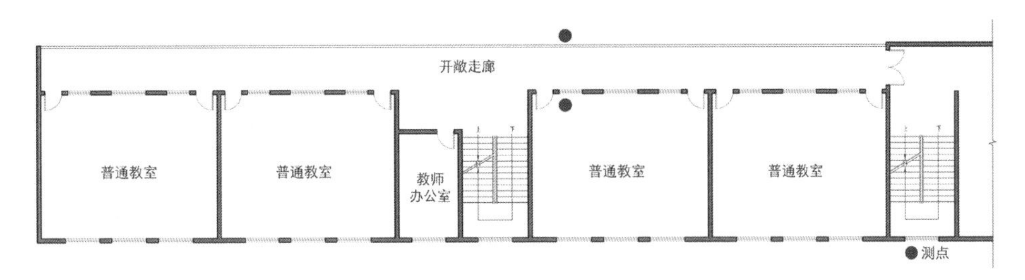

图 3-43 南阳市八中附属中学教学楼平面图

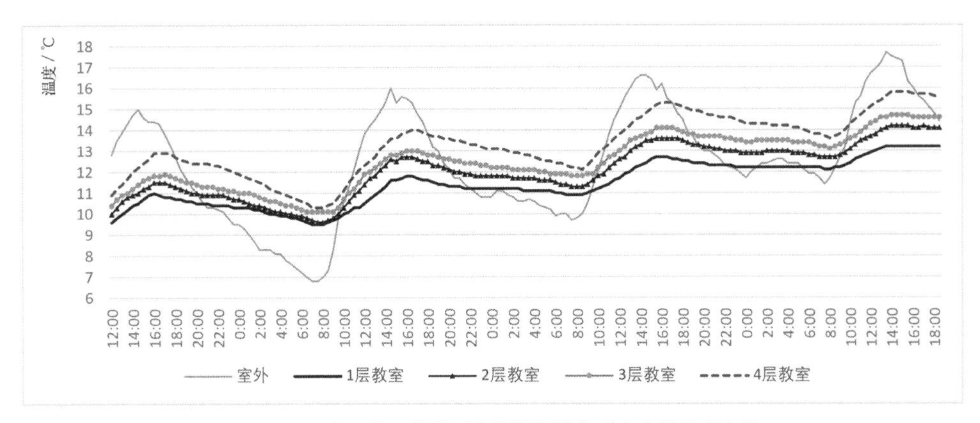

图 3-44 南阳市八中附属中学教学楼冬季室内外温度变化

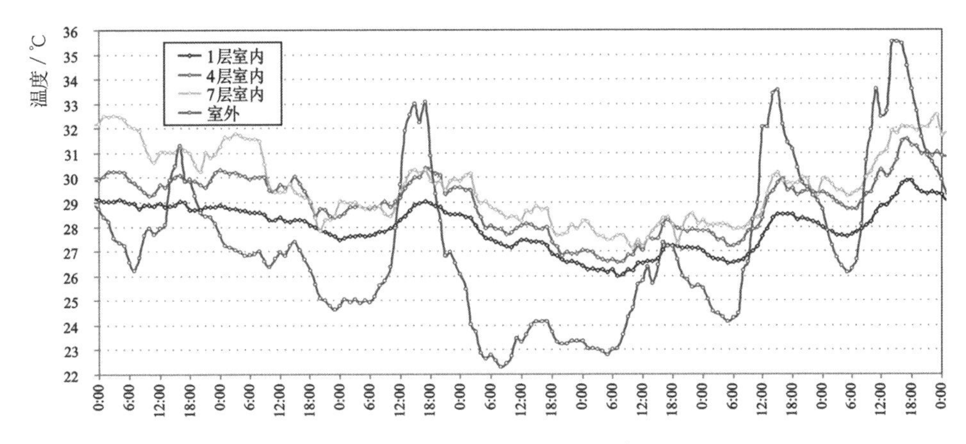

图 3-45 成都某高校学生公寓夏季室内外温度变化

（图片来源：参考文献 [50]）

若周围遮挡严重，且冬季天气较为温暖，则获得直射光的多少决定了室内热环境的优劣，竖向叠加会减少底层空间的直接得热量，不利于提升其冬季热环境舒适度，同时，周围遮挡在夏季反而可以进一步提升底层空间的热环境舒适度。这种情况下，竖向空间叠加具有较好的夏季热缓冲性能，而冬季较差。

本章针对常见的空间层级类型进行了软件模拟与案例实测分析，对其热缓冲性能进行了详细的分析与评价，并总结了各种空间层级类型存在的不足与可提升点。

①核心式空间层级：空间层级与热缓冲调节机制存在矛盾，热缓冲性能不佳，可进行布局优化设计。

②内廊式空间层级：空间层级与热缓冲调节机制有所矛盾，热缓冲性能不佳，可进行布局优化设计。

③外廊式空间层级：具备一定的热缓冲性能，但季节适应性较差，无法兼顾各个季节，须进行布局的优化调整，南廊式布局相对较优。

④南北式空间层级：具备一定的热缓冲性能与季节适应性，但还须进行主要空间得热优化设计，以提升其冬季热缓冲性能。

⑤围绕式空间层级：具备较好的热缓冲性能与季节适应性，但还须进行主要空间得热优化设计，以提升其冬季热缓冲性能。

⑥垂直式空间层级：具备较好的热缓冲性能与季节适应性，但须结合周围建筑物遮挡情况等进行布局设计，一般情况下，顶层的缓冲作用较为明显。

因此，各空间层级的模拟与实测结果验证了第2章的初步分析。平面模式分析中，围绕式与南北式空间层级具备较好的热缓冲性能，其他空间层级还须进行性能的优化提升。垂直式空间层级同样具备一定的热缓冲性能，可加以利用。

此外，根据实测与模拟分析，夏季提升建筑热环境的重点在于白天遮阳隔热与夜间自然通风，减少主要空间的白天得热量，增加其夜间散热量，即外侧空间尽可能白天封闭、夜晚开敞；冬季的重点在于接收直射光得热与保温，增加主要空间南向的得热量，减少北向的散热量。而次要空间包裹主要空间的布局方式能够起到较好的夏季隔热与冬季保温作用，但还须进行一定的可变式设计，控制次要空间围护结构的启闭，以满足主要空间夏季通风散热与冬季辐射得热的需求，从而获得更好的热缓冲性能。

4

基于热缓冲的空间层级模式

本章将在前一章常见空间层级研究的基础上，提出基于热缓冲调节理论的空间层级原型，进而发展出空间层级的两种优化策略（提升型优化与重构型优化），对其建筑设计可行性进行分析与论述，并对每种优化方式中具体空间层级模式的空间组织及热缓冲空间设计进行详细阐述。

4.1 基于热缓冲的空间层级原型

4.1.1 热缓冲空间层级原型

热缓冲空间层级原型是基于热缓冲调节理论提出的空间组织原型，它将建筑空间概括为主要空间与次要空间两种层级，将具有辅助功能、对热舒适度要求较低的次要空间设于外侧，包裹主要空间，从而实现对主要空间的热缓冲调节作用。次要空间可仅在水平向包裹主要空间的四周，也可增加顶部缓冲空间，形成全方位的包裹组合关系（图 4-1）。

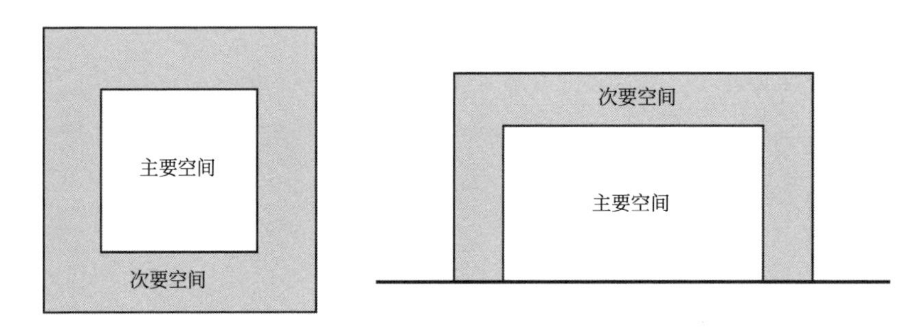

图 4-1 热缓冲空间层级原型

要实现外侧空间的热阻尼效果，内、外两层围护结构均为墙体较为有效，且在夏热冬冷地区，夏季防热是主要矛盾，双层墙体的遮阳腔体模式作用效果预计比透明的得热腔体更佳。这些将在下文进行论证。

（1）原型与并列式空间对比分析

根据热缓冲理论与常见空间层级研究，可得出包裹式布局的热缓冲空间层级原型具备较好的热缓冲性能，但原型空间与常规并列式布局空间相比，对热环境的提升效果如何尚不可知。因此，接下来将结合软件模拟分析并列式布局与包裹式布局的热环境，对比主、次空间并列或包裹式组合的空间热特性差异。

如图 4-2 所示，并列式布局（20 m×11.25 m×10.8 m）与包裹式布局（双层墙，15 m×15 m×10.8 m）模拟建筑均为 3 层，面积相近，地点为南京市，设定不设置门窗，无人员使用及设备热扰等，不使用空调，仅通过固定频率的机械通风换气取得自然室温，除夏季夜晚通风换气为 10 次 / 时外，其他时间均为 0.5 次 / 时，选取二层并列式的南、北侧房间与包裹式（双层墙）的内、外侧房间为测点，模拟室内外全年逐时温度，并以 7 月 11 日至 13 日、1 月 22 日至 24 日为代表进行具体的分析总结，结果如下。

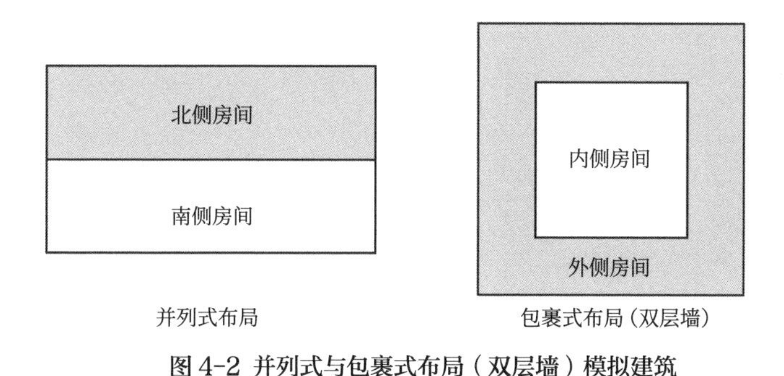

图 4-2 并列式与包裹式布局（双层墙）模拟建筑

夏季并列式布局的南、北侧房间温度基本一致，温差不超过 0.05 ℃，而包裹式布局（双层墙）呈现出较明显的温度梯度，内侧房间全天温度均低于外侧房间，日平均温度差约 1.4 ℃，最高温度差可达 3.1 ℃，外侧房间的温度略低于并列式房间（图 4-3）。

冬季的并列式布局中，南北侧房间温度也基本相同，南侧略高，而包裹式布局（双层墙）呈现出一定的温度梯度，内侧房间全天温度略高于外侧房间与并列式房间，日平均温度差 0.5 ℃，且全天温度稳定性略好（图 4-4）。

因此，两种布局方式中，包裹式布局（双层墙）的内侧房间在冬、夏两季中均具有较好的热舒适性与稳定性，包裹式布局具有较好的热缓冲调节作用，夏季作用效果优于冬季。

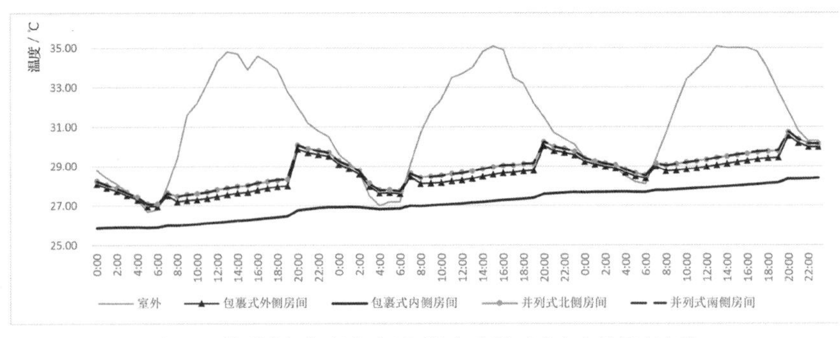

图 4-3 并列式与包裹式（双层墙）建筑夏季室内外温度变化

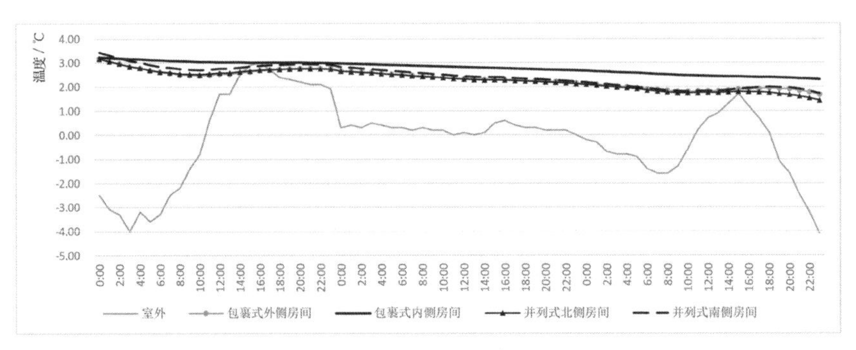

图 4-4 并列式与包裹式建筑（双层墙）冬季室内外温度变化

模拟结果中，并列式布局南、北侧房间差异很小，这也说明了对于尺寸、围护结构等完全相同的不开窗空间，朝向对其室内热环境的影响微乎其微，因此，推测出窗户是否受到阳光直射才是造成实际建筑中南、北侧房间热环境差异的主要原因，其中，夏季由于太阳高度角大，朝向对房间温度影响相对较小，而冬季影响较大。这也在辅助模拟研究中得到了验证。辅助模拟中，两栋建筑均为并列式布局（15 m×10 m×10.8 m），一栋无窗，一栋窗墙比为 0.3，其他均完全相同。结果证明，开窗使房间获得了直射光，得热量增加，在冬、夏两季的白天都有升温效果，透明气候边界对冬季有利，而对夏季不利（图 4-5、图 4-6）。这也对原型的气候边界设计有启发性。

（2）原型与常规采用保温隔热措施空间对比分析

上文验证了主、次空间包裹式布局能够获得优于常规并列式布局的室内热环境，接下来将结合软件模拟，对比建筑面积相同的无保温层房间、有保温层房间，以及热缓冲空间层级原型的内、外侧房间（双层墙，无保温层）的热环境差异，以比较

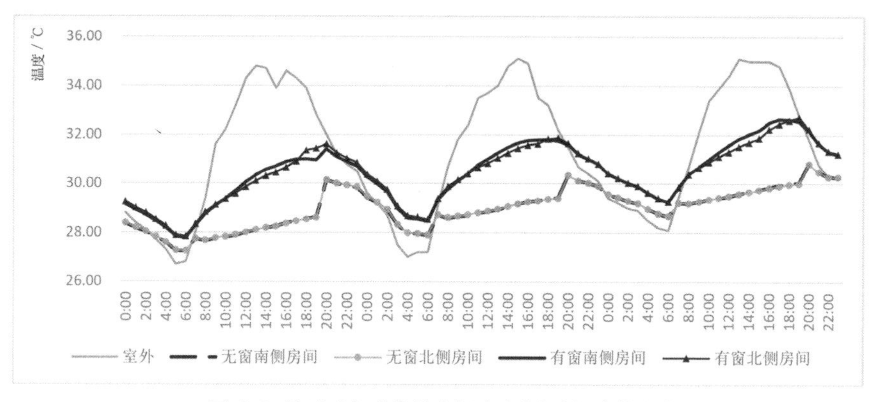

图 4-5 是否开窗对并列式布局夏季室内温度的影响

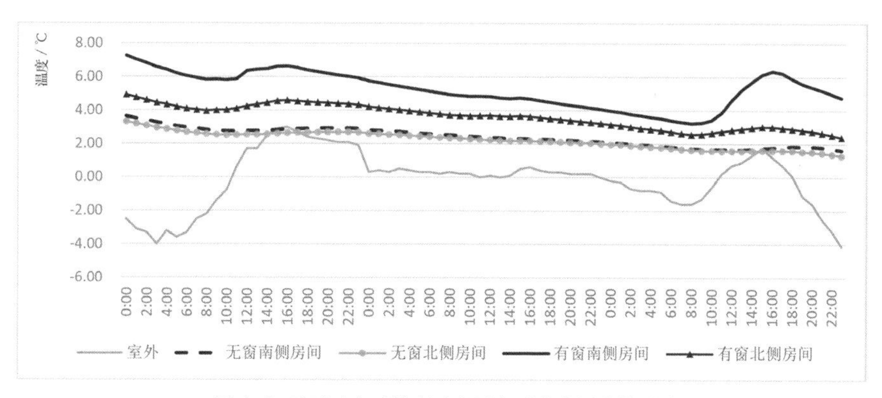

图 4-6 是否开窗对并列式布局冬季室内温度的影响

原型与常规采用保温隔热措施空间的热缓冲性能。

如图 4-7 所示，模拟建筑均为 3 层（15 m×10 m×10.8 m），地点为南京市，设定不设置门窗，无人员使用及设备热扰等，不使用空调，仅通过固定频率的机械通风换气取得自然室温，除夏季夜晚通风换气为 10 次 / 时外，其他时间均为 0.5 次 / 时，选取二层无保温层房间（240 mm 厚混凝土墙）、有保温层房间（240 mm 厚混凝土墙加 85 mm 厚膨胀珍珠岩），以及原型的内、外侧房间（双层墙，均为 240 mm 厚混凝土墙）为测点，模拟室内外全年逐时温度，并以 7 月 11 日至 13 日、1 月 22 日至 24 日为代表进行具体的分析总结，结果如下。

夏季模拟结果显示，室内各房间均随着室外温度变化呈现一定的波动，白天低于室外温度，而夜晚温度略高于室外。无保温层房间与有保温层房间日平均温度较高，且二者温度较为接近，原型建筑（双层墙）的外侧房间日平均温度次之，而内侧房

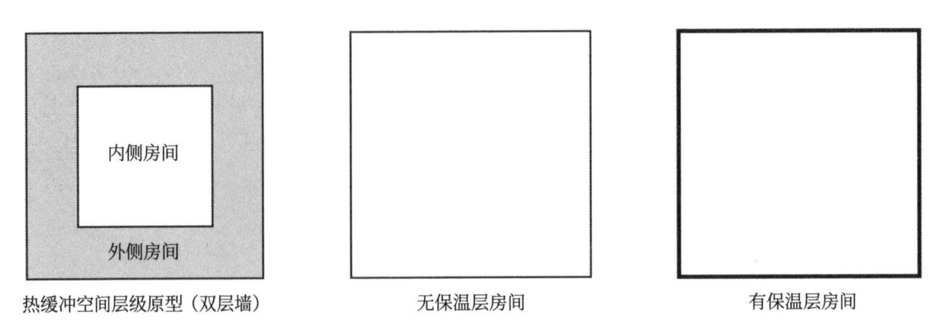

图 4-7 原型（双层墙）与普通房间模拟建筑

间温度浮动最小，热稳定性最好，日平均温度最低，与无保温房间日最高温度差值可达 3.8 ℃（图 4-8）。综合比较各房间的热环境可知，次要空间包裹主要空间的双层墙布局方式与墙体保温常规布局相比，具有更好的隔热作用，在夏季可起到较好的热缓冲调节作用。

冬季模拟结果显示，冬季各房间全天温度基本高于室外，其中无保温房间温度最低，日平均温度约 2.2 ℃；有保温房间与原型建筑外侧房间温度略高且较为接近，日平均温度均为 2.3 ℃，而内侧房间温度最高，日平均温度约 2.8 ℃，且热稳定性最好（图 4-9）。由此可见，包裹式（双层墙）的空间层级原型有一定的冬季热缓冲性能，与墙体保温常规布局相比，冬季保温性能略好。

因此，空间层级原型（双层墙）对内侧主要空间有一定的热缓冲调节作用，夏季隔热明显优于常规保温方法，冬季保温略优于常规保温方法。

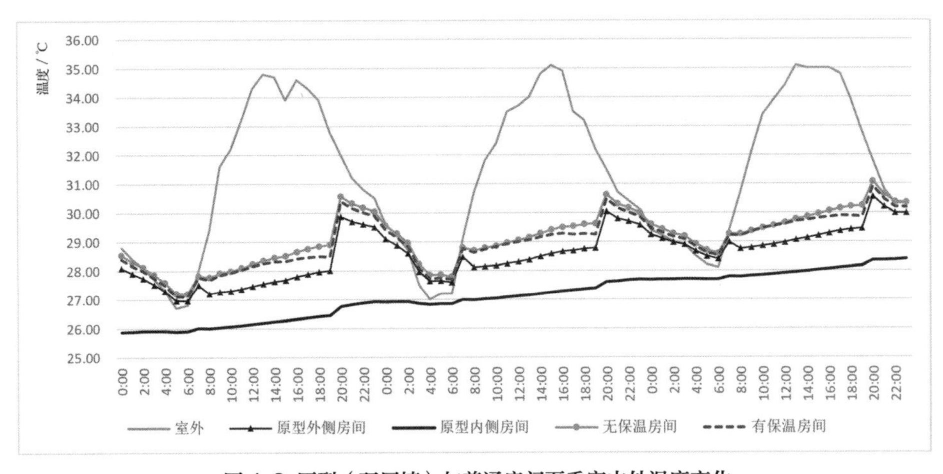

图 4-8 原型（双层墙）与普通房间夏季室内外温度变化

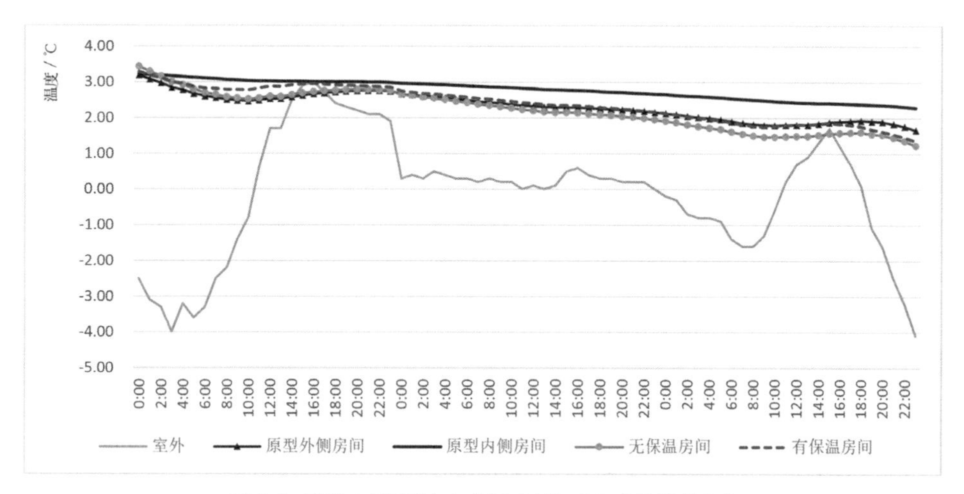

图 4-9 原型（双层墙）与普通房间冬季室内外温度变化

（3）外层围护结构对原型热缓冲性能的影响

根据前文分析可知，围护结构热工性能对建筑热环境的影响较大，因此，接下来将对外层墙分别采用纯玻璃幕墙、纯混凝土墙、窗墙比为 0.3 的混凝土墙的三栋原型建筑（15 m×15 m×10.8 m，除外层围护结构不同外，其他均相同）进行热环境模拟分析。模拟建筑均为 3 层，地点为南京市，无人员使用及设备热扰等，设定不使用空调，仅通过固定频率的机械通风换气取得自然室温，除夏季夜晚通风换气为 10 次 / 时外，其他时间均为 0.5 次 / 时，选取三栋建筑二层内、外侧房间为测点，模拟室内外全年逐时温度，并以 7 月 11 日至 13 日、1 月 22 日至 24 日为代表进行具体的分析总结，结果如下。

模拟结果显示，冬、夏两季中，外层纯玻璃幕墙建筑的室内温度始终最高，外层有窗的建筑次之，外层纯混凝土建筑温度最低。夏季，纯玻璃幕墙建筑内、外侧房间全天温度均高于室外温度，且浮动较大，内侧房间日平均温度达 40 ℃，室内热舒适度最差。有窗房间室内温度浮动稍小，外侧房间温度基本高于室外，内侧房间温度稍低，日平均温度约 31.4 ℃，室内热舒适度居中。而混凝土墙建筑室内各房间温度基本低于室外最低温度，热舒适度最好（图 4-10）。冬季，纯玻璃幕墙建筑室内各房间全天温度远高于室外温度，其中内侧房间日平均温度可达 15.1 ℃，热舒适度最好。有窗建筑室内温度稍低一些，内侧房间温度略高于外侧房间，日平均温度约 7.7 ℃，室内热舒适度居中。纯混凝土墙建筑室内各房间温度略高于室外温度，热舒适度最差（图 4-11）。

综上所述，在包裹式布局中，随着外层围护结构玻璃材料比例的增高，冬、夏两季室内温度均会由于得热量的增加而升高，室内热环境的稳定性也会随之变差。提高外层围护结构的窗墙比，对于冬季室内热环境的提升作用较为明显，但夏季对热环境有着破坏性的作用。综合来看，在夏热冬冷地区，外层有窗可以平衡冬、夏季热环境，控制好外层围护结构的窗墙比，才能获得最佳的综合性能。

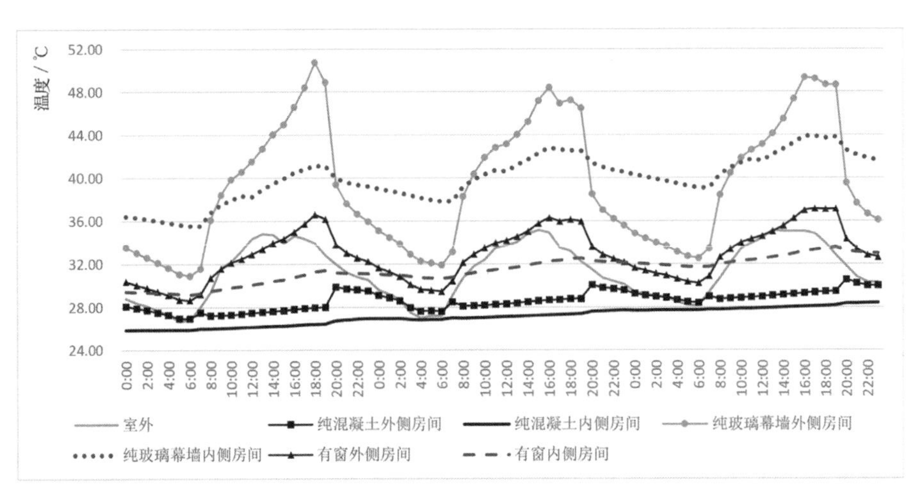

图 4-10 外层围护结构对原型夏季室内外温度的影响

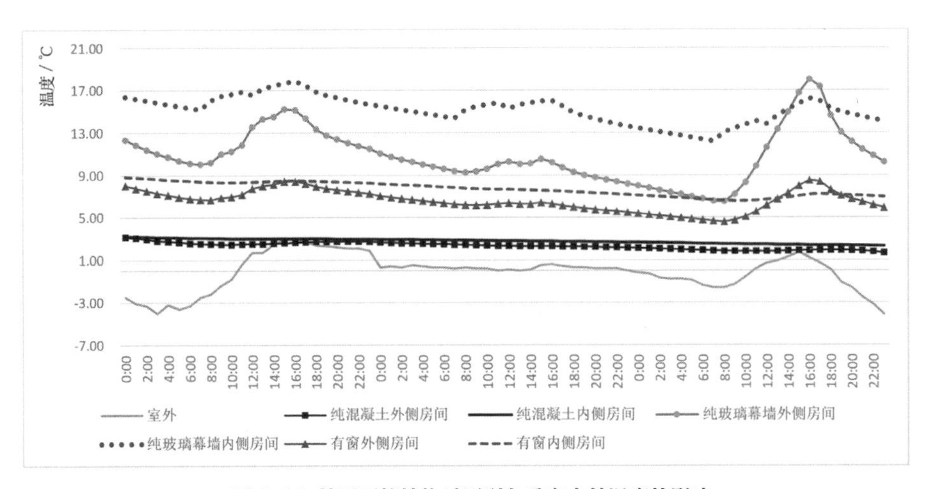

图 4-11 外层围护结构对原型冬季室内外温度的影响

因此，接下来对采用不同窗墙比的单层墙普通房间（除窗墙比不同外，其他均相同）的全年空调负荷进行模拟分析。模拟建筑为 3 层办公建筑（15 m×10 m×10.8 m），仅上班时间有人员使用与设备热扰，7：00—20：00 开启空调，其他时间关闭，按照固定频率进行机械通风换气，除夏季夜晚通风换气为 10 次 / 时外，其他时间均为 0.5 次 / 时，选择各建筑二层房间为测点，结果如下。

根据全年空调负荷模拟结果，随着窗墙比的增大，热负荷降低后又缓慢升高，窗墙比为 0.4 时热负荷最小，约 40.2 kW·h/ m²，而窗墙比为 1 时，热负荷最大，约 47.9 kW·h/ m²；冷负荷与全年总负荷均随着窗墙比的增大而有很大的增加，窗墙比为 1 的建筑的冷负荷是窗墙比为 0 的建筑的近 3 倍，而全年总负荷则是后者的近 2 倍（图 4-12）。综合来看，全年负荷中，热负荷较小，而冷负荷较大，占了总负荷中相当大的比例，起决定性的作用。增大窗墙比增加了房间冬季得热，可能略微减少了冬季热负荷，但窗墙比过大也会因为散热过多而增加热负荷，合适的窗墙比（0.2～0.4）能够取得相对最低的热负荷。增大窗墙比同样增加了夏季得热，使得夏季冷负荷大大增加，从而增加了全年总负荷。

因此，综合全年负荷来看，夏热冬冷地区若要减少建筑负荷，则应以夏季防热为主，选择相对较低的窗墙比以减少夏季得热量，并可采取措施兼顾一定的冬季得热。所以需要了解的是，大量的玻璃幕墙建筑获得的视觉效果，是以明显增加能耗为代价的。

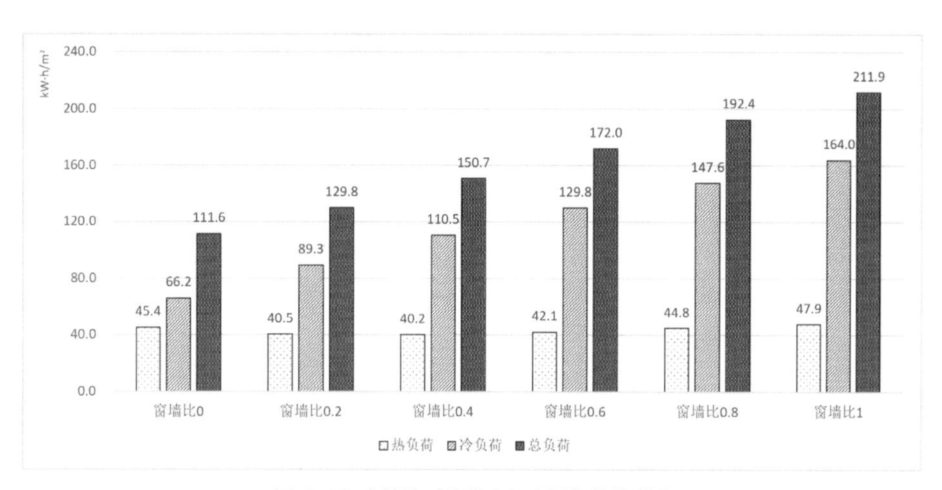

图 4-12 窗墙比对建筑全年空调负荷的影响

（4）原型空调负荷分析

在建筑实际使用过程中，人员、设备热扰等对室内热环境的影响较大，且冬、夏季均会全楼宇开启空调。因此，接下来将利用软件模拟正常使用中的有保温层普通房间、纯混凝土墙的无窗原型建筑与外层墙窗墙比为 0.3 的原型建筑的空调负荷量，以进一步对比其热缓冲性能。此次模拟中，原型建筑内、外侧房间均为办公空间，以观察内、外空间的节能潜力。

原型与普通房间模拟建筑共 3 层（15 m×15 m×10.8 m），地点为南京市，房间功能假定都为办公室，仅上班时间有人员使用与设备热扰，7:00—20:00 开启空调，其他时间关闭，按照固定频率进行机械通风换气，除夏季夜晚通风换气为 10 次 / 时外，其他时间均为 0.5 次 / 时，选取二层普通房间和两个原型建筑的内、外侧房间为测点，模拟各房间全年逐时负荷，并以 7 月 11 日至 13 日、1 月 22 日至 24 日为代表进行具体的分析总结，结果如下。

夏季两个原型建筑外侧房间与普通房间的负荷均较大，开启空调的第一个小时冷负荷最小，随着空调开启时间的增加，负荷基本呈现上升趋势，下班时间之后，使用者逐渐减少，负荷随之降低。普通房间日平均负荷约 20 kW，无窗原型外侧房间日平均负荷约 19.7 kW，接近于普通房间，有窗原型外侧房间负荷最大，日平均负荷约 26.3 kW，但两个原型内侧房间负荷量最小，日平均不超过 4 kW（图 4-13）。冬季负荷量小于夏季，且随着空调开启时间的增加，热负荷量逐渐降低。普通房间日平均负荷约 6.2 kW，无窗原型外侧房间日平均负荷约 7.1 kW，有窗原型外侧房间日平均负荷约 7.5 kW。如果外侧房间也是办公空间，则原型建筑外侧房间总负荷均略高于普通房间，但两个原型内侧房间负荷量很小，日平均不超过 0.2 kW，几乎不需要开启空调（图 4-14）。

根据全年空调负荷模拟结果，无窗原型外侧房间全年总负荷略高于普通房间，其中热负荷稍高一些，而冷负荷则略低一些；有窗原型外侧房间热负荷与无窗的普通房间基本相当，且略低于无窗原型外侧房间，但夏季冷负荷远高于普通房间与无窗原型外侧房间，因而全年总负荷远高于前两者。两个原型中，内侧房间的全年冷、热负荷均较小：其中冬季热负荷极小，无窗原型全年热负荷 2.4 kW · h/ m²，而有窗原型外侧房间更小，仅 1.4 kW · h/ m²，整个冬季几乎不需要开启空调；夏季冷负荷比冬季稍大一些，但远小于普通房间（图 4-15）。

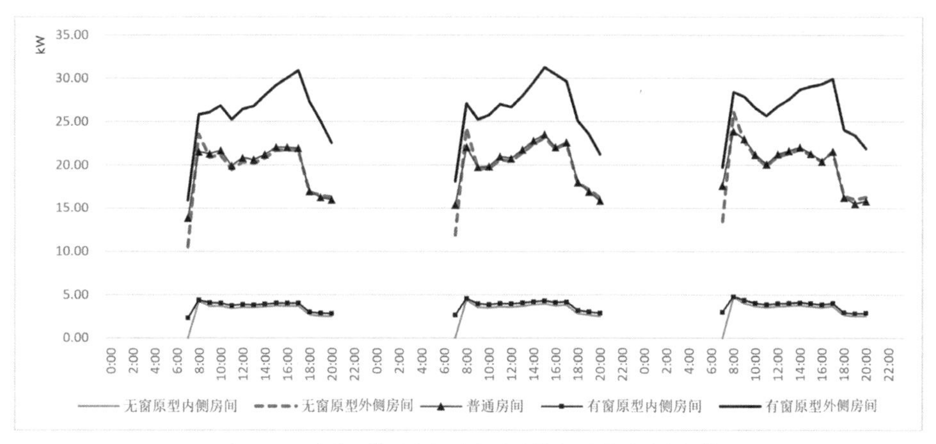

图 4-13 原型及普通房间（办公功能）夏季逐时冷负荷

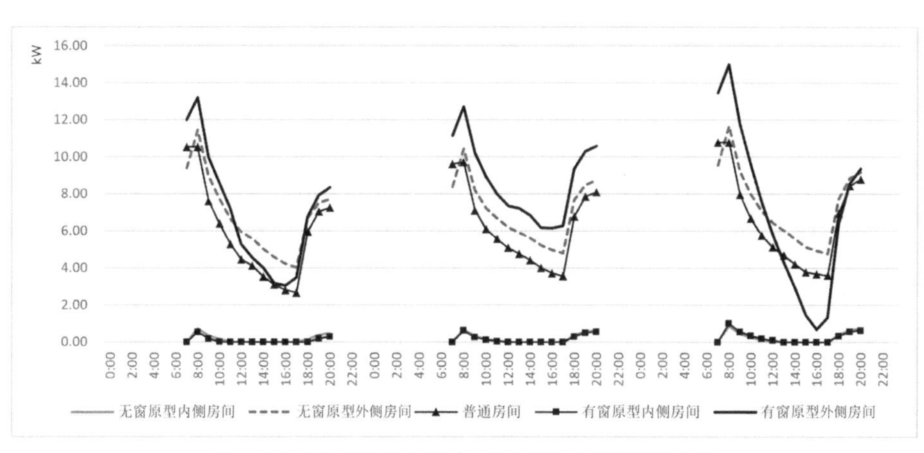

图 4-14 原型及普通房间（办公功能）冬季逐时热负荷

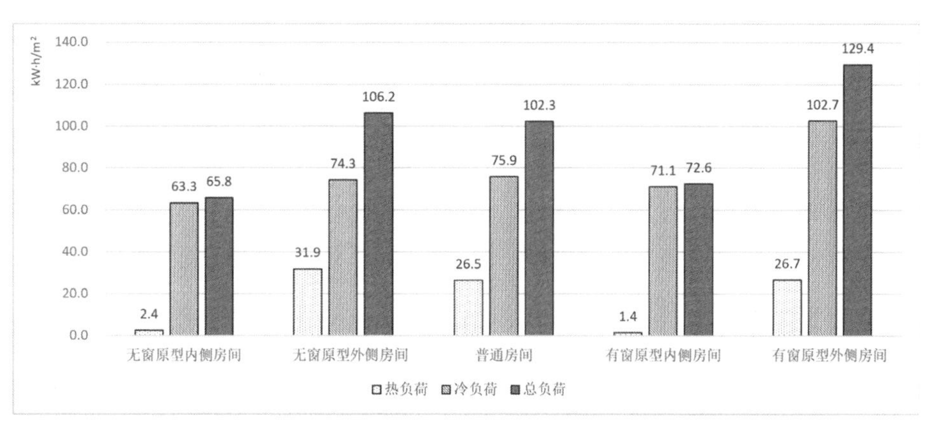

图 4-15 原型及普通房间（办公功能）全年空调负荷

这就说明，无论是无窗原型还是有窗原型，负荷主要来自于外侧房间，内侧房间极具优势。所以在原型的层级体系中，应将内侧定义为主要使用空间，外侧定义为不使用或少使用空调的次要空间。

以上模拟中，空调白天开启，夜间关闭，接下来将修改普通房间与两个原型建筑的功能设定及空调启停时间，将其设为居住功能，全天有人员使用与设备热扰等，开启全天温控，夏季超过 26 ℃开启空调，冬天低于 20 ℃开启空调，各房间各个季节全天均保持 0.5 次 / 时的健康通风频率，再次模拟全年空调负荷，结果如下。

居住功能模拟结果与办公功能模拟结果的整体趋势相似：无窗原型外侧房间总负荷与冬季热负荷比普通房间稍高一些，而夏季冷负荷略低一些，有窗原型外侧房间冬季热负荷低于前两者，而总负荷与夏季热负荷均远高于前两者；两个原型内侧房间的负荷量较小，其中冬季热负荷极小（图 4-16）。

综合各个空调负荷模拟结果来看，如果有内部热扰，与普通房间相比，层级式空间的节能潜力在于可以区别对待内侧和外侧空间，由于外侧空间的包裹缓冲作用，内侧空间的能耗明显极小。如果针对层级空间实施统一的温度调节，能耗甚至可能会超出常规空间布局。仅针对内侧主要空间进行空气调节，是实现总体节能的极有效的方法。此外，外层围护结构的遮阳性能对夏季能耗的影响明显，遮阳度越高，能耗越小；而冬季影响则不明显，可能是外层空间的保温效果与遮阳负面影响相互抵消的原因。

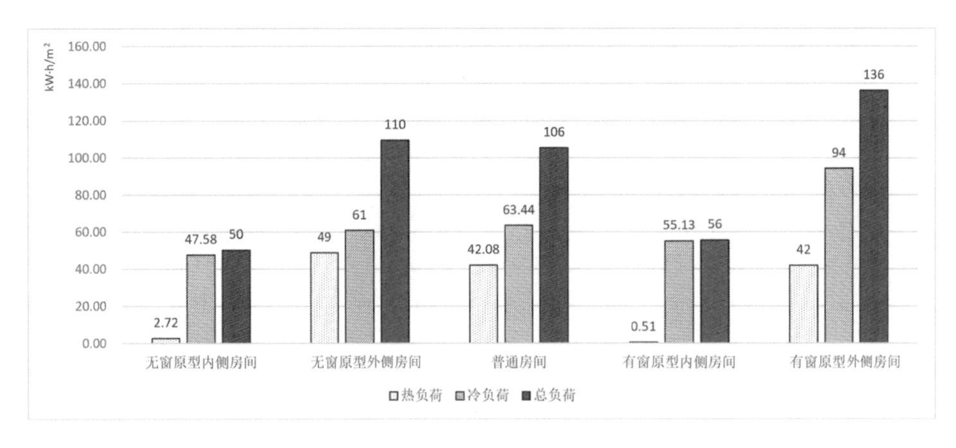

图 4-16 原型及普通房间（居住功能）全年空调负荷

（5）**原型热缓冲性能总结**

根据一系列模拟对比分析，可得出以下结论。

①热缓冲空间层级原型中次要空间包裹主要空间，内、外双层墙的围护结构使得热延迟与削峰作用效果增强，可明显减少主要空间与外环境的热交换，能够在夏季减少主要空间得热，在冬季减少其散热，与常规并列式布局相比，具有更好的热缓冲调节性能。

②建筑在自然运行状态时，原型的夏季降温缓冲作用较为明显，而冬季升温缓冲作用相对不明显；而当建筑在空调运行状态时，原型的空间层级能大大减少热传导，节能降耗作用显著。

③外层围护结构的窗墙比是影响热缓冲性能的重要因素，窗墙比高倾向于冬季策略，而窗墙比越低越有利于夏季。对于夏热冬冷地区，在节能的目标下首先要顾及夏季而控制窗墙比，因为冷负荷是能耗的主要方面。在此基础上兼顾建筑采光和功能，选择适当小的外层窗墙比是较为均衡的做法。但无论外层围护结构窗墙比是多少，内侧空间的温度稳定性都优于外侧空间。

④若考虑人员使用因素，宜区别对待内、外侧空间。内侧为主要温控区，外侧宜为不使用或少使用空调的次要区域。外侧空间如果也是温控区域，则能耗可能还会超出常规布局。层级式布局中内侧空间的热稳定性好，能耗明显少，因此主要针对内侧空间实施空气调节的做法极具节能潜力。

⑤外层遮阳型的原型建筑夏季隔热效果好，冷负荷显著较小，而冬季则可能出现外层保温效果与遮阳负面影响相互抵消的情况。但在夏热冬冷地区，应向夏季策略倾斜。

因此，为提升原型的热缓冲性能，可采用以下两种措施来取得冬、夏两季作用效果的平衡：外层界面宜控制窗墙比，在兼顾功能采光的前提下窗墙比宜小不宜大 [图 4-17（a）]，且内外层都可开窗通风以适应温和季；外层表皮可调节，兼顾遮阳隔热与保温得热，其中图 4-17（b1）适用于夏季白天、冬季夜晚，以及开空调的夏季夜晚，图 4-17（b2）适用于冬季白天（外层封闭透明），图 4-17（b3）适用于较为凉爽的夏季夜晚和温和季（外层开敞，内层开窗）。

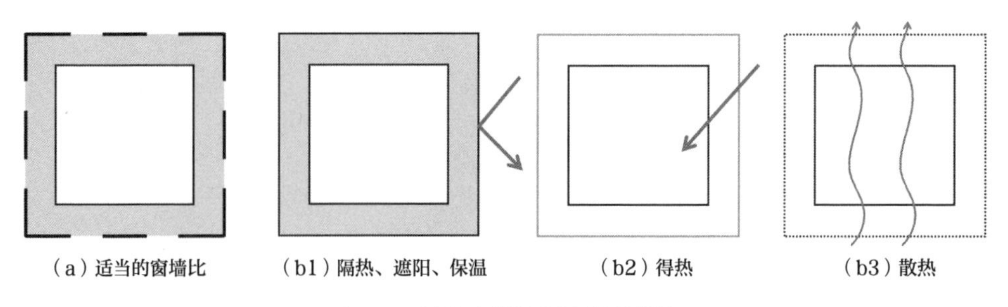

图 4-17 提升原型热缓冲性能的措施

4.1.2 两种空间层级优化思路

由前文已知符合热缓冲调节机制的空间层级为次要空间包裹主要空间，次要空间为热缓冲空间，下面将探讨热缓冲空间介入建筑的方式。

“服务与被服务空间”理论中的卫生间、厨房、阳台、储藏室、更衣室、设备间等服务空间，“脊椎空间”理论中的走廊、楼梯、电梯、门厅、中庭等交通空间，以及具备热缓冲性能的双层表皮、屋顶空间、地下空间等都属于辅助功能空间。它们在空间层级划分中，均属于次要空间。而从热缓冲调节角度分析，这些次要空间对热环境舒适度的要求相对较低，与热缓冲空间吻合，因此次要空间与热缓冲空间同质，是较为理想的热缓冲空间组成。

热缓冲空间可被视为腔体，根据位置的不同，可分为内嵌腔体、置顶腔体、立面腔体及埋地腔体。内嵌腔体是嵌入建筑内部的空间，而后三种则位于建筑外侧气候边界处。因此，热缓冲空间的介入方式就有嵌入式与包裹式两种（图 4-18）。嵌入的方式虽然与缓冲热传导机制相违背，但可通过对流换热（如中庭、风道等）对原布局的热缓冲性能进行一定的优化与提升，尤其是当建筑体量较大时，为解决核

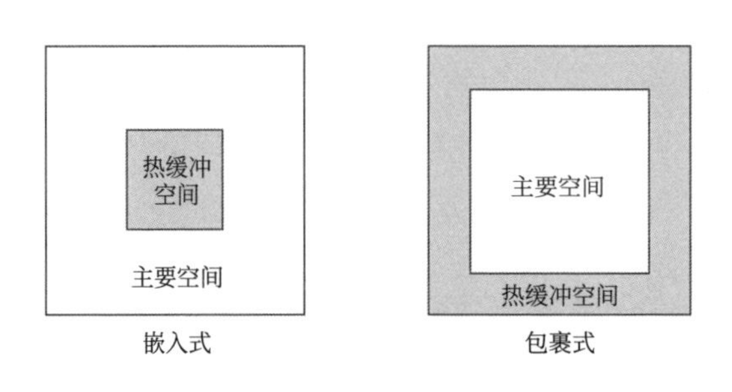

图 4-18 热缓冲空间介入方式

心区域的通风或采光，内嵌腔体经常是必选项。而将热缓冲空间置于外侧，包裹主要空间，则与热缓冲调节机制相吻合，能够起到较好的热缓冲调节作用。

根据热缓冲空间形式与介入方式等的不同，空间层级的优化方式大体上可以分为两种思路。

（1）提升型优化

对原空间层级不做大的布局改动，而是为其增设热缓冲空间，通过提升其热缓冲性能来达到空间层级优化的目的（图 4-19）。可采用嵌入热缓冲空间的介入方式，将中庭、风井等内嵌空间置于建筑内部，改善建筑局部的热环境，从而进行一定的优化提升。也可采用包裹式介入，利用立面腔体、双层屋顶等复合界面替代原围护结构，将其包裹在建筑外侧，从而对建筑内各空间的热环境进行整体的优化提升。因此，提升型优化是对原空间层级的热缓冲性能进行一定的优化。

（2）重构型优化

推翻原空间层级的常规布局方式，根据热缓冲调节机制，将主、次空间按照热缓冲空间层级原型中的包裹式关系来进行空间布局设计（图 4-20）。这种优化思路即是采用包裹式的热缓冲空间介入方式，利用具有一定空间尺度和实际功能意义的辅助空间作为热缓冲空间，将其包裹主要空间外侧，使组合后的空间层级符合热缓冲调节机制，从而具备一定的热缓冲性能。因此，重构型优化是提出新的基于热缓冲调节的建筑空间层级布局。

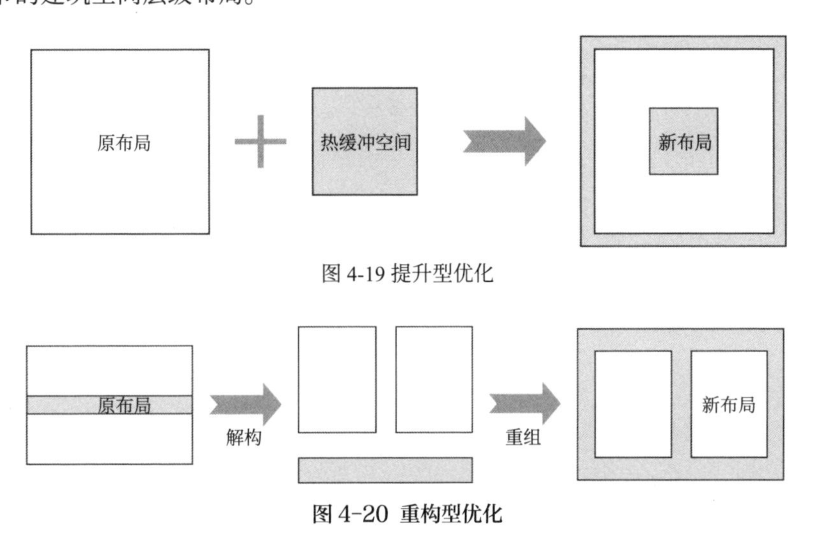

图 4-19 提升型优化

图 4-20 重构型优化

4.2 两种优化思路的可行性

上一节提出了提升型与重构型两种空间层级优化思路，但其是否具备建筑设计的可行性还无法确定，因此，下面将针对这两种优化方式的优势与劣势展开分析，进行设计可行性论证。

4.2.1 提升型优化可行性

提升型优化是对各种空间层级类型进行布局的局部优化与调整，以提升其热缓冲性能。可采用的优化策略包括在外侧附加热缓冲腔体，在内侧嵌入热缓冲腔体，调整次要空间由内向外的布局等，可将这些增加或调整的空间作为主要空间的热缓冲空间。

接下来将从交通组织、采光与通风、热环境状况几个方面对提升型优化策略进行可行性研究，分析其优势及劣势，并提出相应的解决方法。

（1）交通组织

提升型优化仅对原建筑的布局做局部调整，对建筑整体的功能分区及空间布局改动较小，原交通流线组织仍有效。而增加的腔体（中庭、复合界面等）有时还可兼顾交通作用，在内侧设置楼梯、电梯、走廊等，从而对原建筑的交通组织进行补充与完善。因此，从交通组织角度进行评价，提升型优化策略具备较强的可行性。

（2）采光与通风

提升型优化调整后，对主要空间直接接触外环境进行自然采光的方式基本无影响，甚至可能有一定的改善作用。外围如果有环绕腔体，则可能影响风压通风，但可能促进热压通风。外侧附加双层表皮等腔体可对主要空间有一定的遮阳、隔热与保温作用，优化其光照条件与热环境；内侧嵌入的腔体多为竖向贯通式腔体，能够形成天然的烟囱效应，可加强内部空间的自然通风，同时腔体还可利用顶部天窗为内侧空间引入自然光，从而对大进深建筑的内部通风与采光条件有一定的提升作用。因此，从采光角度进行评价，提升型优化策略具备较强的可行性；从自然通风角度看，应扬长避短，如果有影响风压通风的风险，一方面可以提高外表皮的开启灵活度，另一方面可从热压通风方面进行补偿。

（3）热环境状况

①增强围护结构热工性能并调整通风路径。

提升型优化中，主要空间外并不一定都有热缓冲空间，比如在多数旧建筑改造中，不一定有条件在外围附加空间。这种情况下无法对主要空间起到较好的包裹缓冲作用，因此主要空间热环境受外界气候影响较为直接。

解决方法有两种。一是改进细部构造，例如，提高门窗的气密性、为墙体增设保温隔热层等，通过提升围护结构热工性能来减少建筑内、外空间的热传导。二是可以调整冬夏通风换气的路径，增设贯通式腔体，取消原建筑中主要空间直接开窗与室外通风换热的方式，改为通过腔体这一中介空间，来完成与室外的间接热交换。夏季，利用腔体的烟囱效应引导热压通风，组织主要空间的通风换气与对流散热；冬季，利用封闭天窗引入太阳光蓄热，对主要空间进行空气预热处理，组织低频率的热压通风来对主要空间进行健康通风，以减少散热量。

北京大学附属小学教学楼设计中，在建筑内外设置了完整的送、排风管道系统，在地下埋设4根直径1.2米、长300米的预制混凝土管，利用土壤对管内空气进行预冷、预热处理后，通过机械送风方式，运用风道将其输送到各个教室中，而排风则是利用太阳能风塔诱导自然通风，必要时辅助以机械排风。教室内按照低进高出的方式利用热压效果布置送、排风口，废气经过墙内设置的排风道向上流动，而风塔顶部经过太阳照射温度升高，加剧了烟囱效应，从而诱导热压通风（图4-21）[51]。

澳大利亚莎莉山图书馆及社区中心结合竖向腔体与土壤热能进行室内环境调节。空气由通风井进入，经过井内植物进行生物过滤以减少污染物质，随之进入地下埋设的地热冷却管中，经预冷、预热处理后，再以机械送风方式被送入各层空间中（图4-22）[52]。

②增设缓冲空间层。

增设缓冲空间层的方式主要通过外侧附加腔体来实现。在主要空间外侧设置有一定厚度的缓冲腔体，即可阻挡主要空间与外环境的热传导，大大减少其夏季得热与冬季散热量。为减少这种方式对主要空间采光的影响，可采用透明或半透明材料等来构建腔体。

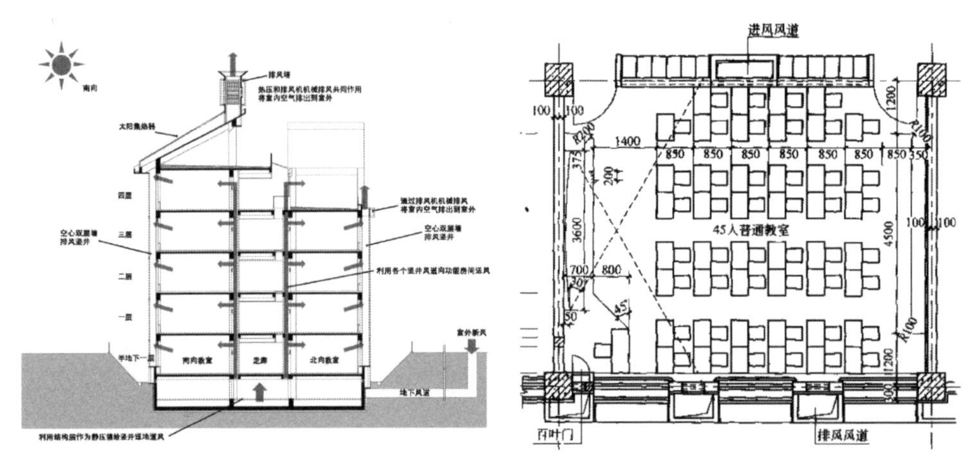

图 4-21　北京大学附属小学教学楼通风组织

（图片来源：参考文献 [51]）

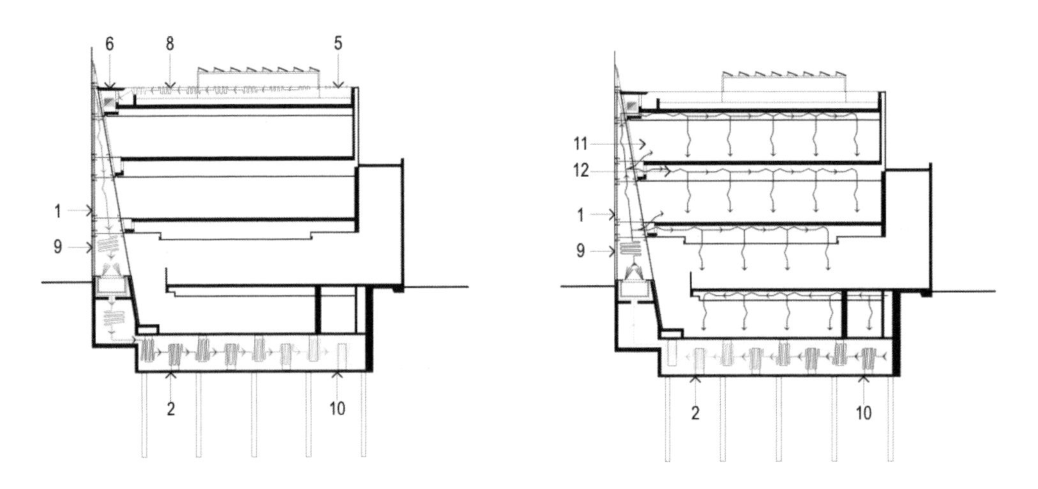

图 4-22　澳大利亚莎莉山图书馆及社区中心通风组织

（图片来源：参考文献 [52]）

此外，还可将调整通风路径与增设缓冲空间层两种措施结合使用，形成综合式策略，同时解决主要空间的热传导与对流换热问题，对建筑热环境有更大提升。

上海中心大厦充分利用附加腔体（双层表皮）进行热缓冲调节。它在圆形平面外设计了逐层变化的螺旋式双层玻璃幕墙，每 12 至 15 层为一个单元，双层表皮之间的空间被扩大作为公共活动的中庭使用，这在为内部空间增加景观的同时，也成为保温、隔热的热缓冲屏障，对内部办公空间进行热环境调节（图 4-23）[1]。盐城市城南新区教师培训中心设计方案采取了综合式策略，利用双层表皮来隔热保温，利用内部中庭腔体组织热压通风，并结合送、排风系统，来实现各功能空间的通风换气（图 4-24）。

图 4-23　上海中心大厦平面图

（图片来源：Connie Zhou，谷德设计网，https://www.gooood.cn/shanghai-tower-by-gensler.htm）

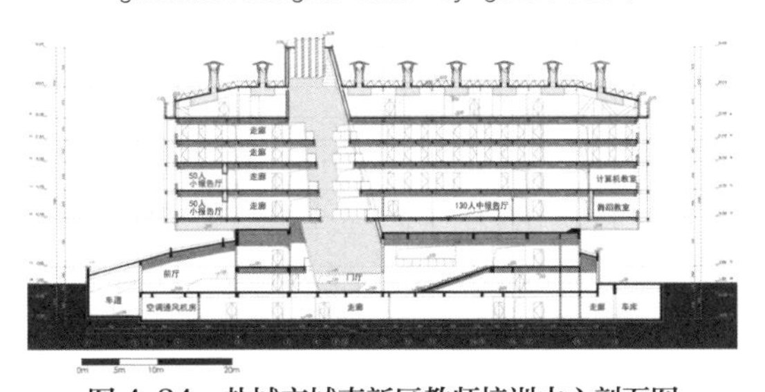

图 4-24　盐城市城南新区教师培训中心剖面图

（图片来源：风土建筑 DesignLab，https://mp.weixin.qq.com/s/fJSrVYTPRrUg2SBvm3ev2Q）

1 Gensler. 上海中心大厦 [EB/OL]. https://www.gooood.cn/shanghai-tower-by-gensler.htm, 2020-09-18/2021-04-13.

因此，提升型优化策略在采光与通风、交通组织上更为有利，而热环境状况不理想，但可通过采取各种措施来加以解决。综合来看，提升型优化策略具备建筑设计与热缓冲性能提升等的可行性（表 4-1）。

表 4-1 提升型优化策略可行性分析

<table>
<tr><td>采光（有利）与通风（谨慎）</td><td colspan="2">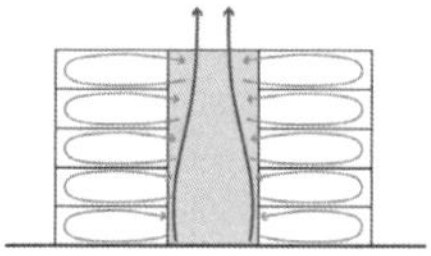</td></tr>
<tr><td>交通组织（有利）</td><td colspan="2">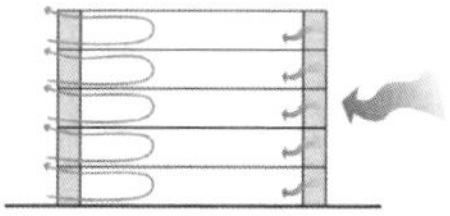</td></tr>
<tr><td rowspan="2">热传导不利状况解决措施</td><td>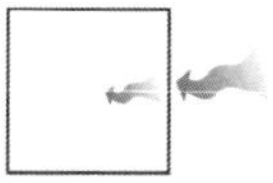
增强围护结构热工性能</td><td>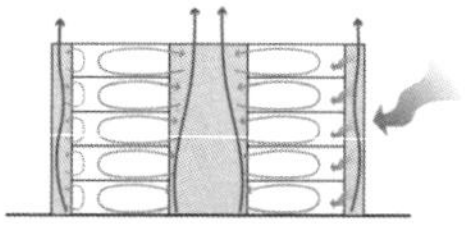
调整通风路径</td></tr>
<tr><td>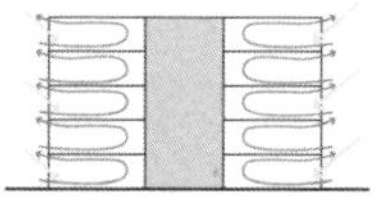
增设缓冲空间层</td><td>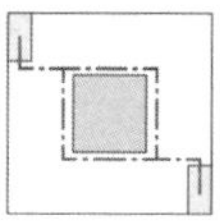
综合式策略</td></tr>
</table>

4.2.2 重构型优化可行性

重构型优化采用符合热缓冲机制的次要空间包裹主要空间的布局方式，能够使建筑获得较好的热缓冲性能。重构型优化主要有圈层式、内嵌式、垂直式等空间层级布局方式，都是将辅助功能空间设于主要空间外侧，使其成为缓冲屏障。

接下来将从热环境状况、交通组织、采光与通风几个方面来对重构型优化策略进行可行性研究，分析其优势及劣势，并提出相应的解决方法。

（1）热环境状况

重构型优化策略中，主要空间外侧有次要空间作为热缓冲屏障，能够获得较舒适且稳定的室内热环境：夏季，次要空间能够阻隔进入主要空间的直射光与热量；冬季，次要空间的包裹作用能够大大减少主要空间的散热量。因此，从热环境状况角度进行评价，重构型优化策略具备较强的可行性。

（2）交通组织

重构型优化策略将交通、辅助功能等次要功能整合在外圈，使得交通流线变长，效率会受到一定的影响。若主要空间为开敞的公共性大空间，则流线可直接在主要空间内部解决；若主要空间为封闭小房间，则交通组织以外圈流线为主，内侧局部辅以次要流线，来提升内侧交通的便捷与高效性。

慕尼黑 WERK12 中心办公楼设计中，将楼梯、电梯走廊等交通空间外置，每两层为一个单元，下层为开敞的办公大空间，交通以外圈走廊为主，室内交通直接在大空间内实现，而上层则在局部附设室内楼梯与走廊，来解决小体块办公室的交通问题（图 4-25）。

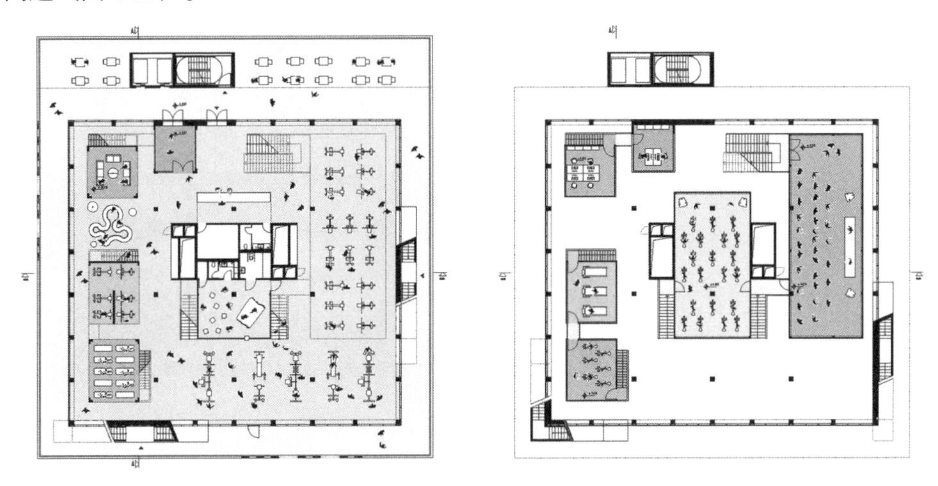

图 4-25 WERK12 中心办公楼

（图片来源：MVRDV，谷德设计网，https://www.gooood.cn/werk12-by-mvrdv.htm）

因此，从交通组织角度进行评价，重构型优化策略虽可能会降低交通效率，但通过将外侧与内侧交通结合的方式可以解决。外层的空间不一定都是交通空间，它完全可以和建筑的一些次要活动空间结合，以维持空间效率。

（3）采光与通风

重构型优化策略一般适用于进深较大的建筑，外侧次要空间的包裹可能会对主要空间的采光与通风条件造成一定的影响，使主要空间无法接触外环境而获得直接采光与通风换气，可采用以下几种措施加以解决。

①设天窗。

天窗是具有广泛适用性的采光与通风方式。单层建筑或仅顶层空间有采光需求的建筑可直接在顶部设置采光天窗，通过天窗位置、角度、大小等的综合设计，可获得足量、均匀的自然光，而可开启天窗的设置则能够满足房间的自然通风需求。

西雅图大学圣·依纳爵教堂采用7个不规则天窗来实现自然采光，通过玻璃颜色、天窗角度与形式等变化，营造了充满神性与戏剧性的室内光线效果，取得了较好的空间效果（图4-26）。若像阿利坎特（Alicante）现代美术馆一样，将顶部天窗结合间隔式通高空间来设计，则可满足多层建筑中各层房间的采光需求（图4-27）。而在汉诺威26号展厅设计中，赫尔佐格采用了三个巨型侧天窗结合高耸空间的方式，通过烟囱效应很好地解决了大体量建筑的自然通风问题（图4-28）。

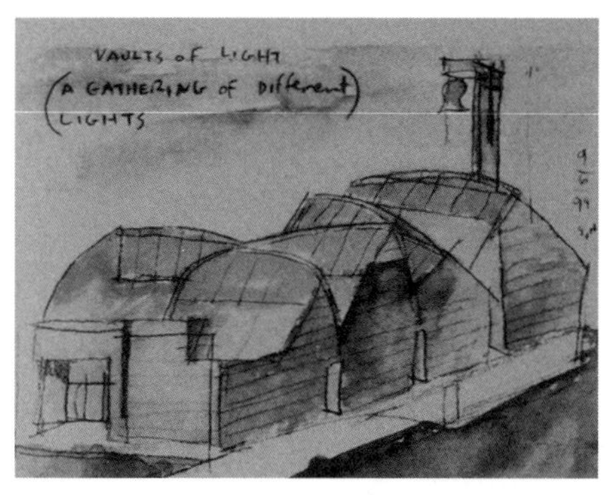

图4-26 圣·依纳爵教堂天窗采光

（图片来源：大师系列丛书编辑部．斯蒂文·霍尔的作品与思想[M]．北京：中国电力出版社，2005）

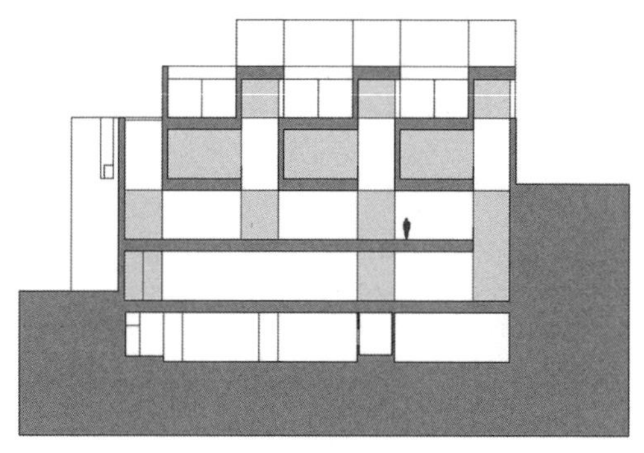

图4-27 西班牙阿利坎特现代美术馆剖面

（图片来源：S-M.A.O.，谷德设计网，https://www.gooood.cn/modern-art-museum-of-alicante-by-s-m-a-o.htm）

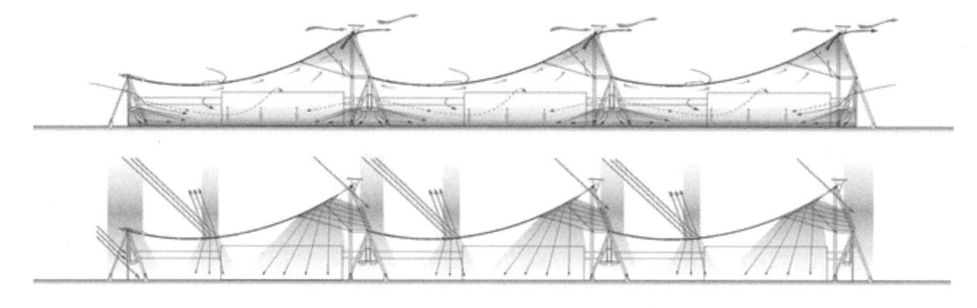

图4-28 汉诺威26号展厅自然通风与采光设计

（图片来源：参考文献[38]）

②设采光井。

设天井在传统民居建筑中是常用的采光通风策略，能够获得较好的光照条件与拔风效果。在现代建筑中，通常采用玻璃围合的采光井做法，具有明确的气候边界，严格划分室内外，天井内通常布置苗木等景观，这在为室内带来良好采光的同时，也提供了较好的景观，如日本山王办公室（图 4-29）。考文垂大学图书馆的设计也利用采光通风井获得了较好的室内光照与风、热环境（图 4-30）。采光井适用于平面尺寸较大的多层建筑，均匀分散地布置采光井，便于各功能房间通过天井开窗进行直接采光与通风。

图 4-29 日本山王办公室采光井

（图片来源：Studio Velocity，谷德设计网，https://www.gooood.cn/office-sanno-studio-velocity.htm）

图 4-30 考文垂大学图书馆采光井

（图片来源：Short C A. The recovery of natural environments in architecture: air, comfort and climate [M]. London:Routledge, 2017）

此外，建筑中存在大量贯穿各层的竖向腔体，如楼梯间，若采用透明围护结构，则可将光线引入各层空间中。半壁店 1 号文化创业园 8 号楼改造中，设计师便置入了由 U 形玻璃围合的楼梯间，将光线带入室内，取得了很好的室内照度与空间效果（图 4-31）。阿根廷 Summers 办公楼同样利用透明楼梯间引入光线，不同的是，该建筑采用半透明玻璃砖，同样获得了柔和的采光效果（图 4-32）。日本仙台媒体中心也是利用楼梯、电梯间、设备井等进行采光通风组织的典范（图 4-33）。各种竖向腔体除了采光以外，还可用作拔风腔体，组织自然通风。

图 4-31 半壁店 1 号文化创业园

（图片来源：夏至，谷德设计网，https://www.gooood.cn/renovation-of-no-8-building-in-beijing-banbidian-industry-park-by-c-architects.htm）

图 4-32 阿根廷 Summers 办公楼

（图片来源：Javier Augustin Rojas, https://www.archdaily.cn/cn/943923/a-gen-ting-sa-mo-si-ban-gong-da-lou-architecturestudio?ad_source=search&ad_medium=projects_tab）

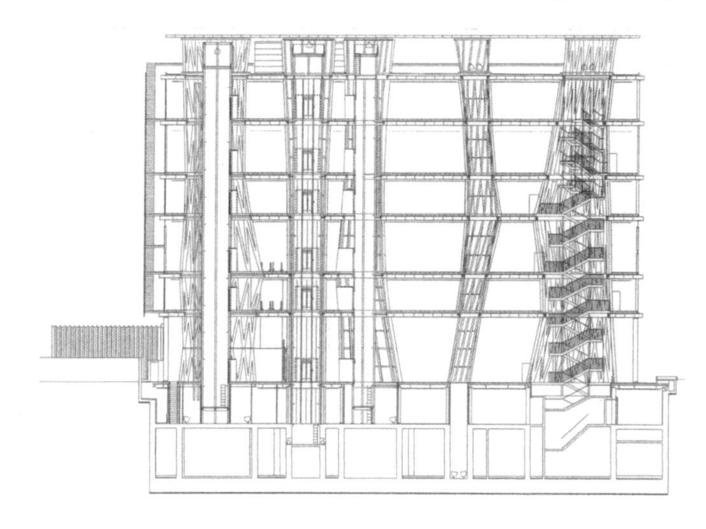

图 4-33 日本仙台媒体中心

（图片来源：参考文献 [53]）

③设中庭。

中庭是现代建筑中常见的空间形式，通常为多层通高，顶部设天窗。中庭适用于各种平面尺寸的集中式建筑，各主要功能围绕中庭布置，内部空间通过中庭进行间接采光与通风。中庭还可与外侧通高空间形成一内一外的腔体组合，进行自然通风组织，如法兰克福德意志商业银行总部就是利用中庭烟囱效应与外侧腔体组合进行热压通风的典范（图 4-34）。

图 4-34 法兰克福德意志商业银行中庭

（图片来源：参考文献 [54]）

④围护结构透明化。

可采用透明围护结构，通过外侧次要空间进行间接采光，也不会影响景观效果。如荷兰韦斯特兰新市政厅，将会议室、多功能厅、活动室等房间嵌入接待、休息等公共大厅中，设置透明玻璃，展示公开、民主的市政服务氛围，同时将柔和的光线引入室内，获得了很好的办公环境体验（图 4-35、图 4-36）。若主要空间高度较高，可直接与屋面同高或凸出屋面，利用天窗进行采光通风，通过双层屋面、光线反射处理等实现热缓冲调节与均匀、稳定光环境的营造。大卫·奇普菲尔德在多个美术馆设计中都采用了半透明玻璃顶，以引入并过滤自然光，结合人工照明进行展厅采光设计，室内照度与空间效果均有较好的呈现（图 4-37、图 4-38）。也可像谷仓住宅一样，在内、外墙上设置位置对应的窗户，在解决采光问题的同时，也为主要空间增加一定的景观，同样可取得很好的室内空间效果（图 4-39、图 4-40）。

图 4-35 荷兰韦斯特兰新市政厅透明围护结构

（图片来源：Lucas van der Wee, Gert-Jan Vlekke，谷德设计网，https://www.gooood.cn/westland-town-hall-and-municipality-office-by-cepezed-architects.htm）

图 4-36 荷兰韦斯特兰新市政厅缝隙中庭

图 4-37 上海西岸美术馆中庭

（图片来源：Simon Menges，谷德设计网，https://www.gooood.cn/west-bund-museum-china-by-david-chipperfield-architects.htm）

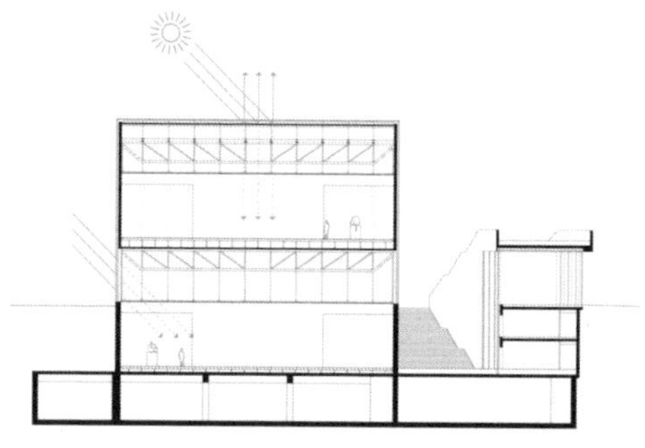

图 4-38 上海西岸美术馆展厅采光示意

（图片来源：戴卫·奇普菲尔德建筑事务所，谷德设计网，链接同左图）

图 4-39 谷仓住宅实景图
（图片来源：Kentaro Kurihara，谷德设计网，https://www.gooood.cn/house-in-chiharada-by-velocity.htm）

图 4-40 谷仓住宅剖面示意
（图片来源：Studio Velocity，谷德设计网，链接同左图）

⑤制造导光器。

除利用空间导光的方式外，还可采用各种新材料、新技术等将光线导入主要空间。柏林国会大厦改建设计中，福斯特在顶部设置玻璃穹顶，内部利用倒锥体，结合光线反射板等设计将光线引入下部的议会大厅，再结合两侧小天井，基本满足了大厅内的照明需求，同时，倒椎体与穹顶形成了天然的烟囱效应，实现了大厅的自然通风组织（图 4-41）[54]。美国巴克贝利中学教学楼利用太阳能管将顶部太阳光导入下层教室，以作为侧窗采光的补充光源，并通过白色光滑墙面的反射获得了均匀且满足照度要求的教室光照环境（图 4-42）[55]。

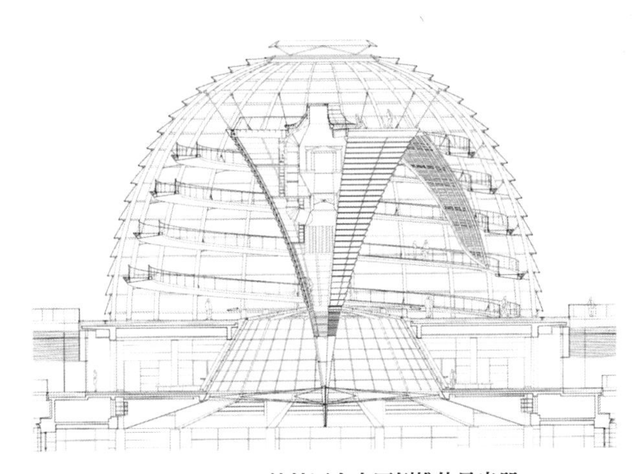

图 4-41 柏林国会大厦倒椎体导光器
（图片来源：参考文献 [54]）

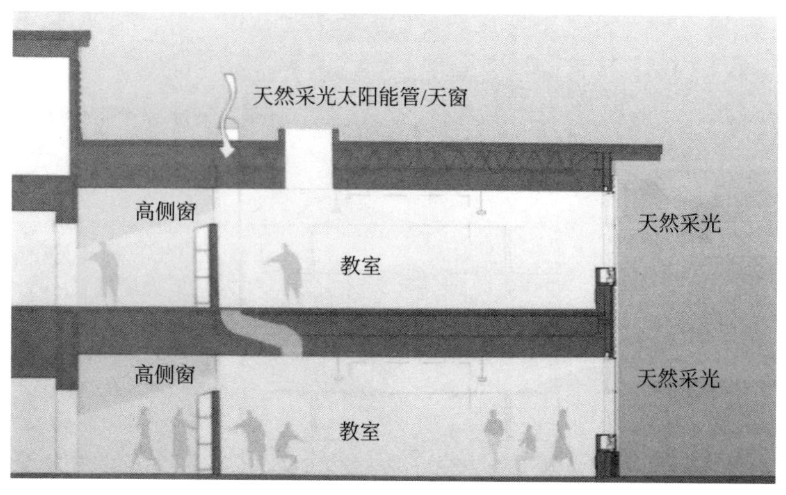

图 4-42 美国巴克贝利中学教学楼太阳能管

（图片来源：参考文献 [55]）

以上这些措施均较好地解决了位于内侧的主要空间的采光、通风等问题。此外，还可通过组织室外—次要空间—主要空间—室外的通风路径来获得自然通风，解决主要空间的通风问题。目前人工照明与机械辅助通风技术已较为成熟和完善，以较低能耗在个别建筑类型中完全可以取代自然采光与通风，获得更均匀、稳定的室内风、热环境。因此，从采光与通风角度进行评价，重构型优化策略虽有一定的不利性，但采取改进措施后，即可具备一定的可行性（表 4-2）。

表 4-2 重构型优化策略可行性分析

<table>
<tr><td>热环境状况（有利）</td><td colspan="3"> </td></tr>
<tr><td>交通组织（不利）
解决措施</td><td colspan="3"> 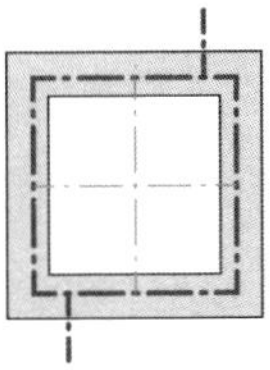外侧交通为主，内侧为辅</td></tr>
<tr><td rowspan="2">采光与通风（不利）
解决措施</td><td> 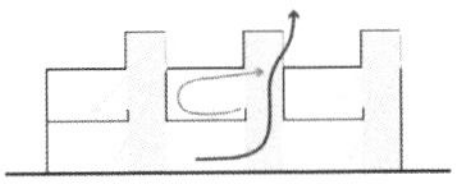设天窗 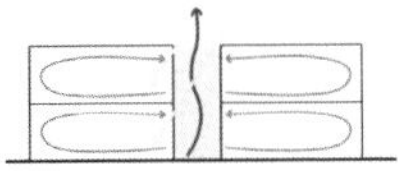</td><td colspan="2">设采光井 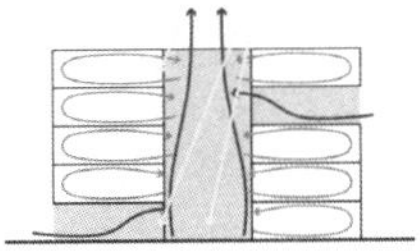</td></tr>
<tr><td>设中庭 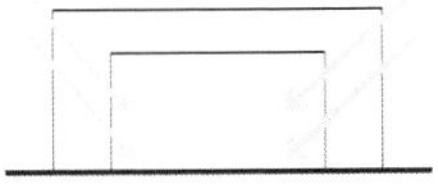</td><td>围护结构透明化 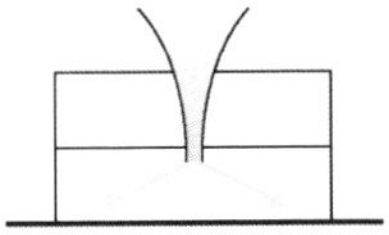</td><td>制造导光器</td></tr>
</table>

4.3 提升型优化

提升型优化是对原空间层级进行局部空间的优化调整，为主要空间增设不同形式的热缓冲空间，以提升其热缓冲性能。根据调整方式的不同，提升型优化可分为附加热缓冲腔体、嵌入热缓冲腔体、次要空间布局调整三种优化模式。

4.3.1 附加热缓冲腔体

（1）模式特征

附加热缓冲腔体是指在原有核心式、内廊式、外廊式等热缓冲性能较差的空间层级类型中，在主要空间外侧附加一层缓冲空间（图 4-43）。根据主要空间功能类型与布局等的不同，可以附加不同形式的腔体空间，以起到夏季遮阳、隔热与冬季保温等热缓冲作用，可使原本无热缓冲作用或效果较差的空间层级具备一定的热缓冲性能，从而实现空间组织优化。

这种优化调整是在原建筑外侧附加双层表皮、走廊、阳台等复合界面空间，对主要空间起到热缓冲调节作用的同时，不会对主要空间的采光、通风、景观等造成较大的破坏，甚至还可在建筑立面造型、空间呈现效果、主要空间的功能补充等方面有一定的提升作用。因此，附加热缓冲腔体的优化模式在建筑功能等设计上，具备可行性。可采用的腔体类型较为多样，适用于各种建筑类型，具有较好的功能适应性。

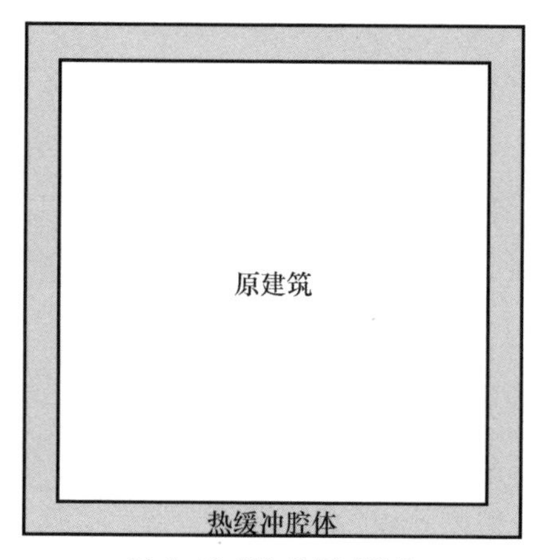

图 4-43 附加热缓冲腔体

（2）**热缓冲空间设计**

附加热缓冲腔体可选择多种空间类型，如双层表皮、外走廊、阳台、凹窗、逐层出挑的形体自遮阳等水平向使用的腔体，以及高耸屋顶空间、设备吊顶层、双层通风屋顶等竖直向使用的腔体。接下来将针对几种常用腔体展开阐述。

①双层表皮。

如第 2 章所述，双层表皮具备较好的热缓冲作用，常见的双层表皮有双层玻璃幕墙、双层通风墙体、附加穿孔金属板、附加遮阳界面等。双层玻璃幕墙冬季蓄热保温的作用更好，而夏季须进行较高频次的通风才可缓解玻璃温室效应。而后三种夏季遮阳隔热的作用更好，而冬季减少了主要空间的直接得热。若将复合界面封闭起来，通过控制开口变化，结合冬季预热与夏季预冷的通风组织，即可获得一定的季节适应性。

近年来，U 形玻璃、半透明玻璃等材料由于具备半透明属性，对室内光环境与立面造型的呈现效果好，获得了很多建筑师的青睐，被运用于双层表皮设计中，如以色列的本·古里安大学国家生物技术研究所采用的 U 形玻璃双层表皮与休斯顿艺术博物馆新馆采用的半透明玻璃双层表皮，均能在白天向室内引入柔和、均匀的光线，夜晚室内光线透过表皮使得建筑成为城市环境中一个柔和的发光体，取得了较好的建筑造型及空间效果（图 4-44、图 4-45）。这种模式冬季较为有利，但是在夏热冬冷地区，此种模式还需要注意夏季的外层腔体通风，否则会增加夏季冷负荷。此外，聚碳酸酯板同样具备半透明特性，被大量运用于表皮设计中，也取得了与玻璃相近的效果（图 4-46）。

②外走廊与阳台。

外走廊与阳台属于同一种空间类型，阳台可以说是具备私密性的被分段的外走廊。办公楼等公共建筑可采用附加外走廊的方式增加交通设计，同时为主要空间提供一定的室外休闲、观景平台等，外走廊是对建筑功能的一定补充。私密性较强的住宅、公寓、酒店等居住建筑可在外侧附加阳台，作为对居住空间的休闲、观景功能的补充。开敞的走廊、阳台仅可起到夏季遮阳的作用，而封闭走廊（阳台）则可通过控制窗户启闭兼顾冬、夏两季的热缓冲调节作用。

图 4-44 以色列生物技术研究所 U 形玻璃双层表皮
（图片来源：Amit Geron，谷德设计网，https://www.gooood.cn/the-national-institute-for-biotechnology-in-the-negev-ben-gurion-universit-by-chyutin-architects.htm）

图 4-45 休斯顿艺术博物馆新馆半透明双层表皮
（图片来源：Richard Barnes，谷德设计网，https://www.gooood.cn/nancy-and-rich-kinder-museum-steven-holl-architects.htm）

图 4-46 徐州星宿城市公寓售楼部聚碳酸酯板室内外效果
（图片来源：大鱼摄影团队，谷德设计网，https://www.gooood.cn/xuzhou-constellation-city-apartment-sales-office-by-odd.htm）

③凹窗、形体自遮阳等灰空间。

凹窗、形体自遮阳等形成的灰空间与开敞外走廊的作用原理接近，仅可起到夏季遮阳的作用，只具备夏季一个季节的热缓冲调节性能，作用效果较为有限，可作为其他缓冲腔体的局部补充。

④建筑顶部腔体。

用于建筑顶部的腔体中，在高耸屋顶空间中较为常见。大型公共建筑中，抬高屋顶，使得空间高度较高，自然地形成竖向温度分层，形成对下部主要空间的热缓冲调节。设备吊顶层是建筑中常见的辅助空间，是天然的顶部缓冲空间，可对下部主要空间进行热缓冲调节，结合预冷、预热的通风组织，可进一步提高其热缓冲性能。

双层通风屋顶构造与双层墙体接近，双层构造之间留有一定厚度的空腔，夏季白天封闭它来隔热，晚上开启它组织自然通风，对下部空间进行隔热与散热处理；冬季封闭它的开口，利用太阳光进行蓄热，并对内部空间进行加温与夜间保温处理。

（3）热缓冲性能模拟验证

模拟对象为一个普通房间（8 m×8 m×10.8 m）与一个外侧附加 0.8 m 厚的上下开敞腔体的同尺寸房间，建筑共3层（图4-47）。模拟地点为南京市，设定不设置门窗，无人员使用及设备热扰等，不使用空调，仅通过固定频率的机械通风换气取得自然室温，除夏季夜晚通风换气为 10 次 / 时外，其他时间均为 0.5 次 / 时，选取二层两个房间及外侧热缓冲腔体等高位置为测点，模拟室内外全年逐时温度，并以 7 月 11 日至 13 日、1 月 22 日至 24 日为代表进行具体的分析总结，结果如下。

夏季，普通房间与附加腔体房间的热环境存在较大的差异，普通房间日平均温度约 29.3 ℃，全天温度均高于腔体内部温度，且远高于日平均温度约 27.3 ℃的附加腔体房间，二者温差最大可达 3.2 ℃（图 4-48）。附加腔体房间夏季的热稳定性与热环境舒适度均优于普通房间。

冬季，普通房间热环境略差于附加腔体房间，附加腔体房间全天温度基本稳定，波动极小，日平均温度约 2.5 ℃，略高于普通房间 2.1 ℃（图 4-49）。附加腔体房间冬季的热稳定性优于普通房间，而热环境舒适度略高于普通房间。

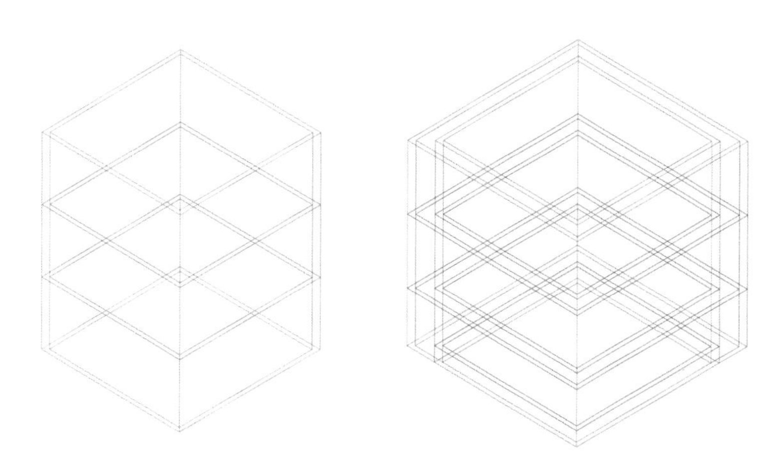

图 4-47 附加热缓冲腔体模拟建筑

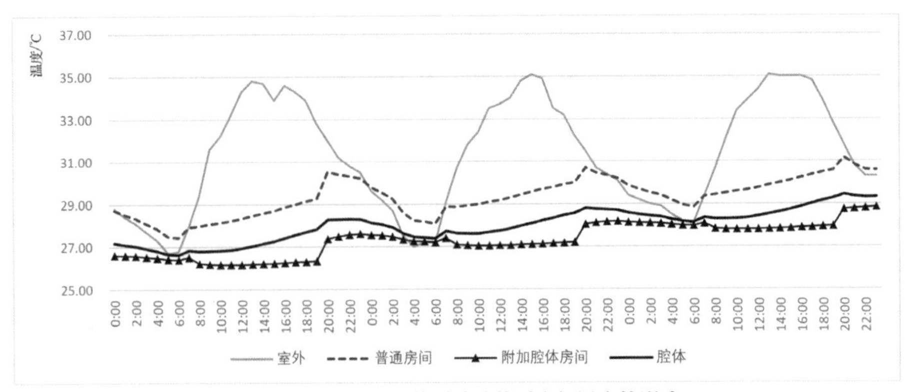

图 4-48　夏季附加热缓冲腔体对房间温度的影响

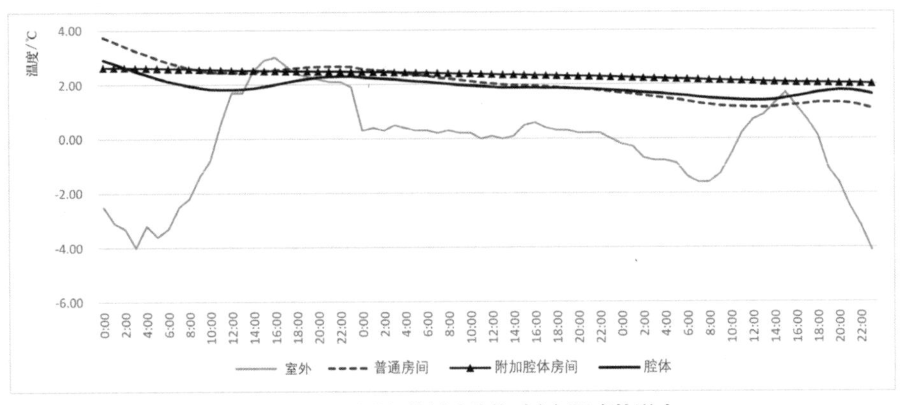

图 4-49　冬季附加热缓冲腔体对房间温度的影响

综合冬、夏两季模拟结果，附加热缓冲腔体在夏季白天可以阻挡大量阳光辐射进入主要房间，减少其得热量，且开敞腔体通风性好，可在夜间组织腔体与房间自然通风和与墙体热交换等，增加其散热量，从而使得内侧房间获得较好的热环境舒适度。而在冬季虽减少了房间的直接得热，但也减少了其散热量，起到一定的保温作用，使得内侧房间获得比普通房间略好的热环境。

4.3.2　嵌入热缓冲腔体

（1）模式特征

嵌入热缓冲腔体是指在原建筑中，局部嵌入中庭、风井等空间，这在改善大空间内部采光、通风条件的同时，也对其热环境产生了积极的影响：夏季这些嵌入式通高空间具备天然的烟囱效应，能够通过拔风作用组织建筑内部的自然通风；冬季中庭等空间可引入太阳光并封闭蓄热，将热量传递给周边使用空间，从而起到了一定的热缓冲调节作用，改善了建筑内部热环境（图 4-50）。

中庭、风井等是建筑中常见的空间类型，在建筑设计中被广泛运用，能够改善建筑采光、通风条件，若结合苗木、小品等景观设计，它们还可为使用空间提供较好的观景体验，是对建筑功能较好的补充，具有很好的设计可行性与适用性。

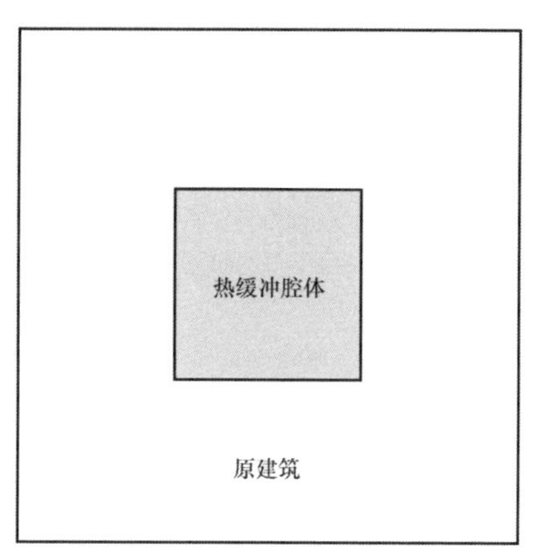

图 4-50 嵌入热缓冲腔体

（2）**热缓冲空间设计**

建筑中常见的嵌入式腔体有中庭、天井、风井、架空式灰空间等，每一种腔体都有不同的热缓冲调节性能。

①天井与中庭。

如前文所述，天井由于是开敞无盖形式，仅具有夏季单一季节的调节作用，效果有限，而有顶盖的天井——中庭则具备较好的季节适应性。中庭根据位置及围合状态可分为四向中庭（核心式中庭）、条形中庭，以及单向中庭、双向中庭、三向中庭等边庭形式（图 4-51）[56]。根据研究，冬季，位于南侧的单向中庭的温室效应最明显，能够获得更好的中庭热环境，而核心式中庭对周边空间的热环境提升帮助最大；夏季，南侧单向中庭能够获得最低的中庭温度，而周边空间的温度也最低[57]。在设计中，可根据空间组织、功能、热缓冲组织等方面的需求，进行合理的空间类型选择与朝向等布局设计。

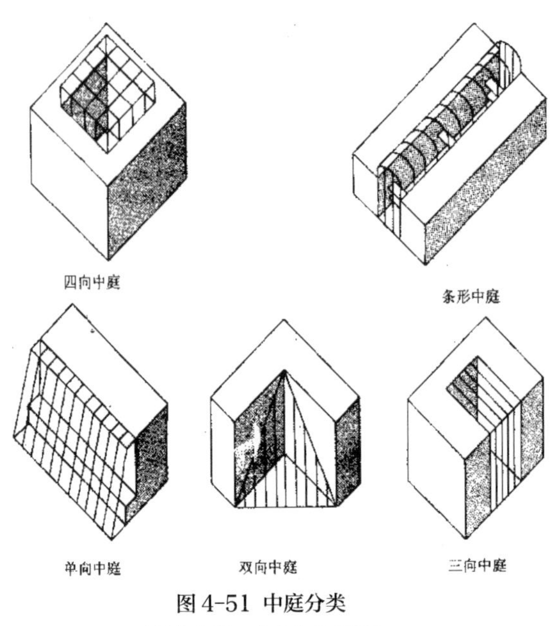

图 4-51 中庭分类

（图片来源：参考文献[56]）

②风井。

风井的热缓冲调节作用已在埃及等中东地区建筑中得到了验证，与同为竖向腔体的中庭相比，风井空间尺度小，空间浪费较少，且基本不会产生温室效应，夏季缓冲效果更好，但不具有冬季热缓冲性能。而除了捕风塔等单个缓冲腔体的形式外，它还可与地下空间结合，充分利用地下空间的热稳定性，结合夏季预冷与冬季预热组织通风，来获得更好的热缓冲性能与季节适应性。

③架空式灰空间。

高层建筑设计中，为增加空间、功能的丰富性与建筑的休闲、景观属性，在不同高度上设置若干个空中花园的设计手法已很常见。这些灰空间腔体可对主要空间起到一定的遮阳与通风作用，若像法兰克福商业银行一样，将不同腔体组合起来，组织自然通风，可对整栋建筑的夏季热环境有较大的改善与提升作用。但由于是开敞的空间形式，灰空间只具备夏季单一季节的热缓冲性能。

（3）热缓冲性能模拟验证

由于可嵌入空间类型较多，热缓冲性能也不尽相同，接下来将以常见的中庭空间为代表进行嵌入腔体的对比研究。模拟对象为一个普通房间（10 m×10 m×10.8 m）

与一个中部嵌入腔体（中庭）的同尺寸房间，中庭长度、宽度均为 3 m，3 层通高，顶部设不开启平天窗，周围设墙体与房间分隔开，并设窗户与房间通风，建筑共 3 层（图 4-52）。模拟地点为南京市，房间不设置外门窗，无人员使用及设备热扰等，不使用空调，仅通过固定频率的机械通风换气取得自然室温，除夏季夜晚通风换气为 10 次 / 时外，其他时间均为 0.5 次 / 时，中庭与房间保持 0.5 次 / 时的通风频率，选取各层房间与中庭相应高度位置为测点，模拟室内外全年逐时温度，并以 7 月 11 日至 13 日、1 月 22 日至 24 日为代表进行具体的分析总结，结果如下。

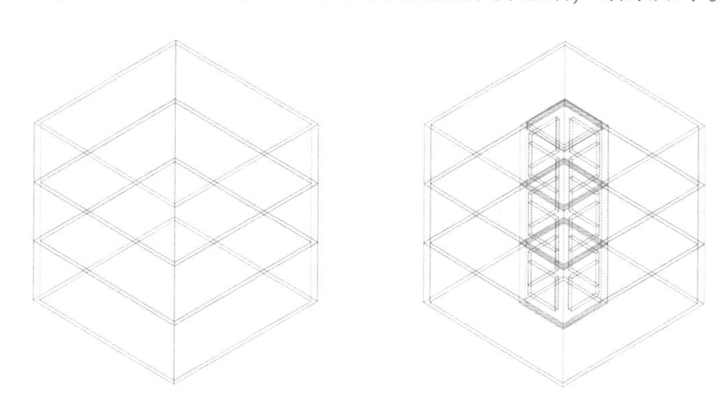

图 4-52 嵌入热缓冲腔体模拟建筑

嵌入中庭后，顶层房间受天窗温室效应的影响较为明显，夏季其破坏作用较大，而冬季其对热环境有显著的改善作用。中庭顶部空间在冬、夏两个季节均呈现较大的温度浮动。夏季中庭顶部空间全天均处在较高的温度范围内，日平均温度 37 ℃，最高温度可达 45.8 ℃，对周围房间也产生了较大的影响，使得嵌入腔体的顶层房间温度始终高于普通房间，日平均温度比后者高约 1.5 ℃，热环境遭到了一定的破坏（图 4-53）。冬季温室效应对中庭顶部和房间的热环境均有明显的提升作用，二者全天温度均高于普通房间，嵌入腔体房间与普通房间日平均温度差约 0.9 ℃（图 4-54）。

嵌入腔体对二层房间的热环境影响稍小一些，在夏季产生了一定的影响，但破坏作用相对不大，而在冬季对其热环境有一定的提升作用。中庭中部空间冬、夏两季全天的温度浮动相对较小。夏季中庭中部温度低于普通房间，嵌入腔体房间温度略高于普通房间，二者温差不超过 0.3 ℃（图 4-55）。冬季中庭中部温度同样高于直接对外散热的普通房间，嵌入腔体房间温度略高于普通房间，日平均温度高约 0.5 ℃（图 4-56）。

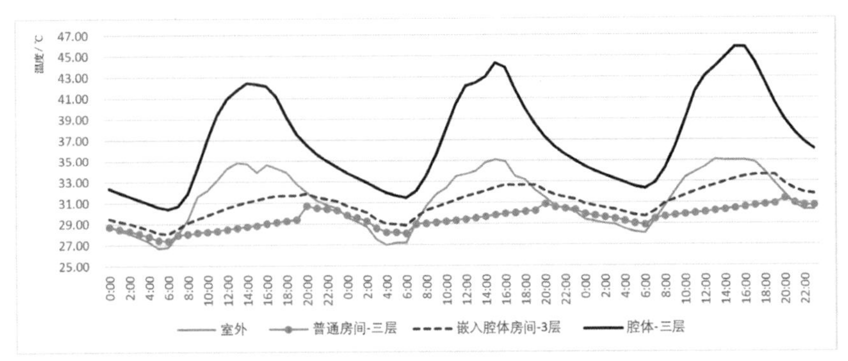

图 4-53　夏季嵌入热缓冲腔体对三层房间的温度影响

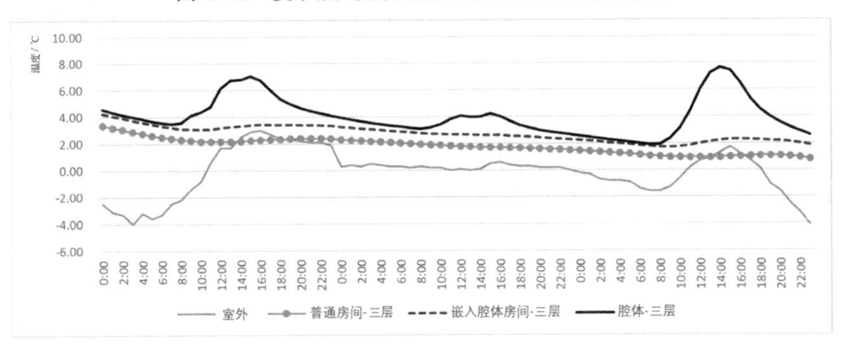

图 4-54　冬季嵌入热缓冲腔体对三层房间的温度影响

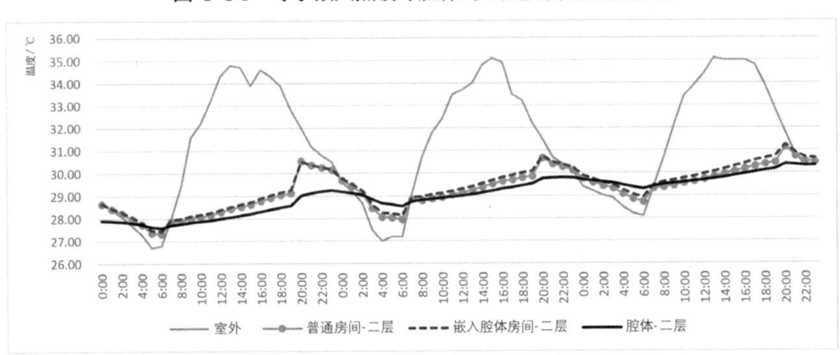

图 4-55　夏季嵌入热缓冲腔体对二层房间的温度影响

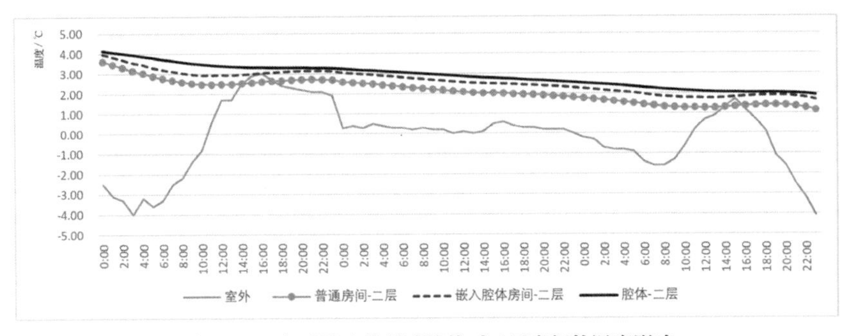

图 4-56　冬季嵌入热缓冲腔体对二层房间的温度影响

嵌入腔体对底层在冬、夏两季的热环境影响较小，中庭底部冬、夏两季温度波动均最小。夏季，中庭底部温度全天均处在较低的温度范围内，且远低于房间，嵌入腔体房间受其影响，温度略低于普通房间，二者相差较小，日平均温度差约0.1 ℃(图4-57)。冬季中庭底部温度最高，略高于两个房间，嵌入腔体房间温度略高于普通房间，二者全天均保持着 0.2~0.3 ℃的温差（图 4-58）。

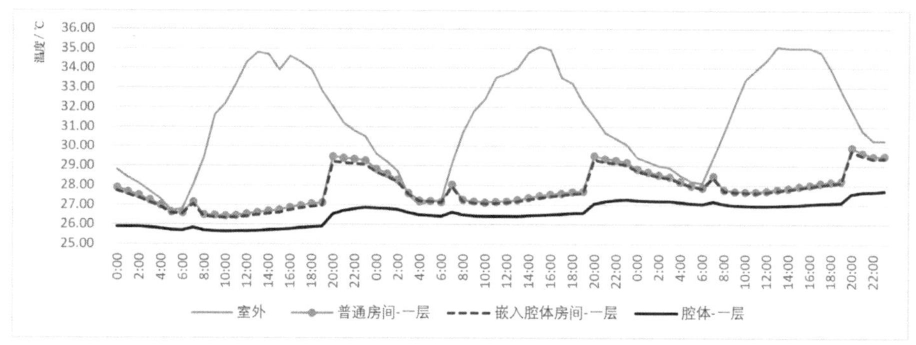

图 4-57 夏季嵌入热缓冲腔体对一层房间的温度影响

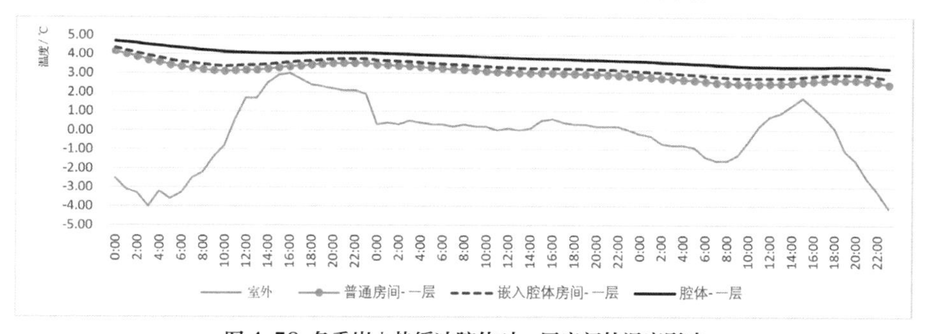

图 4-58 冬季嵌入热缓冲腔体对一层房间的温度影响

综合来看，嵌入中庭对各层房间的冬季热环境有一定的提升作用。冬季热缓冲调节效果较好，特别是顶层房间。对比房间各层温度变化可知，随着层数的增多，房间温度呈现逐渐升高的趋势，嵌入中庭的房间中，顶层房间温度高于二层，日最高温度可比二层高 0.5 ℃，顶层房间的冬季热环境得到了显著的提升。夏季玻璃天窗的温室效应也对房间产生了一定的破坏作用，其中对顶层房间的破坏作用最大，对底层和二层的影响稍小，这主要是因为中庭内的竖向温度分层极为明显，热空气容易聚集于顶部，温度最高，中部次之，底部最低，顶部和底部夏季日平均温度的差值可达 10.4 ℃。因此，嵌入中庭的优化模式，冬季热缓冲调节作用较好，而夏季会对各层房间的热环境产生不同程度的破坏作用。夏季热缓冲性能不佳，须进行足够的遮阳来对其进行缓解，而因为具有热压通风效应，其春秋季和夏季夜间通风的潜力也较大。

4.3.3 次要空间布局调整

（1）模式特征

次要空间布局调整是指在原建筑空间布局基础上，对次要空间的位置进行一定的调整，在变动不大的情况下对其热缓冲性能进行一定的优化。若受限于建筑功能等因素，无法实现次要空间包裹主要空间的空间层级，则可采用这种折中式设计，将次要空间从中部挪到主要空间外的单侧或多侧（图 4-59）。次要空间位于南侧可实现夏季遮阳隔热，位于西侧可减少夏季西晒对主要空间热环境的破坏，位于东、北侧则可起到一定的冬季保温作用，若多侧设置，预计可获得一定的季节适应性。

设计中可根据功能要求、空间效果、外部环境等因素，选择合适的次要空间位置及朝向。由于次要空间未完全将主要空间包裹起来，主要空间仍有部分界面可直接对外开窗采光、通风、观景等，因此，主要空间的建筑功能未受到较大的影响，这种优化方式具备较好的设计可行性。

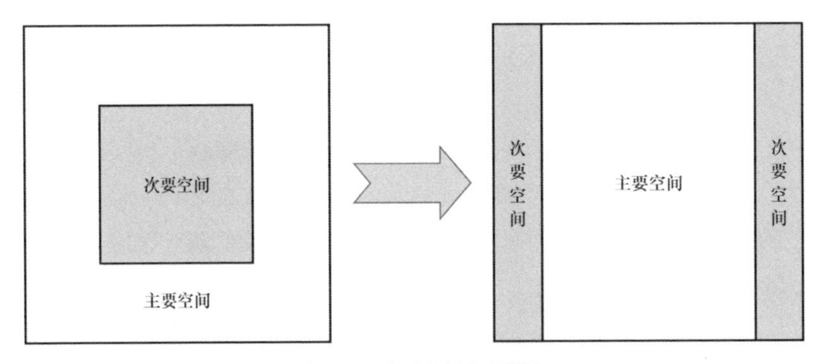

图 4-59 次要空间布局调整

（2）热缓冲空间设计

在次要空间局部调整的优化策略中，热缓冲空间由次要空间充当，可由走廊、楼电梯间、设备间、储藏室等辅助功能房间或对热环境要求稍低的次要功能房间组成。用于廊式空间层级时，次要空间由走廊、楼梯间、卫生间等交通与辅助空间组成，直接将其由主要空间内侧调整至外侧，形成主要空间外两侧或多侧包裹的空间布局；用于核心式空间层级时，次要空间直接由核心筒充当，可将其整体移至主要空间外侧，也可分散核心筒形成更大的包裹界面，以起到更大的热缓冲作用。

（3）热缓冲性能模拟验证

模拟对象为一个中部设次要空间的建筑（20 m×20 m×10.8 m）与一个东、西两侧设次要空间的同尺寸建筑，共 3 层（图 4-60）。模拟地点为南京市，设定不设置门窗，无人员使用及设备热扰等，不使用空调，仅通过固定频率的机械通风换气取得自然室温，除夏季夜晚通风换气为 10 次 / 时外，其他时间均为 0.5 次 / 时，选取二层两个房间及次要空间为测点，模拟室内外全年逐时温度，并以 7 月 11 日至 13 日、1 月 22 日至 24 日为代表进行具体的分析总结，结果如下。

将次要空间从主要空间内侧调整至主要空间东、西两侧后，房间温度变化很小（图 4-61、图 4-62），在自然运行状态下，其热环境几乎无改善潜力。可见这种模式并不适用于纯自然运行的建筑。但是如果内侧房间开启空调，外侧的空间成为保温层，则具有节能潜力，这在前面的全年能耗模拟中已得到验证。其调节效果不如前几种优化策略，但还是在开启空调的冬、夏季具备一定的热缓冲性能。

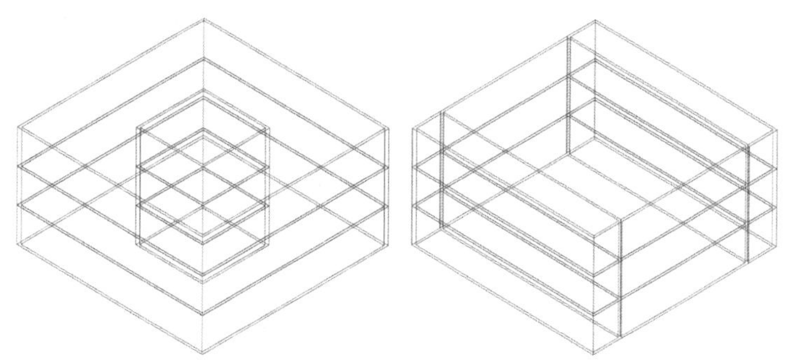

图 4-60 次要空间布局调整模拟建筑

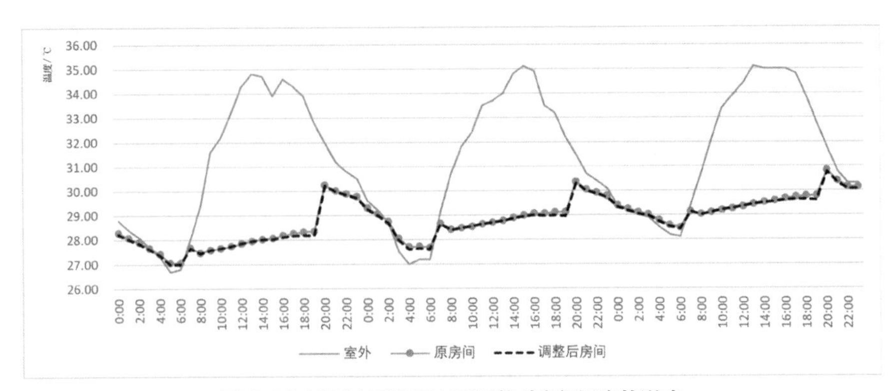

图 4-61 夏季次要空间布局调整对房间温度的影响

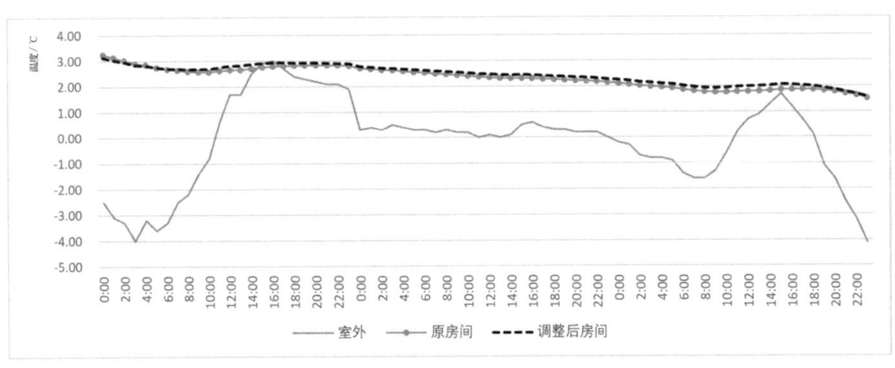

图 4-62 冬季次要空间布局调整对房间温度的影响

4.4 重构型优化

重构型优化是基于热缓冲调节的空间组织方式，次要空间位于外侧，包裹主要空间，具备较好的热缓冲性能。根据主要空间与次要空间的位置关系等空间布局特点，重构型优化可分为圈层式空间层级、内嵌式空间层级与垂直式空间层级三种优化模式。

4.4.1 圈层式空间层级

（1）模式特征

圈层式空间层级是指主要空间和次要功能房间、辅助功能等次要空间像洋葱一样，层层包裹，主要空间位于中心位置的空间布局方式（图 4-63）。次要空间的布局方式较为多样：可像围绕式空间层级一样，次要空间直接包裹主要空间，通常为小房间围绕大空间的形式，大空间多具备公共性，兼具交通功能，小房间直接对大空间开门；也可在主要空间外设置环形走廊，次要功能空间设于外圈，由走廊串联起来，还可进一步在次要功能空间的气候边界处设置复合界面来对其进行热缓冲调节。

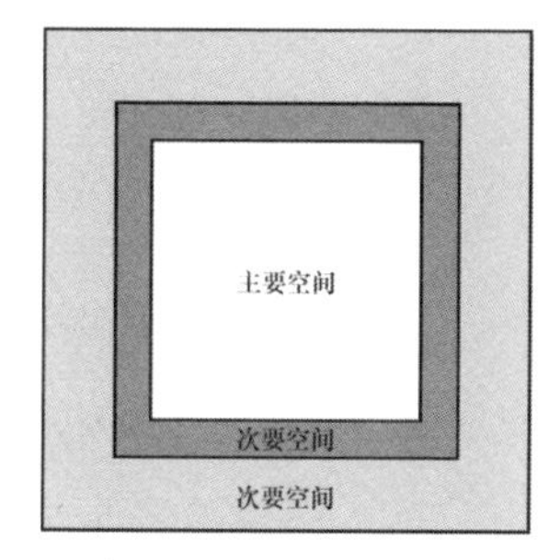

图 4-63 圈层式空间层级

圈层式空间层级多为集中式布局，主要功能房间（主要空间）通常为较大尺度的具有一定公共性的空间，热缓冲空间为服务于主要空间的小尺度房间，位于主要房间外圈，适用于各种集中式多层建筑或高层建筑类型。

圈层式空间层级是围绕式空间层级的演绎模式。采用围绕式布局的厅堂类建筑由于主要空间的功能特性，自然采光、通风不是主要矛盾。而居住、办公、文化类等建筑若采用圈层式空间层级，主要空间就无法直接对外开窗，采光、通风、景观等均会受到一定的影响，而选择性运用前文总结的采光、通风解决策略，即可较好地解决问题。因此，圈层式空间层级具备一定的设计可行性。

（2）热缓冲空间设计

若采用次要空间直接围合主要空间的两层式的布局方式，则次要空间多由楼梯间、走廊、阳台、厨卫、储藏室、设备室等辅助功能房间组成，还可由露台、凹窗等半开敞的灰空间组成。次要空间包裹在主要空间外侧，可直接起到热缓冲作用，利用次要空间的门窗等开口变化可提高热缓冲调节的季节适应性，而若结合预冷、预热系统设计，还可获得更好的热缓冲性能。

若采用多层式的布局方式，则次要空间多由次要功能房间组成，通过走廊串联并围合中间的主要空间，卫生间、楼电梯间、储藏、设备等辅助功能空间与次要功能房间混合在一起，共同位于外圈。次要功能空间对热环境的要求虽低于主要空间，但仍有一定的需求，因此，次要空间的外围护结构可通过设置复合界面来对其进行一定的热缓冲调节，常用的复合界面有双层表皮、露台、形体自遮阳形成的灰空间等。

（3）热缓冲性能模拟验证

模拟对象为圈层式空间层级抽象原型（26 m×26 m×10.8 m），建筑共 3 层，由走廊串联起外侧房间，围绕在主要空间外侧（图 4-64）。模拟地点为南京市，设定不设置门窗，无人员使用及设备热扰等，不使用空调，仅通过固定频率的机械通风换气取得自然室温，除夏季夜晚通风换气为 10 次 / 时外，其他时间均为 0.5 次 / 时，选取二层内、外侧房间及走廊为测点，模拟室内外全年逐时温度，并以 7 月 11 日至 13 日、1 月 22 日至 24 日为代表进行具体的分析总结，结果如下。

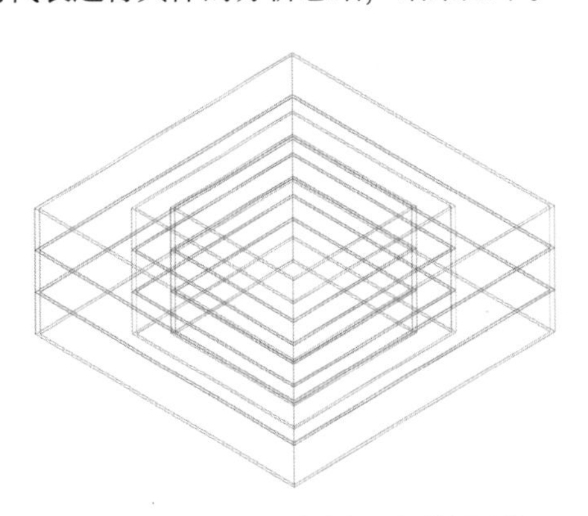

图 4-64 圈层式空间层级模拟建筑

夏季内、外侧空间呈现明显的温度梯度：外侧房间温度最高，日平均温度约28.4 ℃，且浮动较大；走廊温度稍低，日平均温度约 26.2 ℃，温度略有浮动；内侧房间温度最低，日平均温度约 25 ℃，远低于室外最低温度，且温度较为稳定。内、外侧房间始终保持较大的温差，最大可达 5.2 ℃（图 4-65）。冬季同样存在一定的温度梯度：外侧房间温度最低，日平均温度约 2.3 ℃，温度略有浮动；走廊和内侧房间温度较为接近，且稳定性较好，内侧房间温度略高于走廊，日平均温度约 2.9 ℃。内、外侧房间保持着不超过 1 ℃的温差（图 4-66）。

从模拟结果来看，圈层式空间层级具备较好的热缓冲性能与季节适应性，内、外侧空间始终存在一定的温度梯度，冬、夏两季内侧主要空间均能获得比外侧空间更好的热环境舒适度，其中夏季作用效果更明显。

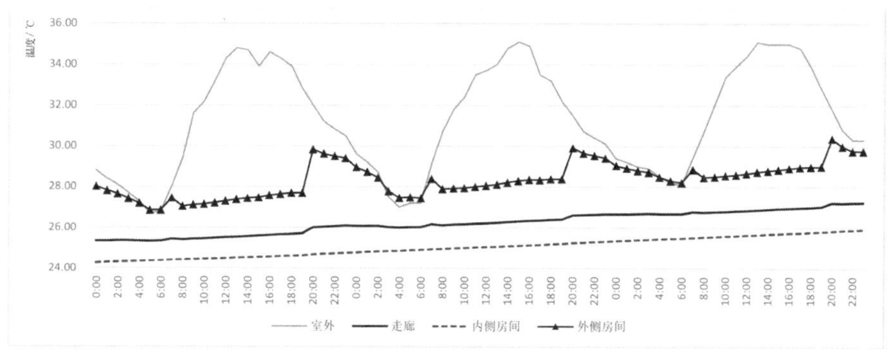

图 4-65 圈层式空间层级夏季室内外温度变化

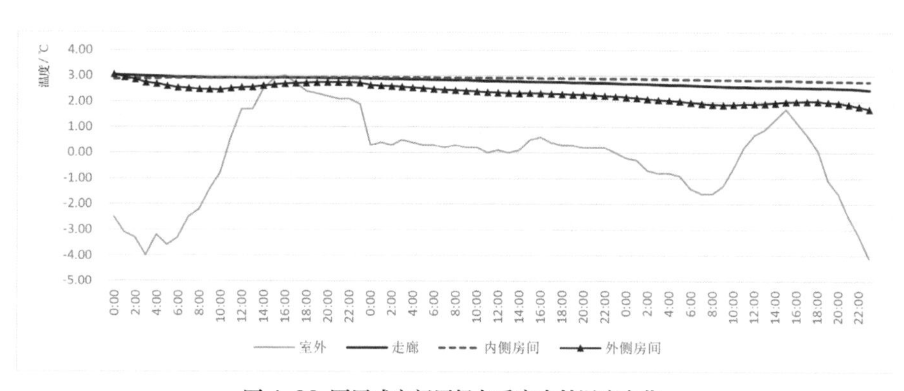

图 4-66 圈层式空间层级冬季室内外温度变化

4.4.2 内嵌式空间层级

（1）模式特征

内嵌式空间层级是指若干个主要空间体块分散地嵌入次要空间中，主要空间多为尺度稍小的封闭房间，而次要空间则为大尺度开放空间。若说圈层式为核心式空间布局，则嵌入式为多核心式布局，主要空间分散于建筑内各个区域，次要空间是兼具交通与公共性的流动空间，将各主要空间串联起来形成整体建筑空间（图4-67）。内嵌式空间层级中，主要使用房间与辅助功能房间等各种封闭式房间均属于主要空间，而开敞、流动的走廊、门厅等公共空间则属于次要空间（即热缓冲空间）。

内嵌式空间层级需要大量的开敞空间作为热缓冲空间，因此适用于平面尺寸较大、公共性较强的多层公共建筑，建筑内部空间的连通性与主要功能的可达性均较好，路径与空间效果的营造均能达到较好的效果。

与圈层式空间层级相似，内嵌式空间层级也会带来采光、通风问题，可采用前文阐述的几种措施加以解决。因此，内嵌式空间层级在符合热缓冲调节机制的同时，也能满足建筑设计相关要求，在空间效果及氛围营造等方面，比常规空间布局方式具有意想不到的优势。因此，内嵌式空间层级具备一定的建筑设计可行性。

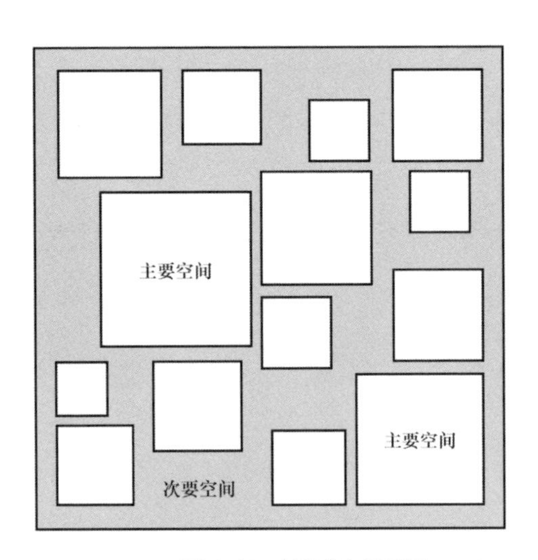

图4-67 内嵌式空间层级

（2）**热缓冲空间设计**

内嵌式空间层级中，次要空间是开敞、流动的大空间，因此热缓冲空间多由门厅、走廊、过厅、休息厅、中庭等公共性较强的空间组成。在不同功能建筑中，也有部分空间可以充当热缓冲空间：餐饮建筑中，包间可嵌入就餐大厅中；展览建筑中，小型陈列厅可嵌入大型展厅中；办公建筑中，小型办公室、会议室可嵌入大型办公区中；住宅建筑中，卧室、书房等私密空间可以嵌入客厅等公共空间中等，这些被嵌入的大空间均可作为内部小空间的热缓冲空间。

（3）**热缓冲性能模拟验证**

模拟对象为内嵌式空间层级抽象原型（30 m×30 m×10.8 m），建筑共 3 层，由外侧开敞大空间包裹内侧主要房间（图 4-68）。模拟地点为南京市，设定不设置门窗，无人员使用及设备热扰等，不使用空调，仅通过固定频率的机械通风换气取得自然室温，除夏季夜晚通风换气为 10 次 / 时外，其他时间均为 0.5 次 / 时，选取二层四个不同位置的房间及外侧空间为测点，模拟室内外全年逐时温度，并以 7 月 11 日至 13 日、1 月 22 日至 24 日为代表进行具体的分析总结，结果如下。

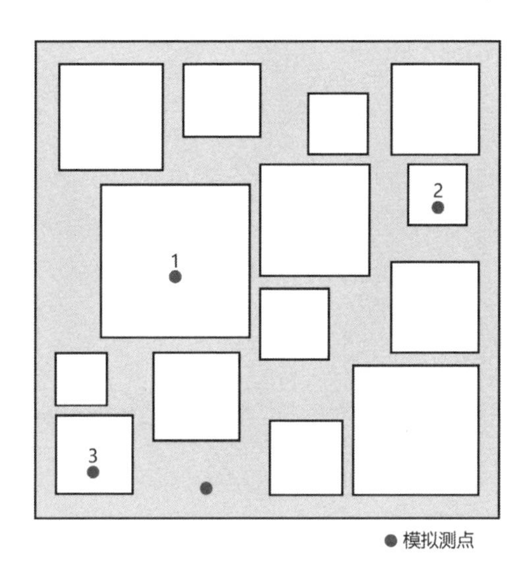

图 4-68 内嵌式空间层级模拟建筑及测点示意

内嵌式空间层级夏季内、外侧空间呈现出明显的温度梯度。外侧空间温度稍高，浮动较大，日平均温度约 28.7 ℃，内侧各房间温度较低，浮动稍小，其中面积较大、热稳定性略好的 1 号房间温度最低，日平均温度约 27.4 ℃，热环境舒适度最好。内、外侧空间始终保持一定的温差，最大可达 2.7 ℃（图 4-69）。冬季温度梯度略小一些，温度浮动也较小。外侧空间温度最低，日平均温度约 2.4 ℃，内侧各房间温度接近，且基本稳定，其中 1 号房间温度略高一些，日平均温度约 2.8 ℃。内、外侧空间有一定的温差，最大约 0.8 ℃，相较于夏季稍小（图 4-70）。

综合来看，内嵌式空间层级具备较好的热缓冲调节性能与季节适应性，在外侧空间的包裹缓冲下，内侧房间夏季可获得相对较低的温度，冬季可获得略高的温度，均能保持相对稳定的热环境，其中夏季作用效果优于冬季。内嵌式空间层级热缓冲性能与圈层式空间层级相比稍差一些，但也具备一定潜力。

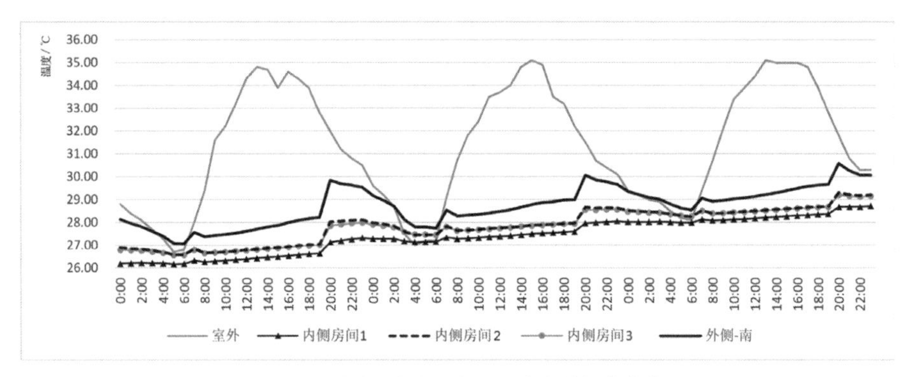

图 4-69 内嵌式空间层级夏季室内外温度变化

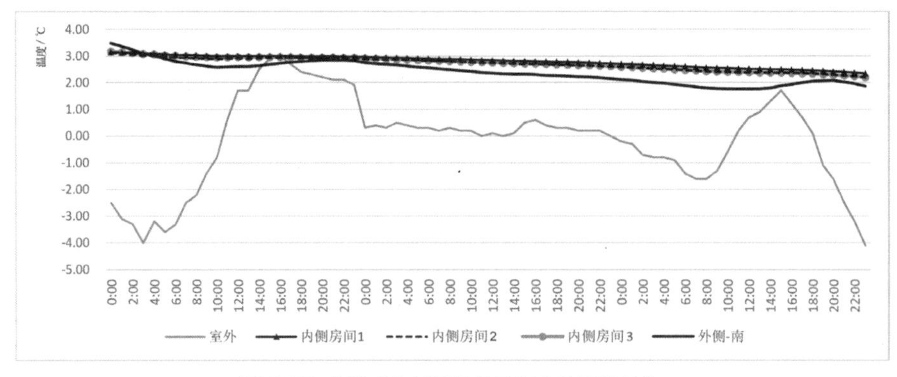

图 4-70 内嵌式空间层级冬季室内外温度变化

4.4.3 垂直式空间层级

（1）模式特征

圈层式与内嵌式空间层级均为水平方向上的空间包裹关系，而垂直式空间层级则是垂直方向上的空间组合关系，它是指在剖面空间中，主要空间的外侧（东、南、西、北方向及上、下侧）有次要空间对其形成围合关系，即除平面上四周均设置热缓冲空间外，在主要空间的上部和下部也都设置了热缓冲空间，能够有效地解决屋顶大面积得热与散热的问题（图 4-71）。垂直式空间层级的优势在于减少了屋顶与外部环境的换热量，因为建筑屋顶是建筑得热的主要面，所以可以预想其在夏季热缓冲方面具有优势。

垂直式空间层级中，主、次空间垂直嵌套，在满足热缓冲的基础上，可以获得较好的空间效果，但因主要空间在内侧，同样会有采光、通风问题，不过可以运用前文中提到的多种措施解决。因此，垂直式空间层级具备一定的设计可行性。

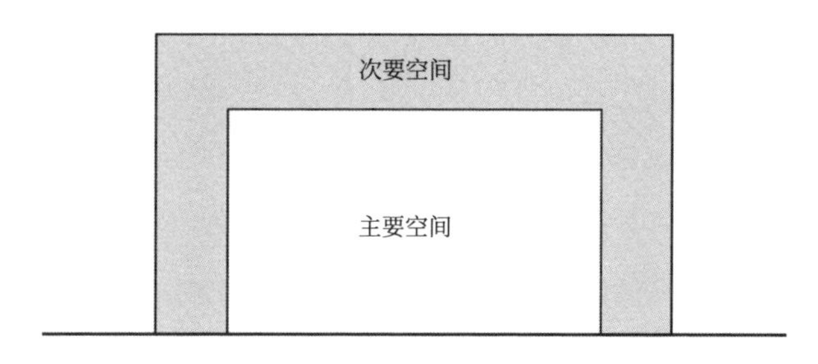

图 4-71 垂直式空间层级

（2）热缓冲空间设计

垂直式空间层级中，在水平方向上可直接采用圈层式、嵌入式空间层级的热缓冲空间设计，根据建筑功能的不同，选择不同的形式即可，而在竖直方向上，热缓冲空间可采用多种形式。

竖直方向上，上部可利用结构、设备等吊顶空间，也可像传统民居一样，将储藏等辅助功能空间设于顶部阁楼，作为下部主要空间的隔热缓冲层。除这些有具体功能的空间外，双层屋顶等占据空间较少，利用夏季通风降温、冬季封闭蓄热等即可实现很好的热缓冲调节作用，是兼具高性能与空间经济性的热缓冲空间形式。建筑一般采用直接接地的方式，下部土壤常年保持在极为稳定的温度范围内，具备天然的极佳的热缓冲性能。有地下室的建筑中，地下室空间温度相对稳定，维持在冬暖夏凉的温度范围内，具有很好的热缓冲潜力，可利用辅助机械通风系统等，将地下室及土壤作为夏季冷源与冬季热源，对主要空间进行预冷、预热处理，则可取得更好的热缓冲调节效果。

（3）**热缓冲性能模拟验证**

模拟对象为垂直式空间层级抽象原型（25 m×25 m×6 m），建筑共 1 层，由外侧开敞大空间包裹内侧主要房间，内侧两个房间平面尺寸相同，高度略有差异（图 4-72）。模拟地点为南京市，设定不设置门窗，无人员使用及设备热扰等，不使用空调，仅通过固定频率的机械通风换气取得自然室温，除夏季夜晚通风换气为 10 次 / 时外，其他时间均为 0.5 次 / 时，选取两个房间及外侧不同高度的三个位置为测点，模拟室内外全年逐时温度，并以 7 月 11 日至 13 日、1 月 22 日至 24 日为代表进行具体的分析总结，结果如下。

垂直式空间层级中，夏季各空间温度梯度较为明显，内侧房间全天温度稳定，且远低于室外最低温度，日平均温度约 23 ℃，热环境舒适度最好。外侧空间呈现出明显的竖向温度分层，最上部的 1 号测点温度最高，日平均温度约 29 ℃，与房间的温度差最大可达 7.5 ℃（图 4-73）。冬季内、外侧空间同样呈现出明显的温度梯度，竖向空间也有明显的温度分层。内侧房间温度最高、最稳定，且明显高于室外最高温度，日平均温度约 5 ℃。外侧三个测点中，1 号测点温度最低，日平均温度约 2.1 ℃，与房间温差最大可达 3.4 ℃（图 4-74）。

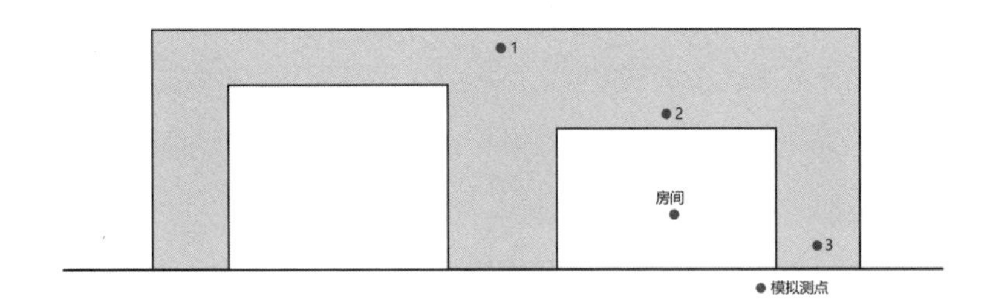

图 4-72 垂直式空间层级模拟建筑及测点示意

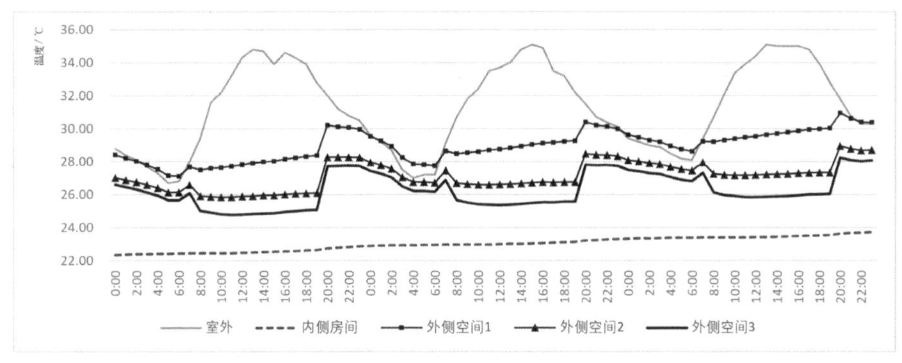

图 4-73 垂直式空间层级夏季室内外温度变化

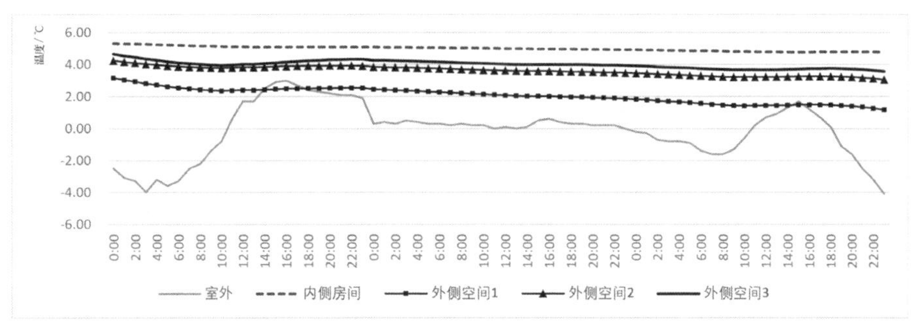

图 4-74 垂直式空间层级冬季室内外温度变化

综合冬、夏两季模拟结果，垂直式空间层级具备较好的热缓冲性能与季节适应性，冬、夏两季内、外侧空间均有明显的温度梯度，内侧房间能获得较好的热环境舒适度。

本章在第 3 章常见空间层级研究的基础上，构建并模拟验证了基于热缓冲调节的空间层级布局原型。原型中次要空间包裹主要空间，可明显减少主要空间与外环境的热交换，具有较好的热缓冲调节性能。建筑在自然运行状态时，原型的内侧空间的温度稳定性较优，夏季降温缓冲作用较为明显，而冬季升温缓冲作用相对不明显。而当建筑在空调运行状态时，因为原型的空间层级能大大减少热传导，节能降耗作用显著，主要针对内侧空间实施空气调节的做法极具节能潜力。外层围护结构的窗墙比是影响热缓冲性能的重要因素，在兼顾建筑采光及功能前提下，选择适当小的外层窗墙比是较均衡的做法。外层遮阳型的原型建筑夏季隔热效果好，冷负荷显著较小，而冬季则可能出现外层保温效果与遮阳负面影响相互抵消的情况。但在夏热冬冷地区，应向夏季策略倾斜。

根据热缓冲空间介入建筑的不同方式，提出了两种布局优化思路。其一是在基本遵循建筑传统布局的基础上进行局部调整（提升型优化）；其二是反思建筑的布局模式而进行层级的根本性优化（重构型优化）。其中提升型优化还可为既有建筑改造提供指导。两种优化思路根据建筑布局的需求差异，分为不同的空间层级优化模式，适用于不同功能类型与规模的建筑（表 4-3）。

表 4-3 空间层级优化策略

类型	提升型优化	重构型优化
优化模式	 原建筑 热缓冲腔体 附加热缓冲腔体	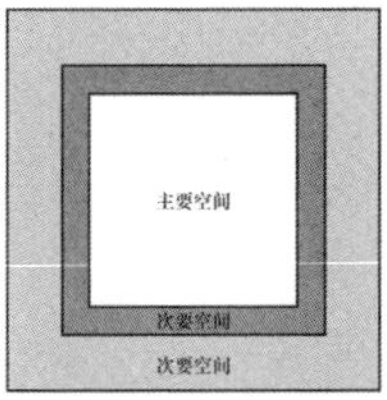 主要空间 次要空间 次要空间 圈层式空间层级
	 热缓冲腔体 原建筑 嵌入热缓冲腔体	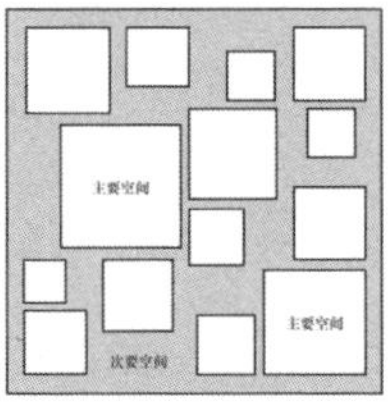 主要空间 主要空间 次要空间 内嵌式空间层级
	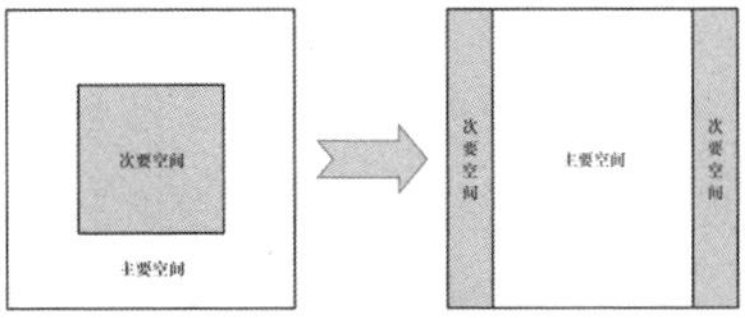 次要空间 主要空间 次要空间 主要空间 次要空间 次要空间布局调整	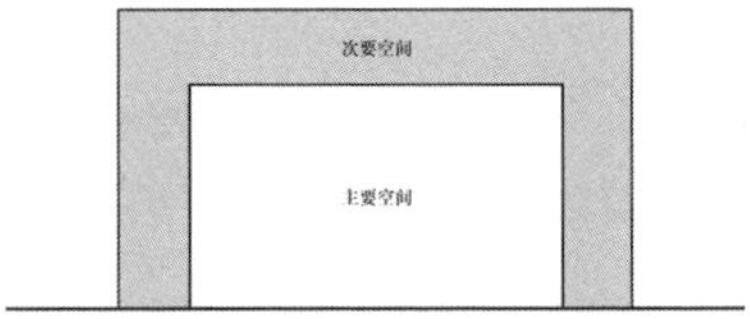 次要空间 主要空间 垂直式空间层级

5

空间层级优化子模式

本章将在上一章提出的多种优化模式基础上推导演绎其优化子模式，对各子模式的空间布局、热缓冲空间设计、适用建筑类型等方面进行论述，并结合典型案例的布局模式进行详细分析。本书主要聚焦于夏热冬冷气候区，但在案例选择上不限于所处气候区。寒冷和炎热气候区的建筑各自注重冬、夏策略，而在夏热冬冷气候区本身就需要兼顾冬、夏，须同时借鉴前两个气候区的策略。所以在案例分析中，以兼顾冬、夏的思路进行评价。案例分析的目的在于说明该空间层级布局模式在设计实践中具有可行性，但是在夏热冬冷气候区进行借鉴时，须思考其多季节适应措施。

5.1 附加热缓冲腔体

附加热缓冲腔体根据腔体形式与尺度等的不同可分为三种子模式：附加环状腔体、附加带状腔体、附加点状腔体。

5.1.1 附加环状腔体

附加环状腔体是指在原建筑外附加一圈完整的热缓冲腔体，对主要空间的四周均起到一定的热缓冲调节作用，是性能最佳的附加腔体式优化策略（图 5-1）。环状腔体的具体做法较为多样，包括双层表皮、外走廊、阳台、庭院、垂直绿化等。这种优化子模式是将原建筑各个立面均围合起来，因此适用于主要空间包裹次要空间的核心式与内廊式等空间层级。

图 5-1　附加环状腔体

双层表皮在建筑设计中的应用已经很普遍了，形式也较为多样，如双层墙体、双层玻璃幕墙、外加遮阳的复合围护结构等。双层墙体中部设空腔，可兼顾夏季隔热与冬季保温作用；双层玻璃幕墙具备较好的冬季预热与保温作用，但夏季可能产生的温室效应对内部空间环境的破坏也较大，需加强表皮内空腔的自然通风；外加遮阳的复合围护结构可以起到夏季遮阳的作用，通过可变式设计或角度计算控制等可大大降低对内侧空间冬季直接得热的影响。附加双层表皮的做法适用性较强，可用于不同规模的各种建筑类型。

德国贸易博览会大厦设计中，赫尔佐格除了直接利用双层表皮的空腔来进行简单的隔热、得热处理外，还结合双层表皮与通风管道等，来组织空气调节系统：夏季，新鲜的冷空气从顶部风塔进入，下落至各层，通过双层表皮进入各房间，空腔内的空气流动被用来缓解温室效应，而使用后的废气则以相反的路径，从废气回收管道上升至建筑顶部排出；冬季，废气 85% 的热量可用于预热表皮空腔内的新鲜空气，从而实现双层表皮预冷、预热的热缓冲处理（图 5-2）[38]。双层玻璃幕墙在德国发展得比较完善，也证明它比较适合纬度稍高的寒冷地区，如果在夏热冬冷地区应用，须特别注意消解其冬季以外的温室效应，这在一定程度上也限制了其适用性。

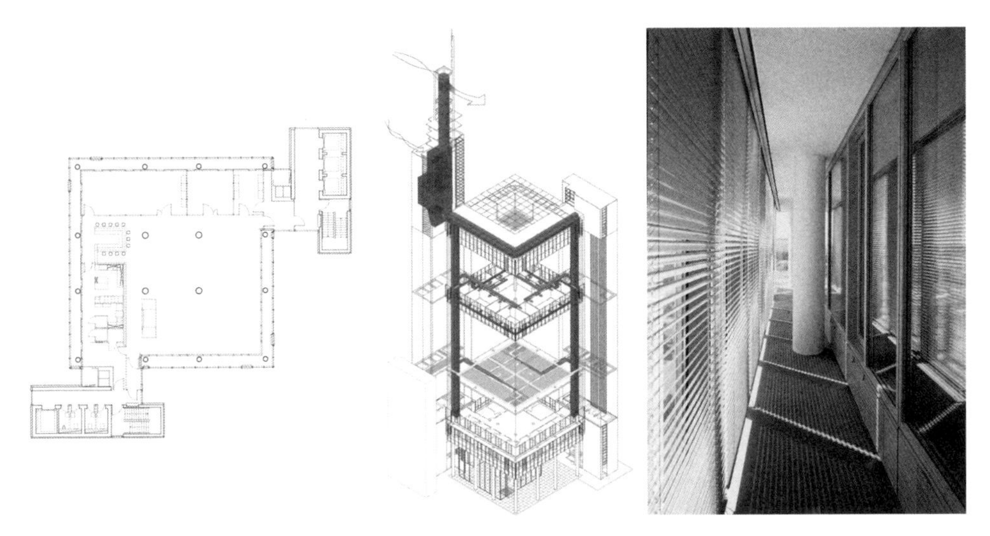

图 5-2 德国贸易博览会大厦

（图片来源：参考文献 [38]）

在原建筑布局外附加外廊、露台、阳台等半开敞空间，通过控制空间进深兼顾夏季遮阳与冬季获得直射光，不影响内部空间的采光、通风，还能为内部空间增加交流活动场所或观景空间。这种做法能够起到夏季单一季节的热缓冲调节作用，适用于公共性较强或有景观要求的建筑类型。

位于比利时的霍根特大学 Schoonemeersen 校区社科院大楼，各教室围合内侧的开放交流区，结合中庭设计，形成了兼顾采光、通风、交通与空间效果的内部空间，已是满足功能与空间要求的布局设计。但建筑师仍在外部增加由外走廊与遮阳构件组合形成的复合界面，包裹建筑，开敞的复合界面可兼顾遮阳与采光，能够在对内部空间进行热缓冲调节的同时，形成丰富的立面造型效果，并为内部各使用房间增加交通空间与活动场所（图 5-3、图 5-4）[1]。这无疑增加了大楼的夏季适应能力，但可以设想外部固定遮阳会在一定程度上削弱冬季的内部直接得热。夏热冬冷气候区的主要矛盾是夏季降温，所以若应用该模式依然可行。

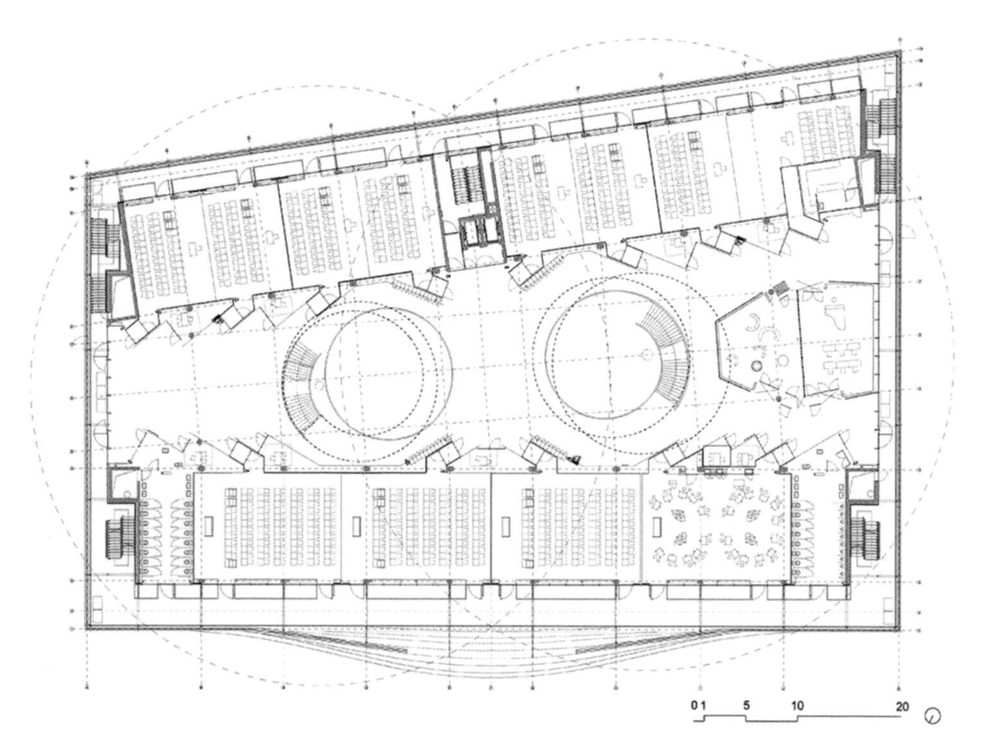

图 5-3　霍根特大学 Schoonemeersen 校区社科院大楼平面图

（图片来源：SADAR+VUGA，谷德设计网，https://www.gooood.cn/building-t-by-sadar-vuga.htm）

---

1 SADAR+VUGA.Building T- 霍根特大学 Schoonemeersen 校区社科院大楼 [EB/OL]. 谷德设计网，https://www.gooood.cn/building-t-by-sadar-vuga.htm,2020-11-23.

图 5-4　霍根特大学 Schoonemeersen 校区社科院大楼实景图

（图片来源：Julien Lanoo，谷德设计网，链接同上图）

附加庭院或垂直绿化是在原建筑布局外增加开敞的生物气候缓冲层，通过绿色植物来阻挡夏季直射阳光，起到净化空气、调节微气候的作用。除附加带绿植的庭院外，还可种植爬藤植物等，将植物附着在外墙面或竖向杆件上，除起到热缓冲调节作用外，还能丰富建筑造型，增加建筑的生机与活力。附加庭院的方式适用于私密性较强的小住宅等，而附加垂直绿化则适用于各种建筑类型。

越南砖窑住宅在建筑外圈设置环形窄庭院，由镂空砖墙围合，内部设绿植，双层墙与庭院的组合可阻挡热带的大量直射光与热量，在不影响各功能房间自然采光、通风的同时，还为其增加了景观性与私密性（图 5-5）[1]。这种两层墙的外圈空间增强了夏季热缓冲效果，若外层墙开口适当，就可以获得冬季太阳辐射直接得热，这就更适应夏热冬冷气候区。代尔夫特理工大学多功能教学楼则利用挑檐的竖向连接

1 H&P Architects. 砖 窑 住 宅 [EB/OL]. 谷 德 设 计 网，https://www.gooood.cn/brick-cave-by-hp-architects.htm,2018-04-18.

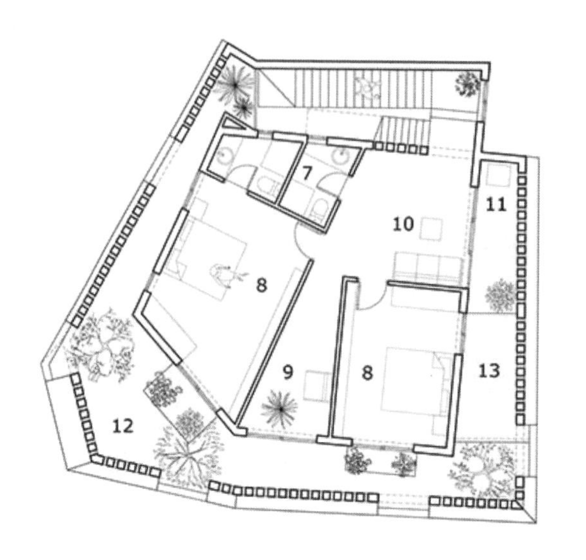

图 5-5 越南砖窑住宅

（图片来源：H&P Architects，谷德设计网，https://www.gooood.cn/brick-cave-by-hp-architects.htm.
图片来源：Nguyen Tien Thanh，谷德设计网，链接同左图）

杆件，种植爬藤植物，这样爬藤植物附着在钢索上，形成一道缓冲屏障，起到夏季阻挡阳光的作用，冬季又能让阳光透入（图 5-6）。这种自然的方式本身就与季节相呼应，能应用于夏热冬冷气候区。

普罗维登斯小住宅扩建设计中，设计师将结构构件、家具及室内空间设计整合在一起，在气候边界处设置若干个与书柜等深的木结构框架，与贴墙设置的书柜等家具共同形成内部空间的气候缓冲区。封闭家具起到了一定的隔热保温作用，而在开敞的构架之间设置窗户引入光线时，又能够阻挡一部分直射光，这样室内空间取得了很好的秩序与统一性（图 5-7、图 5-8）[1]。这种家具与建筑一体化的处理方式能充分利用家具腔体形成“厚墙”，兼具冬夏适应性。

1 3six0 Architecture. 东部扩建 [EB/OL]. https://www.archdaily.cn/cn/625411/,2014-08-13.

图 5-6 代尔夫特理工大学多功能教学楼效果图

（图片来源：Plompmozes，谷德设计网，https://www.gooood.cn/now-under-construction-echo-a-new-multifunctional-and-flexible-education-building-for-tu-delft.htm）

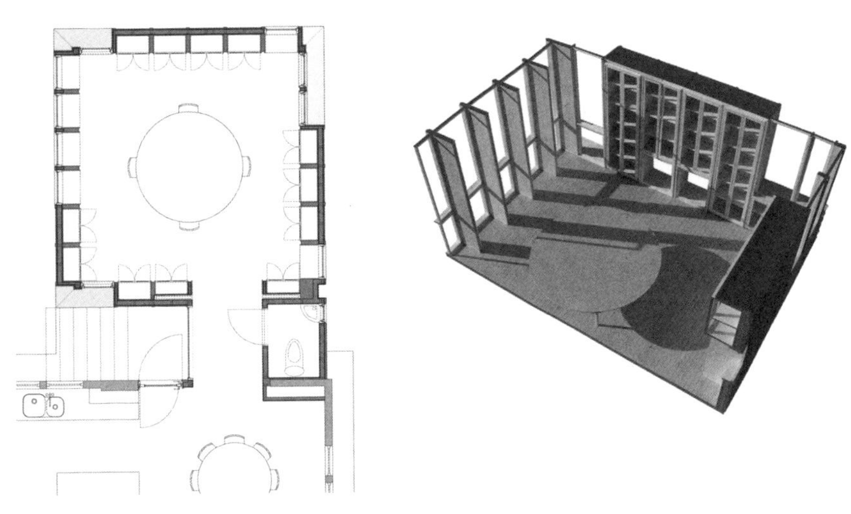

图 5-7 普罗维登斯小住宅扩建平面图及模型

（图片来源：3six0 Architecture，https://www.archdaily.cn/cn/625411/，2014-08-13/2021-04-13）

图 5-8 普罗维登斯小住宅扩建实景图
（图片来源：John Horner，https://www.archdaily.cn/cn/625411/, 2014-08-13/2021-04-13）

5.1.2 附加带状腔体

附加带状腔体是指在建筑的一个或多个立面外增设热缓冲腔体，形成对主要空间的半包裹式布局，从而使建筑获得一定的热缓冲性能（图 5-9）。带状腔体可被看作不完整的环状腔体，因此，腔体的具体做法在此可以通用。附加带状腔体在主要空间所在方位或热环境不利方位的外侧增设热缓冲空间，可适用于主要空间位于外侧、直接暴露在外环境中的核心式、内廊式、外廊式等空间层级。

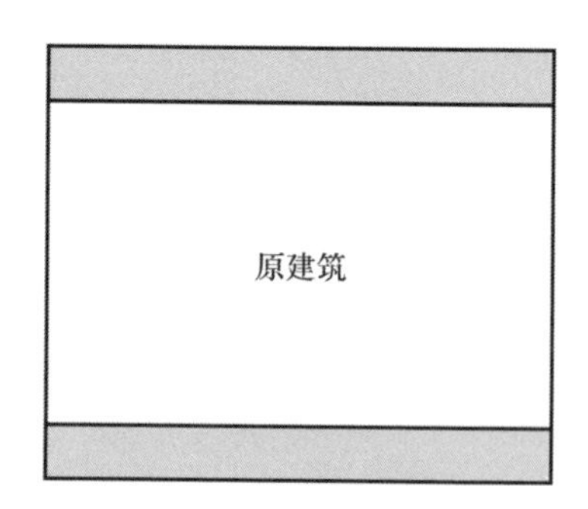

图 5-9 附加带状腔体

传统教学楼为外廊式布局，通常在教室单侧设置走廊。而日本鉾田南小学教学楼在另一侧附加走廊，采用南、北双廊式布局：南廊为开敞式走廊，可兼顾夏季遮阳与冬季获得直射光，北廊为玻璃围合的封闭式走廊，夏季可开启窗扇组织自然通风，而冬季关闭窗扇，对教室起到一定的保温作用（图 5-10）。双廊式的设计手法可对教室起到较好的热缓冲调节作用，并能兼顾各个季节，具有很好的季节适应性，同时还可为学生增加半室外活动空间，增加校园空间的多样性。

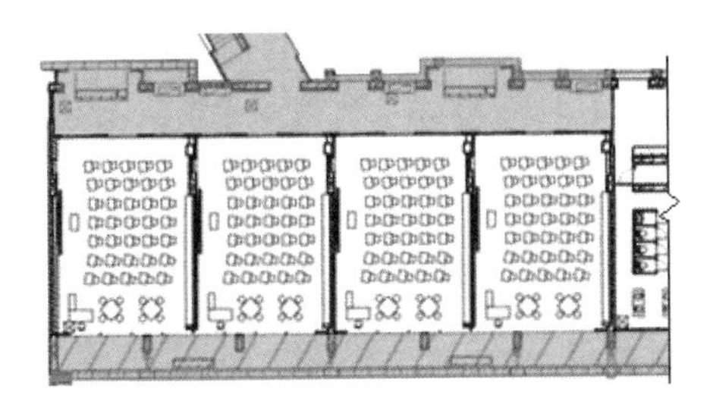

图 5-10 日本鉾田南小学教学楼平面（局部）和南廊实景

（图片来源：崛内広治，谷德设计网，https://www.gooood.cn/hokota-south-primary-school-by-mikami-architects.htm）

巴塞罗那社会性老年人公寓为每一户设置了阳台，每隔几层设置一个公共露台，同时将楼梯间外置并向外开敞，将各房间围合在内侧，为公寓提供夏季遮阳与观景、活动场所（图 5-11、图 5-12）。可封闭和开启的带状阳台具有季节适应性，在居住建筑中可作为缓冲层。封闭阳台时应设有一定面积的开启扇，以避免夏季温室效应。

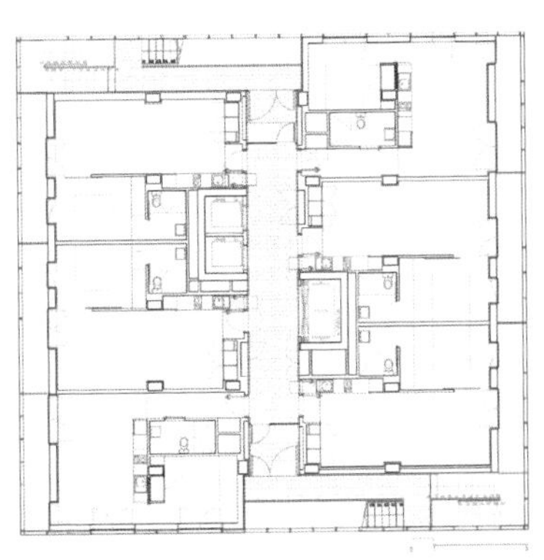

图 5-11 巴塞罗那社会性老年人公寓平面图

（图片加工自：PAU VIDAL，谷德设计网，https://www.gooood.cn/_d275461475.htm）

图 5-12 巴塞罗那社会性老年人公寓实景图

（图片加工自：Adrià Goula，谷德设计网，https://www.gooood.cn/_d275461475.htm）

附加带状腔体的做法还可用于旧建筑改造。法国 530 户公寓改造设计便是采用的这种手法，在南侧附加冬季花园与阳台。改造不破坏原建筑结构，仅扩大门窗洞，改设推拉式落地门窗，将预制构件附加在建筑外侧，加建自承重的 3.8 米进深挑台，既有为每户自用的私密阳台，又有每层为大家共享的半公共空间。附加空间提供了大量交往与观景空间，提升了公寓的居住品质，同时成为建筑的阳光房，提高了建筑的保温性能，改善了冬季室内热环境，也提升了房间的夏季遮阳效果。同时，附加带状腔体的改造做法还可分期施工，逐层改造，而不需要清空住户，是一种经济、高效、可持续的改造设计思路（图 5-13、图 5-14）[1]。

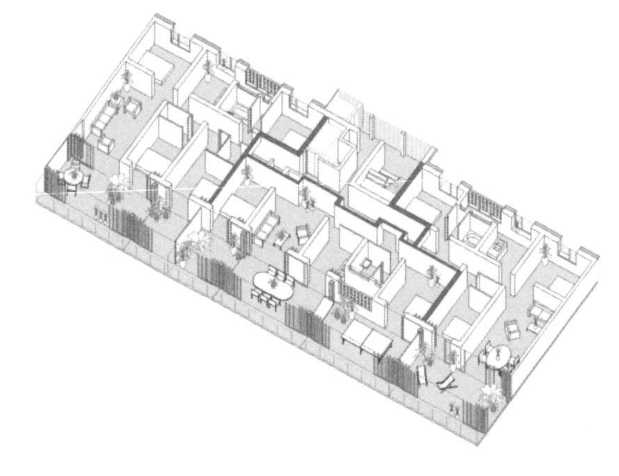

图 5-13 法国 530 户公寓改造轴测图
（图片来源：Lacaton&Vassal，https://www.archdaily.cn/cn/914807/, 2019-04-10/2021-04-13）

图 5-14 法国 530 户公寓改造实景图
（图片来源：Philippe Ruault，https://www.archdaily.cn/cn/914807/, 2019-04-10/2021-04-13）

1 Niall Patrick Walsh. 2019 欧盟密斯奖得主 :530 公寓改造项目“Grand Parc Bordeaux”[EB/OL]. https://www.archdaily.cn/cn/914807/,2019-04-10.

5.1.3 附加点状腔体

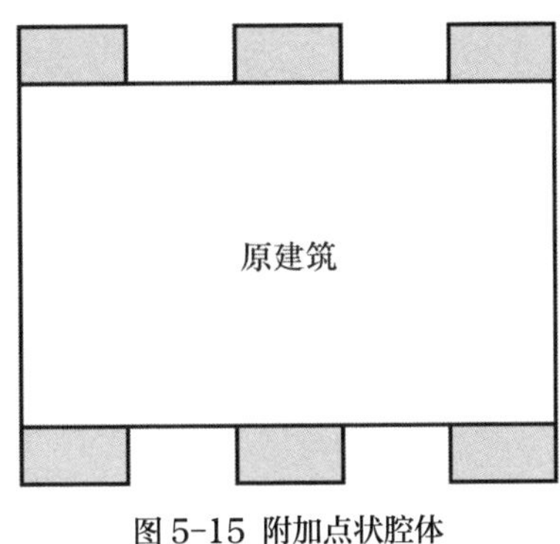

图 5-15 附加点状腔体

附加点状腔体是指在原建筑外分散设置点状的相互独立的热缓冲腔体，形成对主要空间的局部缓冲调节，热缓冲性能与前两种模式相比差一些（图 5-15）。点状腔体如果是半开敞式的室外空间，则主要起到遮阳作用，其调节作用有限；如果是封闭式的，则具有组织烟囱通风的潜力，还可能与其他太阳能腔体组合起到多季节热调节作用。这种优化方式对主要空间的影响相对较小，因此适用较广，可用于核心式、内廊式、外廊式等空间层级类型。

诺丁汉英国国内税务中心四角的楼梯间设计为顶帽可以升起的玻璃塔，为热压通风系统的出风通道，可以带走室内热量，起到降温缓冲的作用，冬季又可以通过关闭顶帽形成太阳能得热塔（图 5-16）[1]。北京大学附属小学教学楼的外侧点状腔体为出风管，走廊侧点状腔体为进风管，从冬暖夏凉的地下室导入气流经过教室，所以这套系统冬夏皆宜。这两个案例都是主要发挥附加点状腔体的烟囱通风潜力，这对春秋季和夏季夜晚的策略有借鉴作用。

越南建筑师武重义善于将种植空间与建筑结合，他在越南 Chicland 酒店设计中在各个立面上错落设置了若干种满绿植的露台，这在为客房提供观景空间的同时，丰富了建筑的造型效果。且垂直绿化能够为建筑调节微气候，提升夏季室内空间的热舒适度（图 5-17）[2]。这种开敞的点状腔体与阳台类似，热调节能力有限，但能起到夏季遮阳作用。

---

1 告白 . 诺丁汉英国国内税务中心 , 英国 [J]. 世界建筑 ,2000(4):50-52.

2 VTN Architects. Chicland 酒店 , 越南 [EB/OL]. 谷德设计网，https://www.gooood.cn/chicland-hotel-danang-by-vtn-architects.htm,2019-12-11.

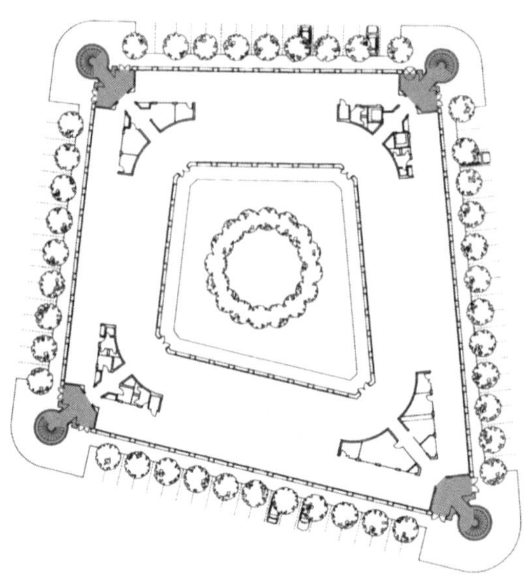

图 5-16 诺丁汉英国国内税务中心

（图片来源：告白．诺丁汉英国国内税务中心，英国 [J]. 世界建筑，2000（4）:50-52）

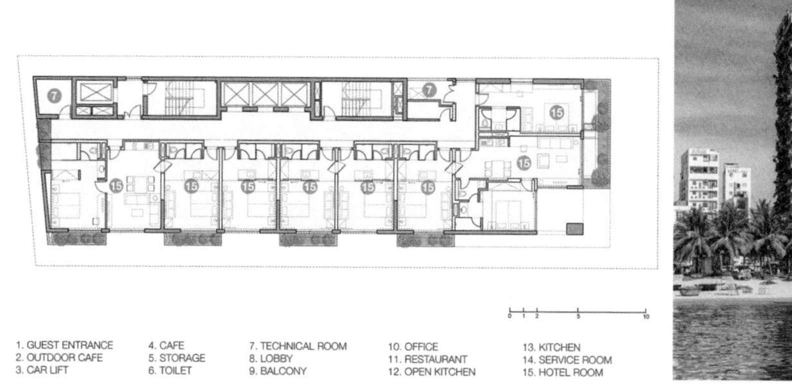

图 5-17 越南 Chicland 酒店平面图及实景图

（图片来源：VTN Architects，谷德设计网，https://www.gooood.cn/chicland-hotel-danang-by-vtn-architects.htm）

5.2 嵌入热缓冲腔体

嵌入热缓冲腔体根据腔体形式、数量、组合方式等的不同可分为三种子模式：嵌入竖向腔体、嵌入组合腔体、综合式腔体。

5.2.1 嵌入竖向腔体

嵌入竖向腔体是指在原建筑内局部嵌入若干个相互独立的腔体，通过向内侧空间引入光线与通风等起到热缓冲调节作用（图 5-18）。点状腔体的形式与功能等较为多样，如中庭、天井、采光通风井等竖向贯通式腔体类型。这种优化子模式对建筑布局的调整相对较小，适用于核心式、内廊式、外廊式等空间层级类型。

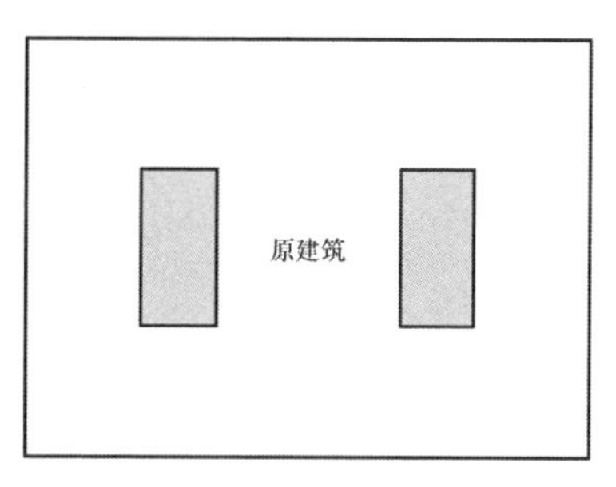

图 5-18 嵌入竖向腔体

中庭是现代建筑中极为常见的空间类型，不同的形式与位置可起到不同的热缓冲调节作用，在各种公共建筑中都得到了大量的运用，因此嵌入中庭的优化方式适用性较强，但是其夏季遮阳性能需要注意。

温州道尔顿小学教学楼设计便是采用的双侧走廊围合内侧带状中庭的做法。中庭为内部引入了充足的光线，并组织了良好的热压通风，对内部空间的热环境起到了一定的改善作用，且中庭与双侧走廊的组合也为学生们增加了课余交流、活动的场所，丰富了内部空间效果（图 5-19、图 5-20）。

阿姆斯特丹前沿大厦将 15 层通高的中庭设于北侧，各功能房间围绕在东、南、西三侧直接获得太阳光，中庭不仅是整栋大楼的社交、活动中心，也是大楼的“肺叶”与气候缓冲空间，空气先进入中庭进行调节后，再进入各房间，而废气也通过中庭顶部的热交换器，充分利用其热量后再将其排出建筑外，并对大楼起到一定的冬季保温作用，北侧的中庭夏季得热也相对较小（图 5-21、图 5-22）[1]。

---

1 PLP 建筑事务所 . 透明而锋利的前沿大厦 [EB/OL]. https://www.archdaily.cn/cn/785999/,2016-04-21.

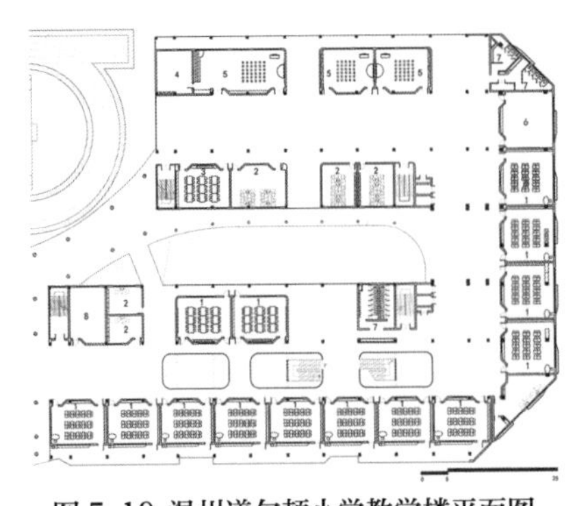

图 5-19 温州道尔顿小学教学楼平面图
（图片来源：FAX 建筑事务所，谷德设计网，https://www.gooood.cn/the-design-concept-of-dalton-elementary-school-by-fax-architects.htm）

图 5-20 温州道尔顿小学教学楼实景图
（图片来源：隋思聪，谷德设计网，链接同左图）

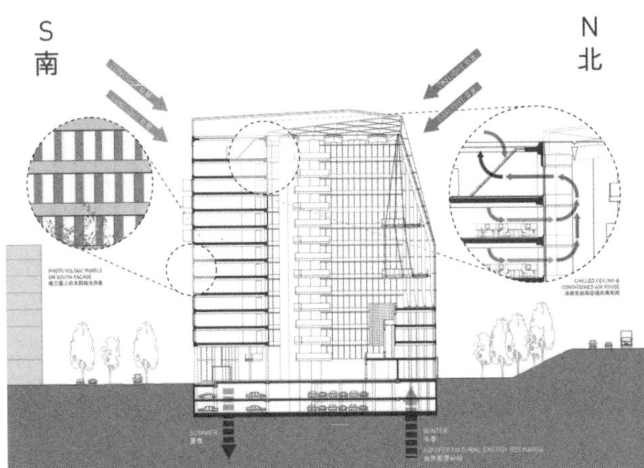

图 5-21 阿姆斯特丹前沿大厦节能设计（后附彩图）
（图片来源：PLP Architecture，https://www.archdaily.cn/cn/785999/，2016-04-21）

图 5-22 阿姆斯特丹前沿大厦实景图
（图片来源：Ronald Tilleman，https://www.archdaily.cn/cn/785999/，2016-04-21）

诺曼·福斯特的瑞士再保险公司大厦设计中，每 6 层或 2 层为一个单元，沿建筑外侧间隔式设置六个螺旋上升的三角形中庭，各单元利用烟囱效应组织自然通风，改善了内侧办公环境，据说这样每年可减少约 40% 的空调使用，同时贯通的中庭也形成了动态变化的丰富立面效果（图 5-23）[58]。同时应该注意到，具有内外两层边界的中庭更具有热缓冲性能，这与多数商业建筑中与主体空间相通的中庭有所不同。

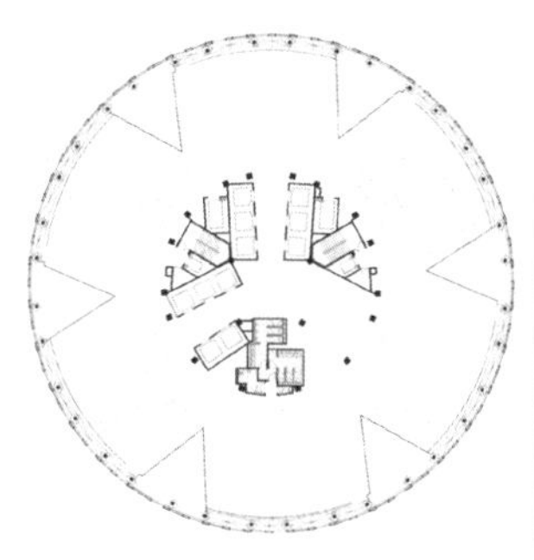

图 5-23 瑞士再保险大厦平面图及实景图

（图片来源：参考文献 [58]）

通风井与中庭均为利用烟囱效应组织热压通风的腔体类型，但二者有一定的差别，通风井的尺度可大可小，且多为封闭腔体，不作为公共活动等功能空间使用。此外，通风井会占据一定的功能空间，且为控制腔内风速，高度不宜过高，因此适用于层数不多的公共建筑等类型。

日本玉津第一小学教学楼设计中，在内走廊中设置了若干通风井和烟囱，夏季，通过机械送风向室内源源不断地送入冷风，对建筑进行通风冷却，将室内热空气通过烟囱排出建筑，使得室内温度能够保持在较为凉爽的温度范围内，取得了很好的热缓冲调节效果（图 5-24）[59]。

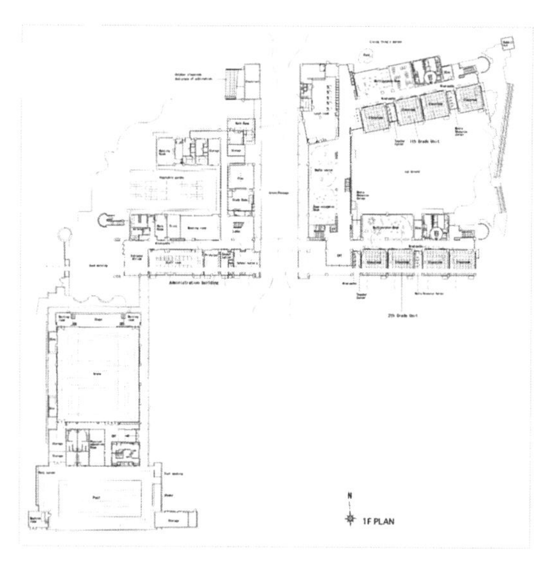

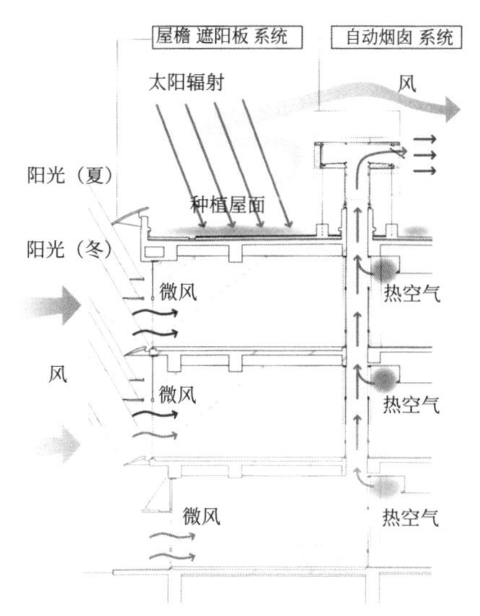

图 5-24 日本玉津第一小学平面图及通风组织（后附彩图）

（图片来源：参考文献 [59]）

英国考文垂大学图书馆为一个长、宽各 50 米的大进深方形平面，为解决通风问题，设计师将平面划分为四个区，分别嵌入一个通风井，将新风由通风井管道吸入并输送到各层，并将废气由周围的六个烟囱和中央采光天井排出建筑。此外，该建筑还建立了建筑能源管理系统，能够根据室内外气温、风环境、二氧化碳浓度等改变通风口状态，以提高通风系统的气候调节效果与季节适应性。根据实际环境监测结果，当室外温度在 3.4 ℃和 27 ℃之间变化时，室内温度能够保持在 20.2 ℃和 24.4 ℃之间，具有很好的热环境舒适度，同时，也大大减少了建筑的碳排放量（图 5-25）[60]。

阿布扎比的马斯达尔总部大楼则采用了嵌入巨型风塔的做法，在此 11 个延续了阿拉伯建筑特色的现代式风塔均匀地设于建筑各处，并作为结构体系支撑起巨型屋顶结构，同时，风塔利用热压通风抽取室内热空气，将其排出室外，同时补充地下冷空气，并将其输送至各层室内空间。风塔由于尺度较大，内部还设置了不同主题的活动庭院，为建筑提供了大量的活动空间，纵横交错的桁架结构与倒锥形的风塔形状也为庭院带来了斑驳而又柔和的光影，嵌入腔体与空间效果营造在此得到了有机结合（图 5-26）[49]。

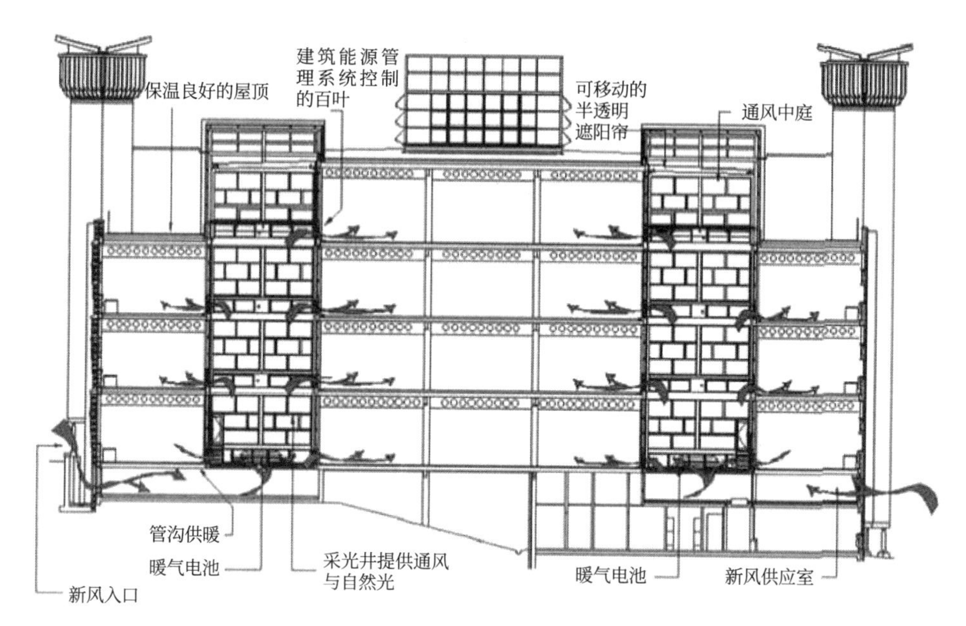

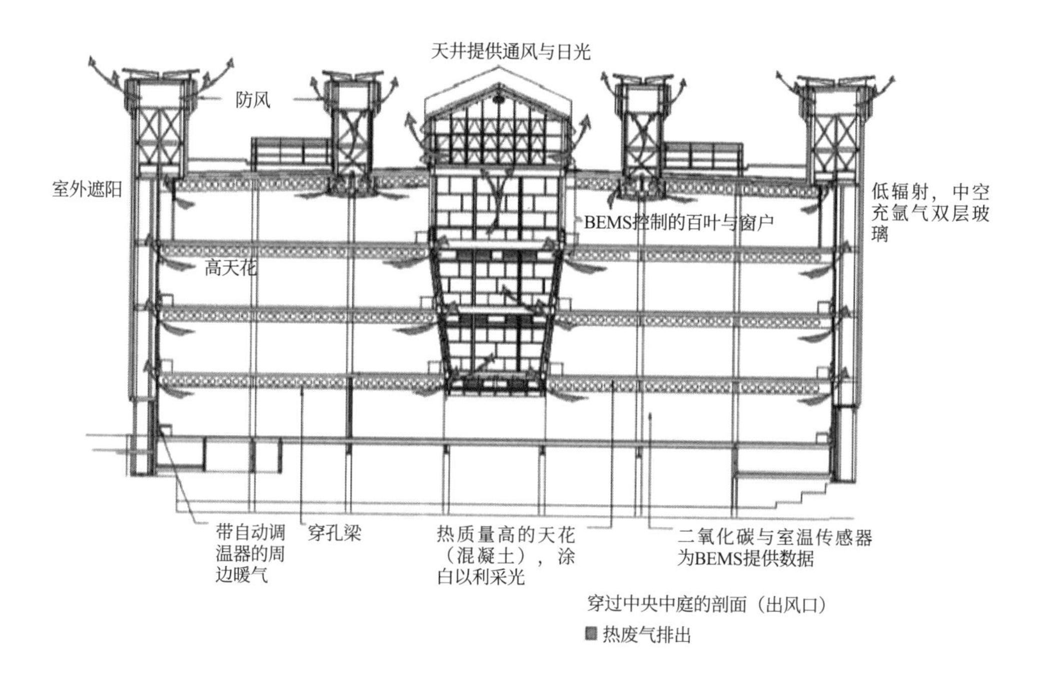

图 5-25 英国考文垂大学图书馆通风组织

（图片来源：参考文献 [60]）

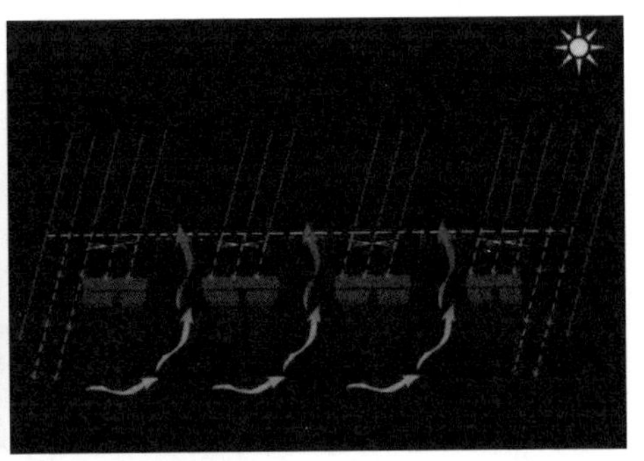

图 5-26 马斯达尔总部大楼效果图及通风组织

（图片来源：参考文献 [52]）

5.2.2 嵌入组合腔体

嵌入组合腔体是指在建筑中嵌入若干个不同位置或形式的腔体，组合成热缓冲系统，来对建筑进行调节（图 5-27）。除热缓冲性能较好的中庭、通风井外，还有露台、灰空间、庭院（天井）等多种半开敞腔体，均可作为辅助调节空间，形成热缓冲腔体组合。这种做法将各个腔体串联在一起，组成通风系统，与嵌入竖向腔体相比，它具有更好的热缓冲性能与灵活性，适用于核心式、内廊式、外廊式等空间层级类型的各种建筑功能类型，对于多层和高层建筑同样适用。

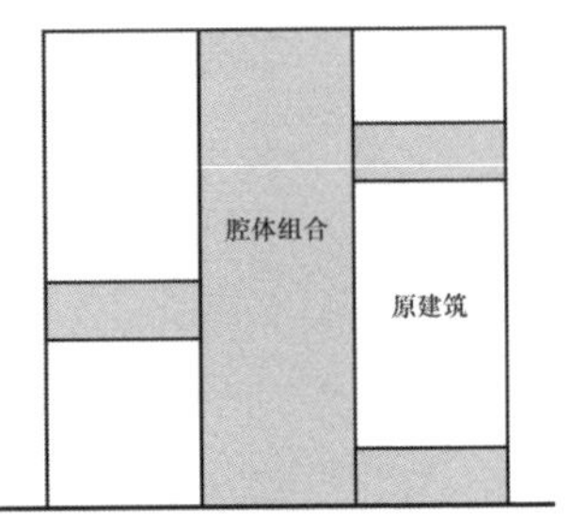

图 5-27 嵌入组合腔体

常州港华润燃气调度服务中心的设计综合考虑了空间布局、腔体组合、可变立面等方面，结合夏热冬冷地区气候特点进行了针对性设计。西侧布置辅助服务空间以阻挡冬季西北风和夏季西晒；朝向良好的南、北侧布置办公等主要功能空间，以直接获得采光与通风等；中庭作为缓冲腔体，朝向东南，引入太阳光和风。两个不同朝向、可调节开口的露台与中庭组合，通过控制开口启闭，组织不同路径的自然通风，以应对各个季节的气候变化，从而提高热缓冲调节的季节适应性与灵活性。夏季白天，关闭开口，开启遮阳装置以减少建筑得热，中庭及露台内的绿植与设于建筑东南侧的水池还可起到一定的降温作用，而夜间开启全部开口，引入自然风，组织自然通风，使建筑冷却散热；过渡季全天开启开口，中庭及露台均作为开敞庭院或空中花园使用，全天均能获得自然通风；冬季全天关闭开口，利用玻璃的温室效应进行太阳能蓄热，为建筑加温（图 5-28）[1]。

科威特 Wafra 风塔公寓设计采用嵌入组合腔体的方式，在建筑内设置通高中庭与不同标高的立体庭院，实现自然采光与烟囱通风，并为住户提供了多个不同高度与位置的活动空间与观景平台。设计打破了传统住宅建筑强调私密性的封闭空间布局方式，住户在享受私密空间的同时，还可以共享大量公共空间与景观（图 5-29）[2]。同时这些组合腔体还促进了遮阳通风，创造了较为舒适的建筑热环境，取得了很好的节能效果。毫无疑问，这种强调通风和遮阳的模式适应当地气候，提供了较多适合室外活动的空间，是一种夏季策略，借鉴时应注意。

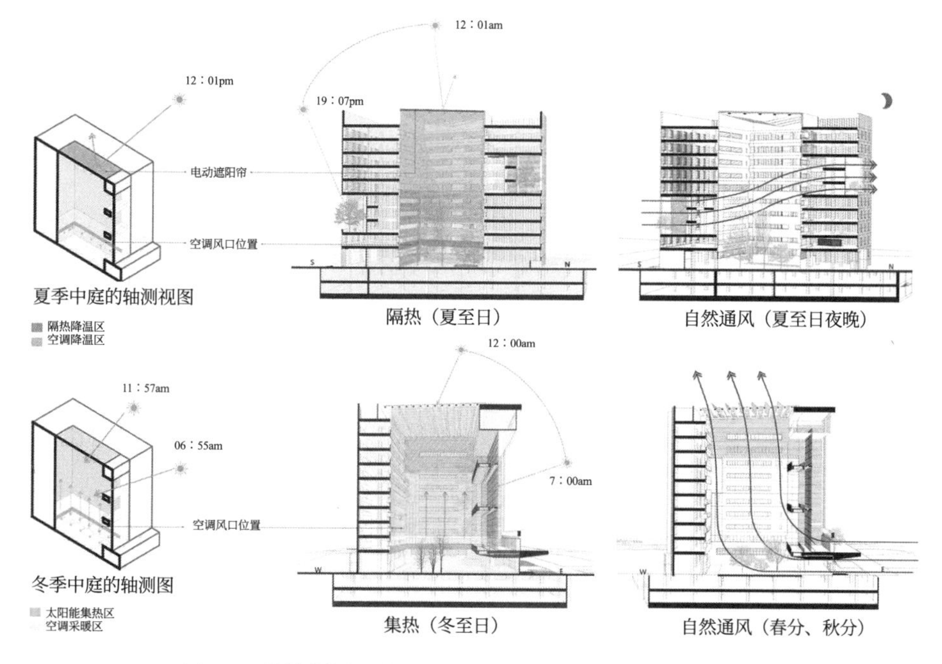

图 5-28 常州港华润燃气调度服务中心中庭可变式设计（后附彩图）

（图片来源：东南大学建筑设计研究院，https://www.archdaily.cn/cn/953219/, 2020-12-14/2021-04-13）

---

1 东南大学建筑设计研究院．常州港华润燃气调度服务中心 [EB/OL]. https://www.archdaily.cn/cn/953219/,2020-12-14.

2 AGi Architects. 居住在微风中，生活在云里：风塔 [EB/OL]. https://www.archdaily.cn/cn/876782/,2017-08-01.

深圳国际体育文化交流中心方案设计中，内部有高而窄的垂直腔体和充分遮阳的水平腔体（图 5-30）。腔体内屏蔽了阳光辐射，结构又具有蓄冷蓄热效果，周边房间若开口与腔体内空气换热，能起到一定降温缓冲作用。这类似一种“冷巷”策略，它可以追溯到岭南地区的传统建筑。该地区的当代建筑创作中有这种经验的传承，充分遮阳、重质腔体、管式通风是其基本特征，将基本原理应用于立体叠加的空间，其作用机理不变。深圳职业技术学院建筑群的设计中也有“冷巷”应用。

图 5-29 科威特 Wafra 风塔公寓剖面图及实景图

（图片来源：AGi Architects，https://www.archdaily.cn/cn/876782/，2017-08-01）

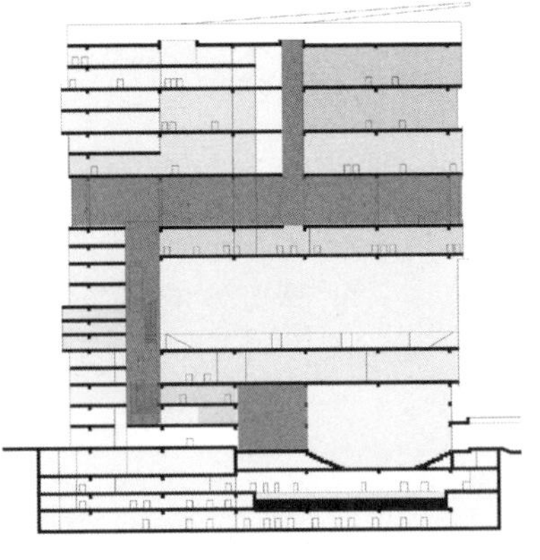

图 5-30 深圳国际体育文化交流中心（方案）

（图片来源和加工自：Aedas，网易，https://www.163.com/dy/article/FU08Q8RL05389KH2.html）

5.2.3 综合式腔体

综合式腔体是指在建筑中同时运用附加腔体与嵌入腔体的组合式布局方式，结合附加式腔体的隔热保温优势与嵌入式腔体的自然通风优势，使建筑获得更好的热缓冲性能（图 5-31）。附加腔体与嵌入腔体的形式较为多样，因此综合式腔体优化策略的布局方式更为多样和灵活，适用于核心式、内廊式、外廊式等空间层级类型，不同功能与规模的建筑都可根据原布局特点灵活运用。

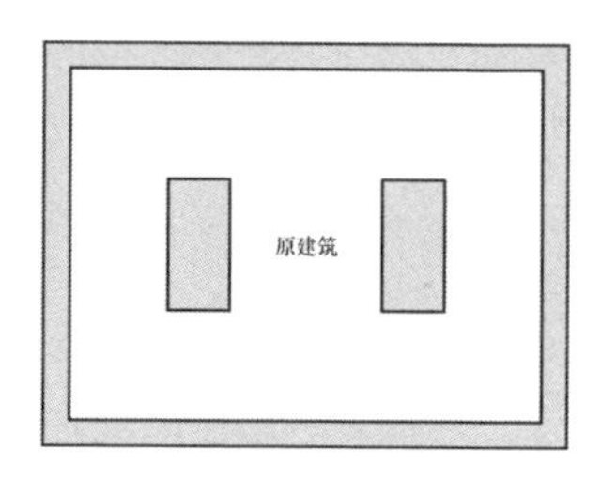

图 5-31 综合式腔体

被冠以“生态之塔”称号的法兰克福德意志商业银行总部是空间组合、结构设计与综合式腔体热缓冲调节相结合的范例，建筑采用等边三角形平面，将辅助功能整合进三个角部的框筒结构中，结合八层楼高的钢框架梁形成巨型筒结构体系，将不同标高的空中花园与通高中庭整合起来，利用烟囱效应组织自然通风，实现了除极少数极端天气外全部利用自然通风进行室内环境调节，有效降低了建筑能耗（图 5-32）[50]。该案例与前一个案例风塔公寓的不同之处有两点：一是各腔体都有气候边界；二是建筑外边界多了一重双层玻璃幕墙。这使得该模式更能适应较高纬度的冬季气候。两个案例为夏热冬冷地区提供了冬、夏两种借鉴模式，组合式腔体开敞与否分别对应了两个季节需求。这就提出了一个夏热冬冷热缓冲调节的基本原则，即腔体界面可调节。

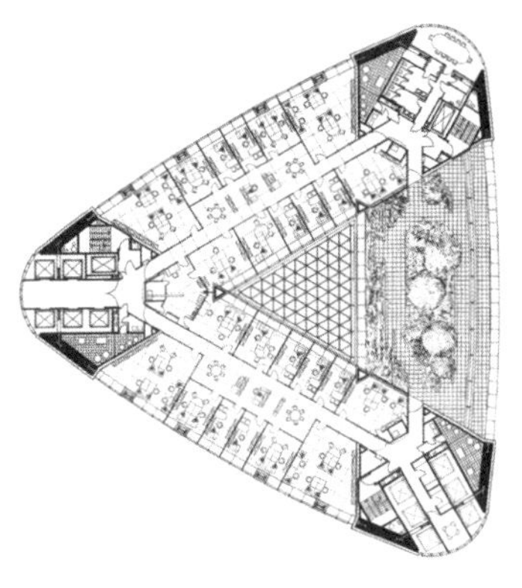
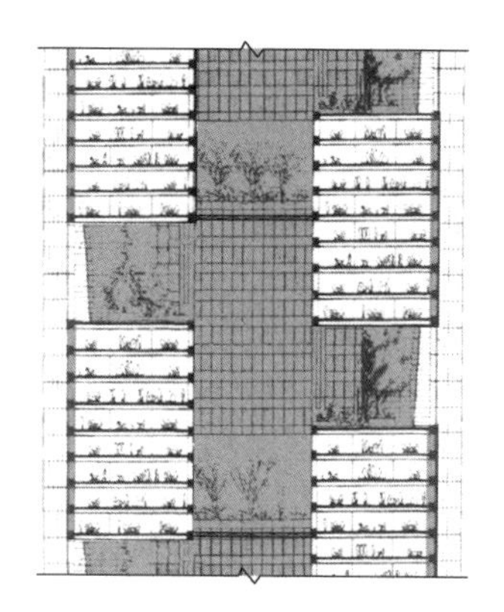

图 5-32 法兰克福德意志商业银行总部实景图、平面及分析图

（图片来源和加工自：参考文献 [54]）

巴塞罗那自治大学环境科学和古生物学研究中心除了有内嵌中庭外，还在外围附加了双层表皮腔体，表皮部件能如同工业化温室那样智能启闭（图 5-33）[1]。内外腔体共同形成综合的空气调节系统，外部新风通过外层腔体预处理后进入主要空间，而后从中庭逸出。该“温室”模式虽看似偏向冬季策略，实则也兼顾了自然通风季节，同时还避免了夏季蓄热。表皮灵活调节是适应夏热冬冷气候的有效措施。

盐城市城南新区教师培训中心是运用综合式腔体的典型案例。它采用双层表皮，东、南、西、北四面外墙根据不同朝向的风、光、热特点，分别采用不同的热缓冲腔体设计，并通过双层表皮的可变式设计应对夏热冬冷地区不同季节的气候特点。根据风压、热压通风原理设计内部空间形态，将其置入高达 36.9 米的贯通中庭，充分引导热压通风，并与低压置换式机械通风结合，形成了有效的混合式通风，实现了相对舒适、均匀的室内风环境（图 5-34、图 5-35）[2]。

北京侨福芳草地综合体同样采用综合式腔体设计。墙面及屋顶外围护结构采用高透光性的聚氟乙烯材料作为外表皮，将几个建筑体块包裹起来，在引入自然光的同时，顶部表皮与内侧建筑之间的空腔也起到了极好的蓄热保温作用，冬季利用机械通风可将顶部蓄积的热空气向下输送至各层空间。而四周表皮与建筑之间的空腔与中部设置的中庭结合，成为竖向通风腔体系统，与顶部空腔相连通，利用烟囱效应加强热压通风。将热空气向顶部聚集并排出室外，冷空气从底部补充进入室内，从而组织了夏季及过渡季的自然通风（图 5-36）[59]。附加的表皮空腔与嵌入中庭的综合式腔体对建筑做了较好的夏季预冷与冬季预热处理，能使建筑获得相对舒适的热环境。

1 H Arquitectes+DATAAE. 巴塞罗那自治大学的环境科学和古生物学研究中心 [EB/OL]. 谷德设计网，https://www.gooood.cn/research-center-icta-icp-uab.htm,2015-07-02.

2 风土建筑 DesignLab. 气候适应，空间调节 - 盐城市教师培训中心设计方案获第一届全国绿色建筑设计竞赛专业组第一名 [EB/OL]. https://mp.weixin.qq.com/s/fJSrVYTPRrUg2SBvm3ev2Q,2020-11-02.

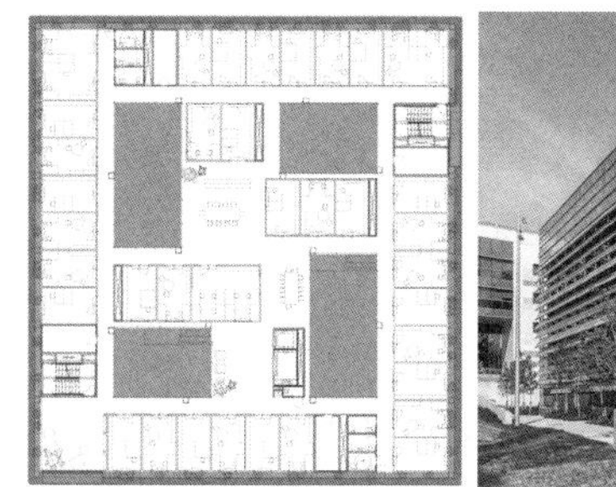

图 5-33 巴塞罗那自治大学环境科学和古生物学研究中心

（图片来源和加工自：H Arquitectes+DATAAE，谷德设计网，https://www.gooood.cn/research-center-icta-icp-uab.htm）

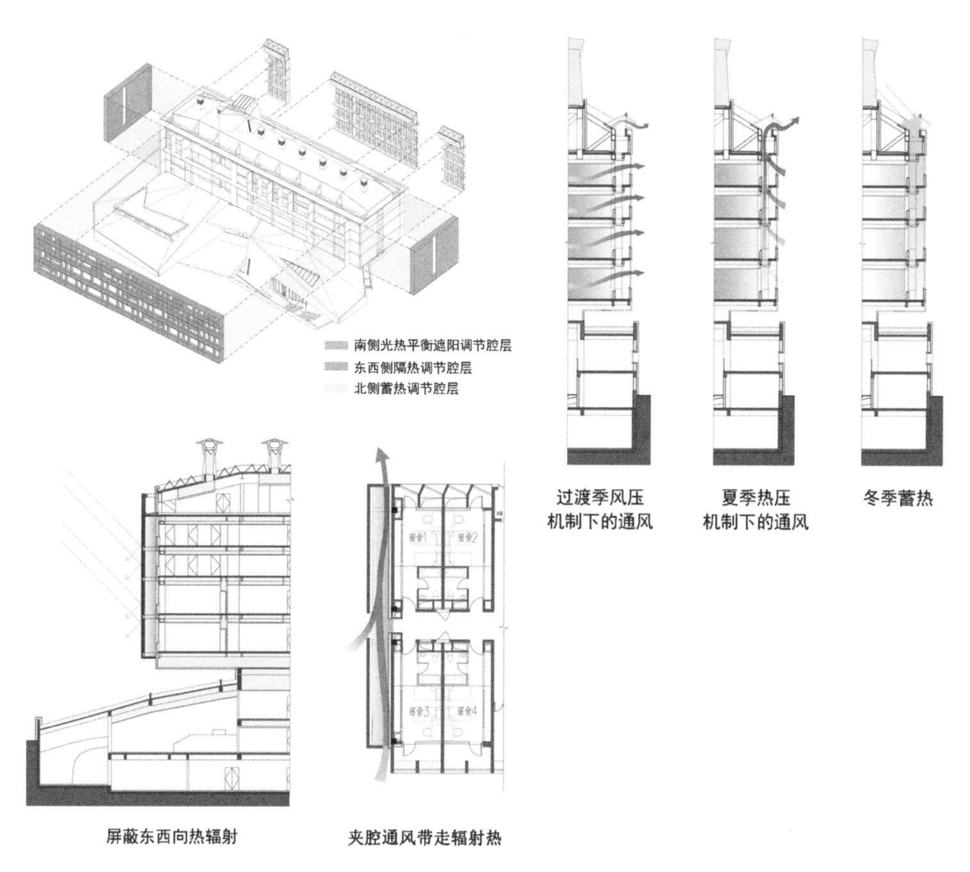

图 5-34 盐城市城南新区教师培训中心节能分析（后附彩图）

（图片来源：风土建筑 DesignLab）

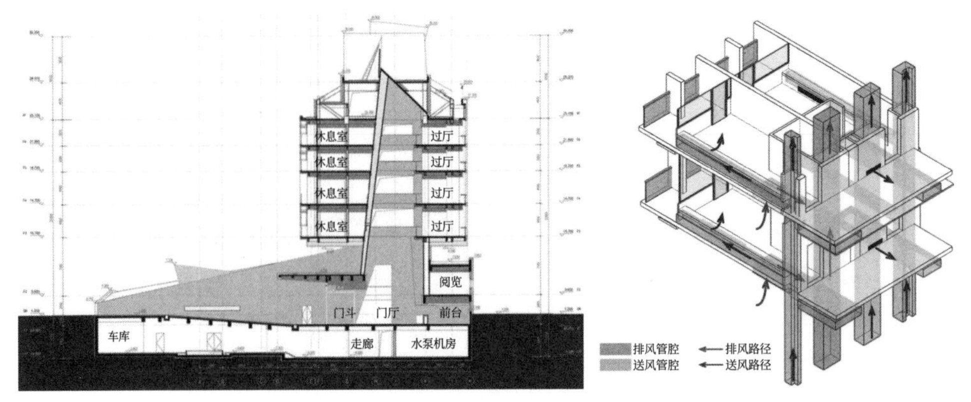

图 5-35 盐城市城南新区教师培训中心剖面图及通风组织（后附彩图）

（图片来源：风土建筑 DesignLab）

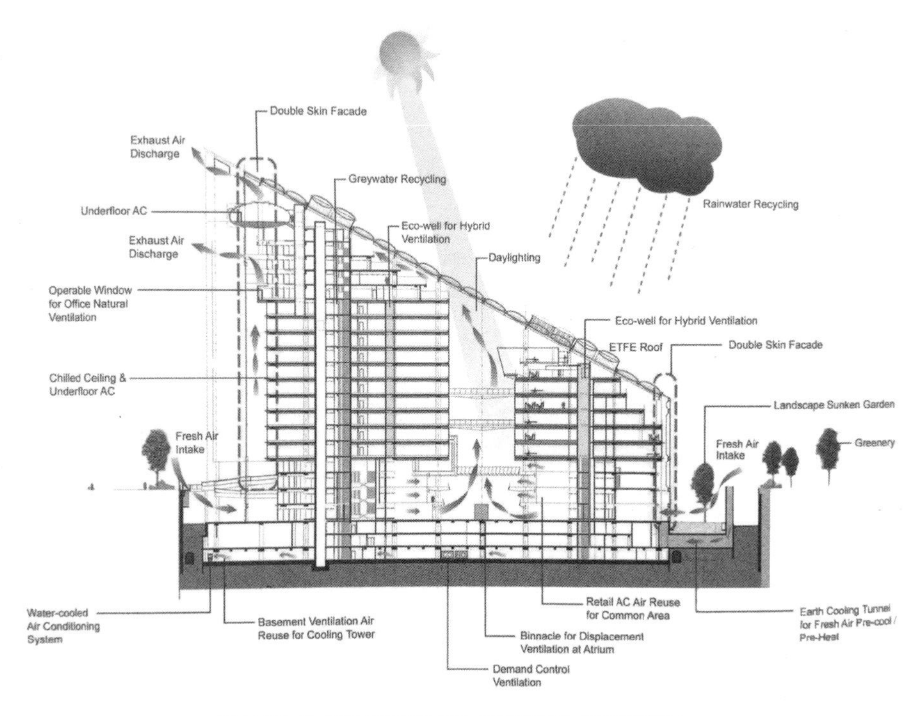

图 5-36 北京侨福芳草地综合体节能设计（后附彩图）

（图片来源：参考文献 [59]）

5.3 次要空间布局调整

次要空间布局调整根据调整空间的位置、尺度与功能等的不同，可分为次要空间位置调整与次要空间局部外置。

5.3.1 次要空间位置调整

次要空间位置调整是指将走廊、楼梯间、电梯间、卫生间、设备间等组成的服务带或核心筒等次要空间进行布局位置的调整，将其从主要空间的内侧等无法成为热缓冲空间的位置向主要空间的外侧移动，使其具备一定的热缓冲性能（图 5-37）。这种调整方式要求次要空间位于内侧，因此适用于核心式与内廊式等空间层级。

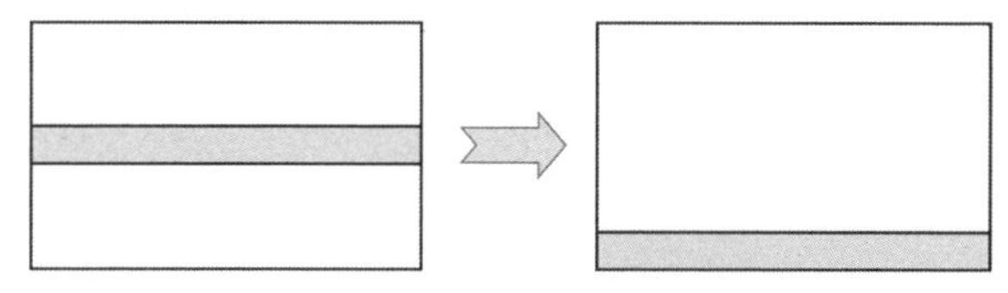

图 5-37 次要空间位置调整

位于南半球的墨尔本维多利亚大学未来建筑大楼利用了走廊外置的方式组织交通。走廊设于各个小教室的南侧，将其串联起来，而教学区北侧设置了大空间的实践区。走廊外墙为玻璃幕墙及半透明材料，沿外墙设置条形通高空间，通过玻璃幕墙与顶部天窗为内侧教室引入自然光，并起到遮阳隔热作用，上下层连通还可形成一定的热压通风，改善室内风环境（图 5-38）[1]。杨经文在高层建筑设计中常采用外置核心筒的做法：在热带地区将包括楼梯、电梯、设备房、卫生间等的服务核设于东、西侧，将其作为阳光缓冲层，以减少东、西晒对主要空间的影响，如梅那拉商厦（图 5-39）[36]。而在较寒冷的地区，则可将服务核设于北侧以阻挡冬季寒风，并起到一定的保温缓冲作用。

1 Cox Architecture. 维多利亚大学未来建筑大楼，墨尔本 [EB/OL]. https://www.gooood.cn/victoria-university-construction-futures-by-cox-architecture.htm,2019-12-04.

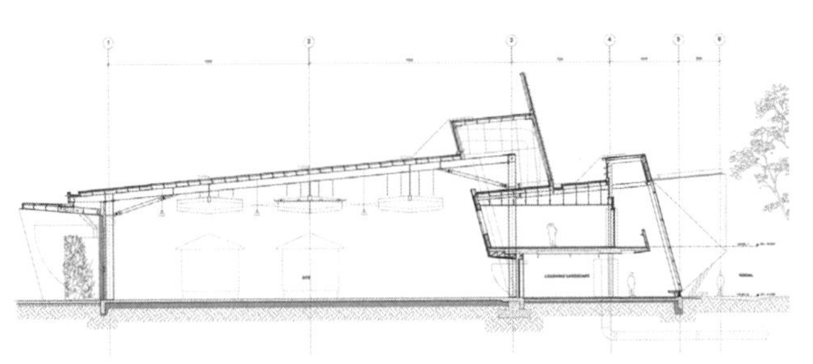

图 5-38 维多利亚大学未来建筑大楼剖面图

（图片来源：Cox Architecture，谷德设计网，https://www.gooood.cn/victoria-university-construction-futures-by-cox-architecture.htm）

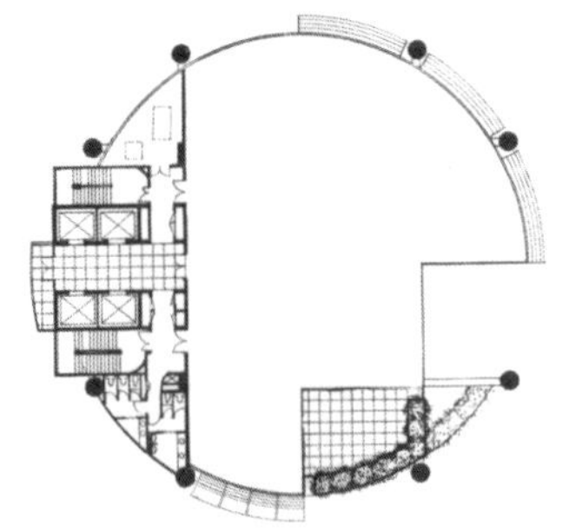

图 5-39 梅纳拉商厦平面图

（图片来源：T.R.Hamzah & Yeang Snd.Bhd. 转自：参考文献 [36]）

新加坡绿洲酒店打破了核心式封闭摩天楼的传统布局方式，以开放、绿色的姿态，向城市环境打开。它将交通核分为四部分，分设于建筑的四个角部，每隔几层为一个单元，变化功能房间的位置与朝向，并设置通高的空中庭院。交通核设于角部能够在一定程度上减少主要功能空间的热交换界面面积，而种满绿植的空中庭院在为房间增添景观的同时，也能起到遮阳与通风散热的作用（图 5-40、图 5-41）[1]。

甘肃金昌文化中心在展示类建筑中没采用传统的中廊，而是采用了外侧连廊串联展示空间，从而减少了主要空间的外部气候边界。东、西、北三个立面窗墙比较小，南向利用玻璃纳入冬季阳光，整体敦实的围护结构适应我国西北干冷的气候（图 5-42）[2]。其南侧的封闭腔体冬季可以带来一定温室效应而又不至于使其在夏季过于暴晒。如果在夏热冬冷地区，南侧缓冲腔体在夏季宜考虑遮阳，若有大面积玻璃表皮，则至少腔体内要有自然通风，避免在夏季产生温室效应。南方大量的玻璃幕墙建筑在这方面有明显缺陷，当采用了反气候的设计措施时，无论如何使用所谓的节能设备，都徒劳无功。

1 WOHA. 新加坡绿洲酒店 [EB/OL]. https://www.archdaily.cn/cn/801019/,2016-12-08.

2 Team MINUS. 金昌文化中心 [EB/OL]. ArchDaily 中文网，https://www.archdaily.cn/cn/600276/jin-chang-wen-hua-zhong-xin-slash-teamminus,2014-04-21.

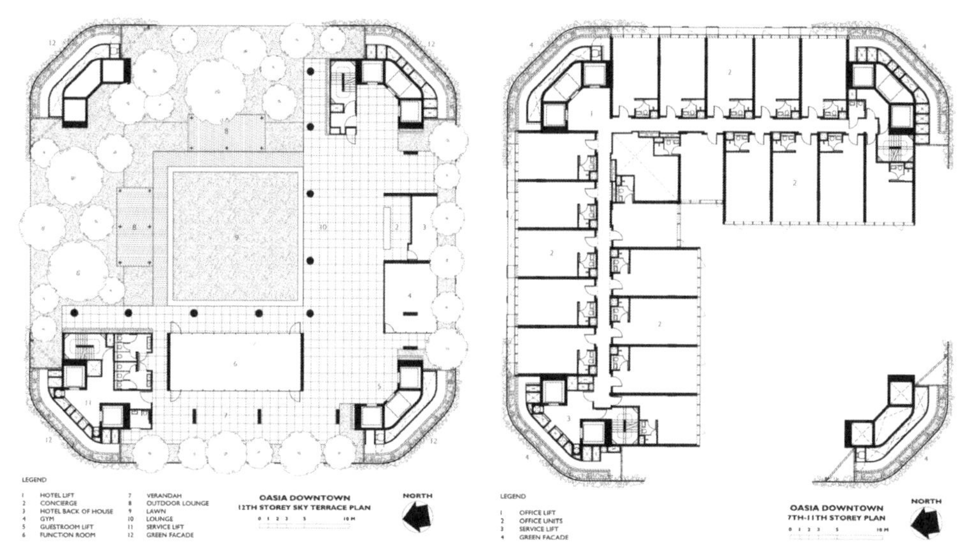

图 5-40 新加坡绿洲酒店平面图

（图片来源：WOHA, https://www.archdaily.cn/cn/801019/,2016-12-08/2021-04-13）

图 5-41 新加坡绿洲酒店实景图

（图片来源：K. Kopter, https://www.archdaily.cn/cn/801019/,2016-12-08/2021-04-13）

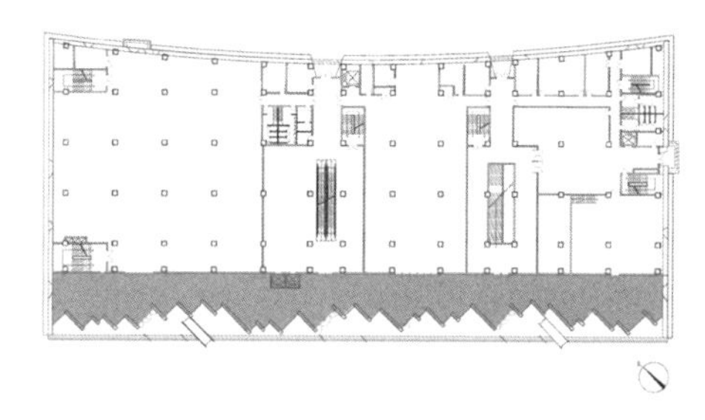

图 5-42 金昌文化中心

（图片来源和加工自：Team MINUS，https://www.archdaily.cn/cn/600276/jin-chang-wen-hua-zhong-xin-slash-teamminus）

5.3.2 次要空间局部外置

次要空间局部外置是指仅将局部辅助功能空间从主要功能空间内侧向外移动，使之成为主要功能房间的热缓冲空间（图 5-43）。这种调整方式适用于主要功能房间有套间的情况，如酒店、公寓、幼儿园活动室单元等，将套间内的辅助功能房间移至外侧气候边界处，从而起到一定的热缓冲调节作用。这些建筑类型多采用廊式布局方式，因此次要空间局部调整适用于内廊式、外廊式等空间层级类型。

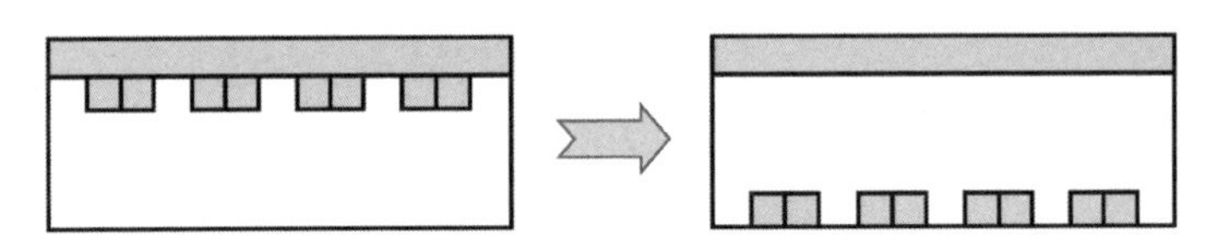

图 5-43 次要空间局部外置

墨西哥 Las Golondrinas 家庭住宅将卫生间、更衣室等辅助空间局部设于卧室外侧气候边界处，形成热缓冲屏障，并利用东、西侧的外廊与大挑檐屋面进一步缓解东、西晒。同时，辅助空间并未完全将卧室包裹，设置有一定宽度、向内凹的门窗洞，可进一步阻挡直射光，同时满足卧室空间的观景需求与采光、通风要求。此外，将辅助空间设于外圈也有利于增加内侧居住功能的私密性（图 5-44、图 5-45）。

墨西哥哈比提（Habitee）城市宿舍将房间单元的卫生间设于卧室外侧而非走廊侧，从而形成了廊道和卫生间共同包裹房间的布局（图 5-46）。房间与外界的热传导大大降低，廊道和卫生间能起到热缓冲作用。这种将次要空间局部外置的方式主要影响热传导，所以对冬季保温同样有效，也适用于其他气候区。

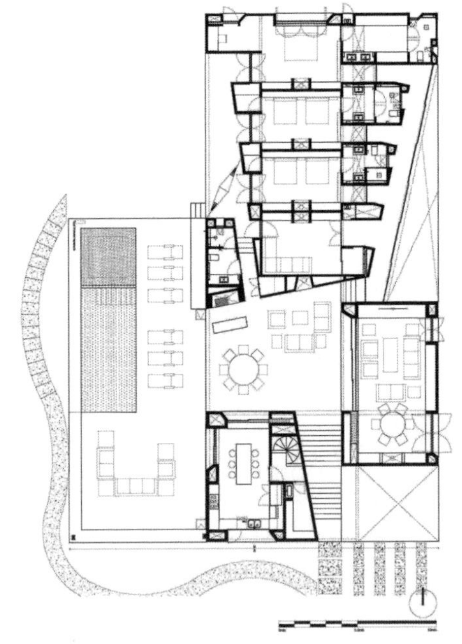

图 5-44 Las Golondrinas 家庭住宅平面图

（图片来源：PPAA，谷德设计网，https://www.gooood.cn/las-golondrinas-mexico-by-ppaa.htm）

图 5-45 Las Golondrinas 家庭住宅实景图

（图片来源：Rafael Gamo，谷德设计网，链接同上图）

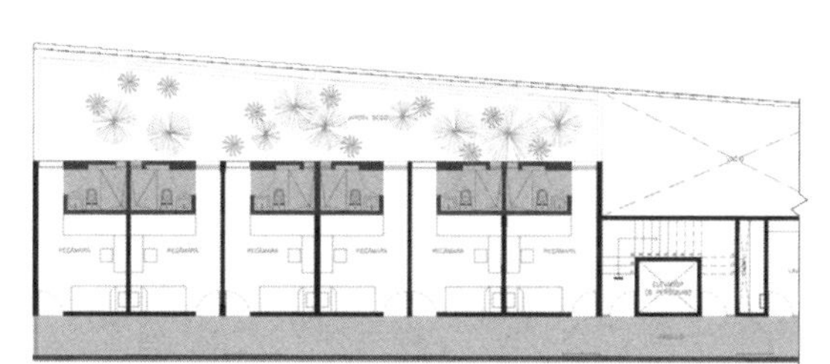

图 5-46 墨西哥哈比提城市宿舍

（图片来源和加工自：Estudio Zero，谷德设计网，https://www.gooood.cn/habitee-urban-dorms-mexico-by-estudio-zero.htm）

5.4 圈层式空间层级

圈层式空间层级根据围合形式可分为两种子模式：围合式、半围合式。

5.4.1 围合式

围合式是指使次要空间围绕主要空间，形成东、南、西、北四周环绕的围合式布局，将主要空间完全包裹的布局方式（图 5-47）。根据主、次要空间的尺度与功能等的不同，布局形式也略有不同。这是一种热缓冲层级明显，而且适用性较广的布局类型。

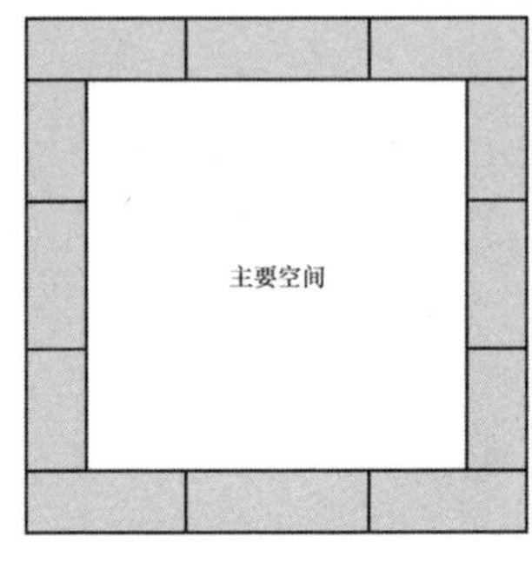

图 5-47 围合式

可由小尺度房间围合尺度较大的主要空间，次要空间由对热环境要求稍低的次要功能房间组成，而主要空间多为厅堂类等大空间，次要功能房间分布在主要空间周围，组成外圈服务带，同时形成了对主要空间的热缓冲调节作用。这种空间形式多适用于观演建筑、体育建筑、展览建筑等大型厅堂类公共建筑。

山东菏泽国际会展中心的 5 栋展览厅均是次要功能房间围合主要大空间的布局方式，大型展厅设于中间，办公室、库房、门厅等辅助功能空间围绕大厅布置（图 5-48）。上海青浦体育文化活动中心同样采用这种布局方式，其体育场地及看台位于中间，

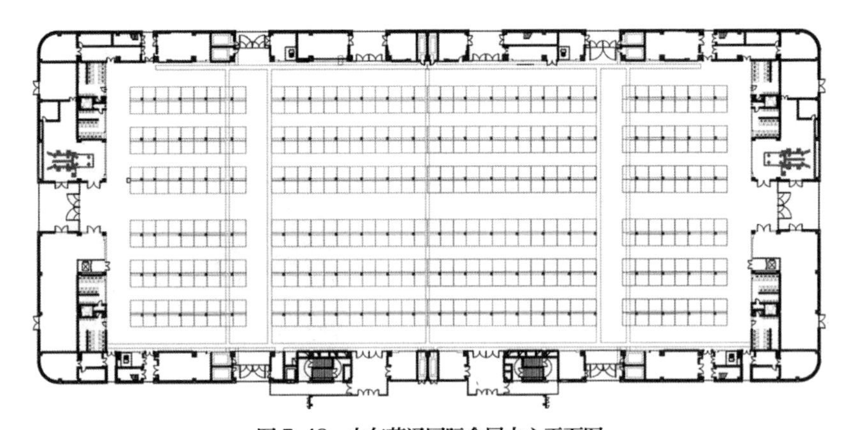

图 5-48 山东菏泽国际会展中心平面图

（图片来源：欧博设计，谷德设计网，https://www.gooood.cn/shandong-heze-international-convention-exhibition-center-aube.htm）

活动室、器械室、休息厅、办公室、后勤等辅助功能空间设于一、二层的外圈，形成服务带（图 5-49）。像这样将次要功能房间设于主要空间外侧的做法，既能很好地组织功能、提供便捷高效的服务流线与观众流线，又能实现对主要空间的热缓冲调节作用。

围绕的次要空间还可以是多个层级的空间，比如由走廊、辅助房间和双层表皮等组成的复合空间，可以使空间布局方式更加灵活、自由，可适用于不同规模与功能的公共建筑类型。济宁奥体中心综合体育馆便是多层式围合布局，其场馆位于中心，各种辅助功能空间围绕在场馆周围，组成外圈服务带，建筑钢结构外壳与内部空间隔开，以满足内部空间布局与造型设计需求，同时在二者之间还形成了空腔，成为内部空间的缓冲屏障，组织自然通风，并起到了一定的隔热保温作用（图 5-50、图 5-51）。

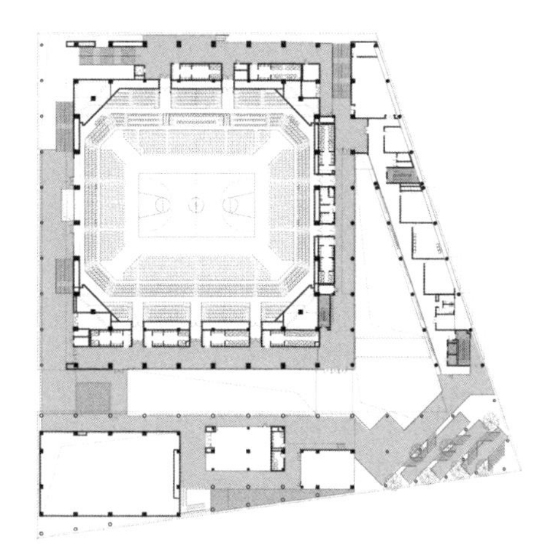

图 5-49　上海青浦体育文化活动中心平面图
（图片来源：同济原作设计工作室，谷德设计网，https://www.gooood.cn/shanghai-qingpu-sports-and-culture-center-by-tjadoriginal-design-studio.htm）

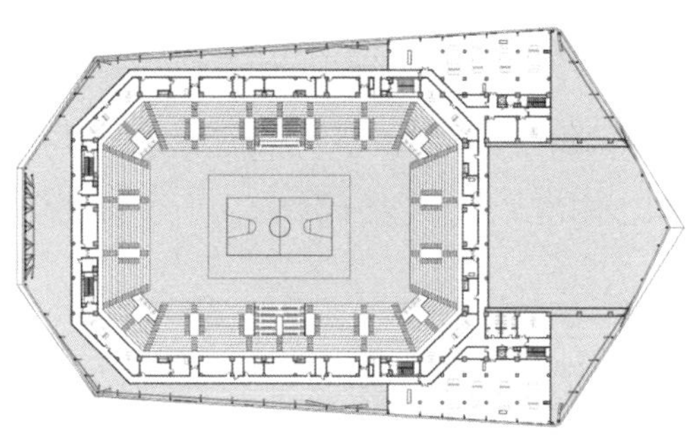

图 5-50　济宁奥体中心综合体育馆平面图
（图片来源：SCAU CHINA，谷德设计网，https://www.gooood.cn/jining-olympic-sports-center.htm）

图 5-51　济宁奥体中心综合体育馆实景图
（图片来源：周若谷，谷德设计网，https://www.gooood.cn/jining-olympic-sports-center.htm）

也可由辅助功能空间围合中小尺度的主要空间，热缓冲空间由楼梯间、电梯间、走廊、阳台、卫生间等辅助功能空间组成，设在各功能房间外侧，起到对主要空间的热缓冲调节作用，主要空间通常为尺寸稍小的若干个功能房间。这种布局方式中，建筑平面尺寸稍小，适用于各种中小型建筑。

南非索尔·普拉特杰大学学生资源中心是典型的辅助功能空间围合主要功能空间布局的建筑，开架式阅览、自习室、多功能厅、办公区等功能空间设于中心，而楼梯、电梯、卫生间等分散设于周围，未设辅助功能的部位为通高空间，可阻挡直射光、减少热量进入，并可组织上下层之间的自然通风，墙面局部设开口，引入适量自然光线，在起到节能效果的同时，也能获得较丰富的室内空间效果（图 5-52、图 5-53）[1]。

外层空间也可采用半敞空间的形式，这对夏季遮阳降温有所助益。法国 Anis 办公楼是高层办公建筑新布局的尝试，它打破了在中部设置核心筒的传统做法，将电梯与若干个开敞直跑楼梯分散设于外侧，并设置兼顾休闲、观景的开敞环状外廊，复杂的竖向交通系统结合不同标高的外廊与露台，在夏季可起到一定的遮阳防热作用，但冬季对内侧空间的直射光得热影响较小，起到了一定夏季热缓冲调节作用，也实现了丰富的立面造型与空间效果（图 5-54、图 5-55）[2]。值得注意的是，这种半开敞空间围合更适合于夏季策略，对于夏热冬冷地区来说，借鉴时需要注意。

传统教学楼为满足采光与日照等要求，一般采用廊式布局，而国内外已有教学楼采用围合式布局的案例。新加坡国立大学设计与环境学院新楼便是从生态、节能角度出发采用辅助功能围合教室组团的布局方式：为适应热带地区环境特点，设计中加强遮阳防热与自然通风，南侧利用大进深挑檐，东、西侧利用开敞外走廊与穿孔金属遮阳板进行遮阳隔热，而北侧布置楼梯间、电梯间、卫生间等辅助功能空间进行隔热，将教室等主要功能空间分散设于内侧，且它们彼此分离，通过加强穿堂

1 Designworkshop. 索尔·普拉特杰大学学生资源中心 [EB/OL]. https://www.archdaily.cn/cn/907683/,2018-12-15.

2 DREAM, Nicolas Laisné Architectes. Anis 办公楼，交通空间外置释放平面自由 [EB/OL]. https://www.archdaily.cn/cn/917209/,2020-02-14.

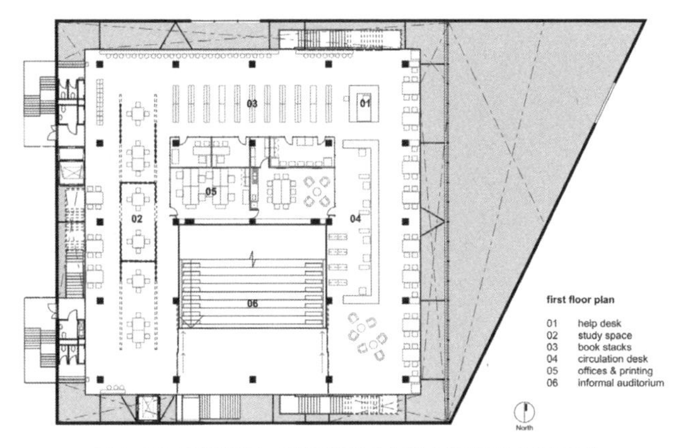

图 5-52 南非索尔·普拉特杰大学学生资源中心平面图

（图片加工自：Designworkshop，https://www.archdaily.cn/cn/907683/）

图 5-53 学生资源中心实景图

（图片来源：Roger Jardine）

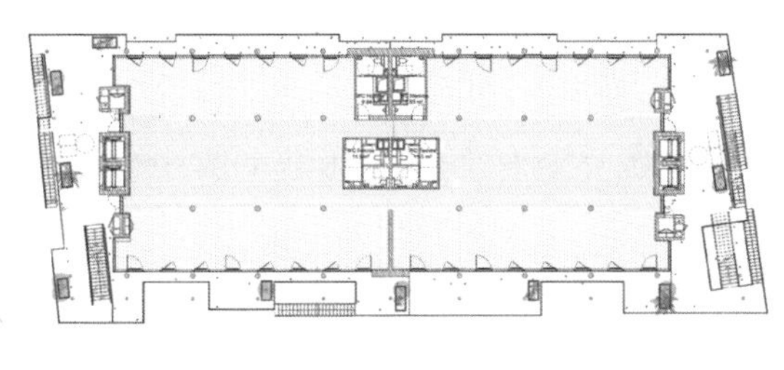

图 5-54 Anis 办公楼平面图

（图片来源：DREAM + Nicolas Laisné Architectes，https://www.archdaily.cn/cn/917209/, 2020-02-14）

图 5-55 Anis 办公楼实景图

（图片来源：Cyrille Weiner）

风来组织自然通风。建筑通透、开放、能耗低，是尝试结合节能设计与建筑空间营造的设计作品（图 5-56、图 5-57）[1]。该气候区主要注重夏季的遮阳通风策略，所以围绕的空间多为开敞式，如果考虑到夏热冬冷的气候特点，外层空间宜有气候边界。

除公共建筑外，国外一些建筑师也进行了居住建筑辅助功能空间围合主要功能空间布局的尝试，并取得了不错的效果，如智利坡里住宅与吉隆坡灯笼酒店。

1 Serie Architects, Multiply Architects, Surbana Jurong. 新加坡国立大学设计与环境学院 [EB/OL]. https://www.archdaily.cn/cn/914802/,2019-04-12.

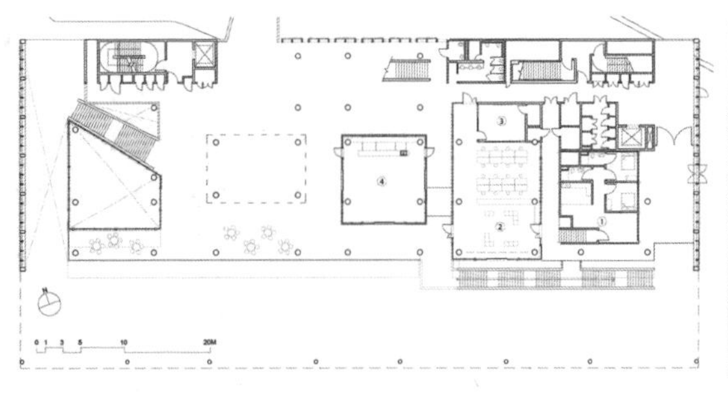

图 5-56 新加坡国立大学设计与环境学院新楼平面图
（图片来源：Serie Architects + Multiply Architects + Surbana Jurong，https://www.archdaily.cn/cn/914802/）

图 5-57 设计与环境学院新楼实景图
（图片来源：Rory Gardiner）

智利坡里住宅设计中将楼梯间、卫生间、厨房、储藏室等辅助功能空间置于外侧，形成外环服务带，包裹着内部主要空间，交通的效率让位于路径的丰富性，同时增强了住宅的私密性。为满足内侧空间的采光、通风与观景需求，于外侧间隔式设置凹窗。设计获得了较好的空间与造型效果，也使住宅具有了很好的热缓冲调节性能（图 5-58）[61]。

吉隆坡灯笼酒店设计则将对热环境要求高、使用空调设备的客房组团设于内部，将走廊设于外侧，以将各房间串联起来，将楼梯间、电梯间、卫生间等辅助功能空间设于北侧，这样将各辅助功能空间设于外侧进行直接采光与自然通风。为改善客房组团的光照环境、景观视野等，在中部置入一个条形通高中庭，各客房沿中庭设置错落的露台，为各房间增加休闲活动空间，并丰富中庭内部空间效果，同时也为内侧空间提供了通风（图 5-59、图 5-60）[1]。

1 ZLGdesign. 吉隆坡灯笼酒店 [EB/OL]. https://www.archdaily.cn/cn/768514/,2015-06-15.

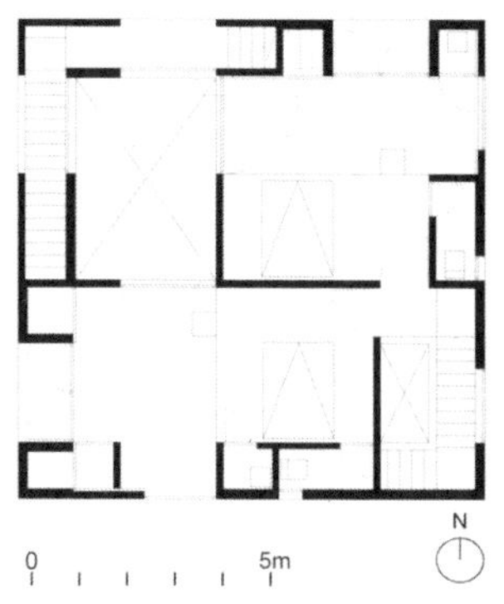

图 5-58　智利坡里住宅平面图

（图片来源：参考文献 [61]）

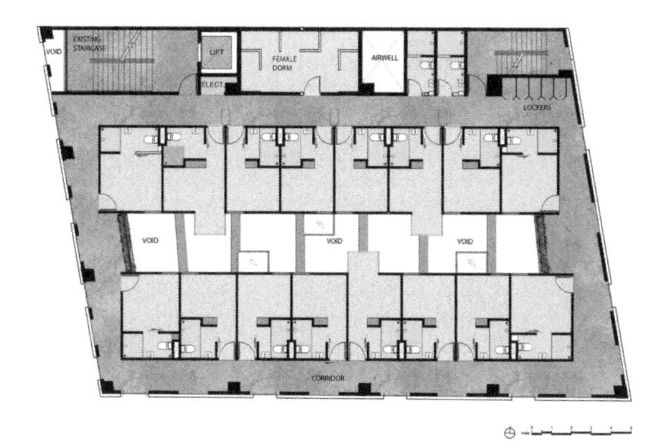

图 5-59　吉隆坡灯笼酒店平面图

（图片加工自：ZLGdesign，https://www.archdaily.cn/cn/768514/）

图 5-60　吉隆坡灯笼酒店实景图

（图片加工自：Staek Photography，https://www.archdaily.cn/cn/768514/）

5.4.2 半围合式

半围合式是指次要空间围绕在主要空间的两侧或三侧，形成对主要空间的半包裹式布局（图 5-61）。半围合式布局的热缓冲性能虽不及（全）围合式，但可根据主要空间的功能需求等合理布局次要空间位置，从而兼顾热缓冲调节与采光、通风、景观等功能需求，具备更好的灵活性，适用于各种规模的公共建筑。

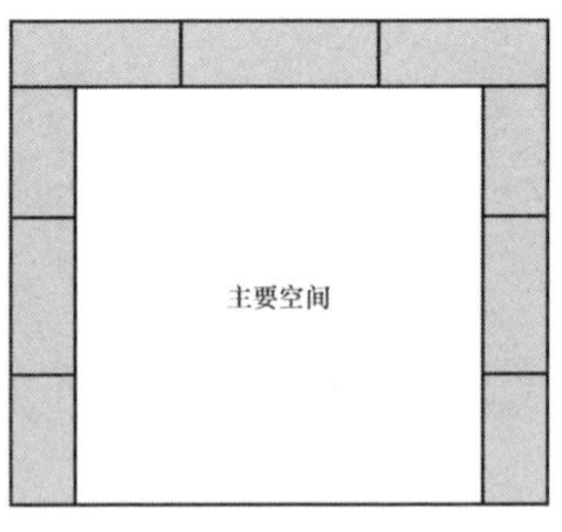

图 5-61 半围合式

同济大学浙江学院图书馆将楼梯间、电梯间、卫生间、设备间等辅助功能空间全部设于东、西两侧，以阻挡高度角较低的东西向直射光对阅览空间的影响，并降低夏季东、西晒的干扰，阅览空间设于中间，分别朝南、北方向设置窗户进行直接采光与通风，并在南、北立面上增设遮阳构件以减少直射光，增强室内光线的柔和性与稳定性。同时在中部设置半开敞中庭，使中庭底部与室外景观相连通，在中庭顶部设置可开启式屋盖，利用烟囱效应控制中庭内空气流动，改善了建筑内侧的采光与通风条件，并对阅览空间起到一定的气候调节作用（图 5-62、图 5-63）[1]。

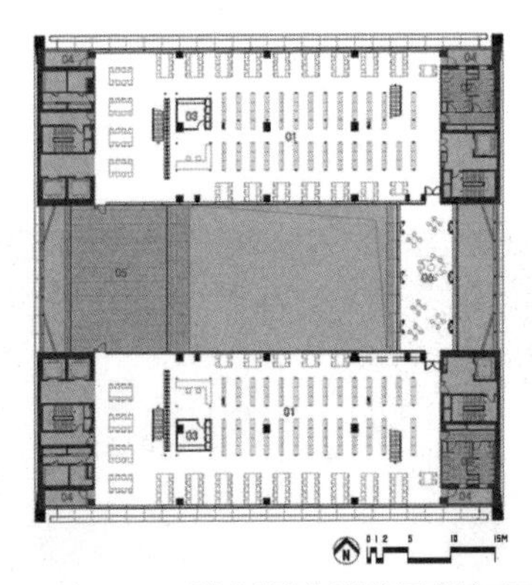

图 5-62 同济大学浙江学院图书馆平面图

（图片加工自：致正建筑工作室，谷德设计网，https://www.gooood.cn/zhejiang-campus-library.htm）

图 5-63 同济大学浙江学院图书馆实景图

（图片来源：苏圣亮，谷德设计网，链接同左图）

1 致正建筑工作室 . 同济大学浙江学院图书馆，上海 [EB/OL]. 谷德设计网，https://www.gooood.cn/zhejiang-campus-library.htm,2015-04-13.

巴塞罗那 Turó de la Peira 体育中心同样采用半围合式布局：一层游泳馆南侧与东侧布置更衣室、卫生间、办公室、楼梯、电梯等，西侧设置通向二层的直跑楼梯，朝西、北两侧开窗；二层体育场东、西两侧分别为楼梯、电梯、观众席等，朝北开窗，南侧采用半透明材料过滤直射光。同时建筑东、西、北三侧环绕着种满绿植的遮阳构件，形成遮阳层，并过滤光线，对室内起到一定的光、热环境调节作用（图 5-64、图 5-65）[1]。开敞的半围合空间更适合于夏季策略。

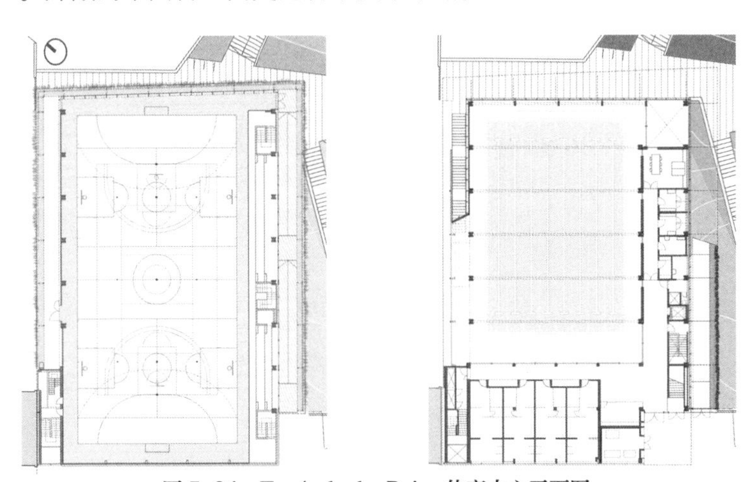

图 5-64 Turó de la Peira 体育中心平面图

（图片来源：Arquitectura Anna Noguera，谷德设计网，https://www.gooood.cn/turo-de-la-peira-sports-center-by-anna-noguera.htm）

图 5-65 Turó de la Peira 体育中心实景图

（图片加工自：Daniel Martínez，谷德设计网，链接同上图）

1 Arquitectura Anna Noguera. Turó de la Peira 体育中心，巴塞罗那 [EB/OL]. https://www.gooood.cn/turo-de-la-peira-sports-center-by-anna-noguera.htm,2019-08-27.

5.5　内嵌式空间层级

内嵌式空间层级根据主次空间的尺度、相对位置关系等的不同可分为两种子模式：匀质内嵌、复合型内嵌。

5.5.1　匀质内嵌

匀质内嵌是指在空间尺度与位置关系上，无明显的主、次要空间的等级之分，各功能空间的尺度与所占比例相当，空间呈现匀质化的特点（图5-66）。而从功能角度出发，可将空间按照功能划分为功能空间与交通空间。功能空间一般为适当尺度的功能房间，分散、均质地分布，交通空间为走廊、门厅等。匀质内嵌整体布局较为平均、紧凑，适用于水平向展开、中小型功能房间尺度中小的各建筑类型。

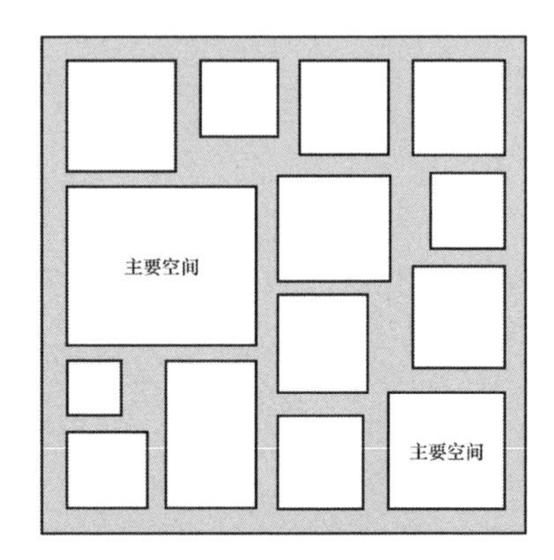

图 5-66　匀质内嵌

日本建筑师妹岛和世对匀质空间较为偏爱，并在多个设计中熟练运用匀质内嵌的布局手法。金泽 21 世纪美术馆与托莱多艺术博物馆设计将各功能房间匀质、分散地设于建筑外围护结构的内侧，房间与外围护结构之间保持一定距离，可起到一定热缓冲调节作用，内侧由交通空间将各房间串联起来，形成了开敞、流动、丰富的室内空间效果。内、外空间的围护结构大部分为玻璃，增加了内部空间的通透性，也使得内部空间与外部环境形成了互动关系，同时满足了内部空间的采光与景观需求（图 5-67、图 5-68）。这种布局与热层级规律有一致性，其热环境优化的潜力值得挖掘。

日本基督君王幼儿园设计将托儿室、儿童盥洗室、教师办公室等房间嵌入开敞的儿童活动空间中，需要安静氛围与私密性的功能空间为封闭式房间，外部是大面积、连通的公共空间，公共空间对各房间形成了热缓冲调节作用，同时房间也对公共空间进行了一定的空间划分与限定，再加上外墙面上散布的窗洞，形成了充满光影变化与趣味性的室内空间效果（图 5-69、图 5-70）。南京四方当代艺术湖区的别墅“睡

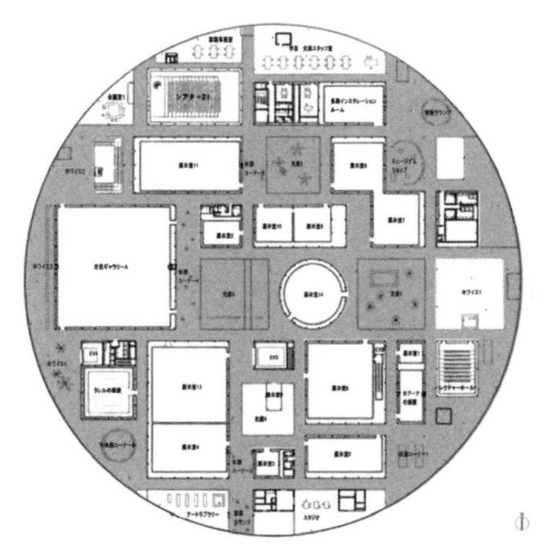

图 5-67 金泽 21 世纪美术馆平面图

（图片来源和加工自：参考文献 [62]）

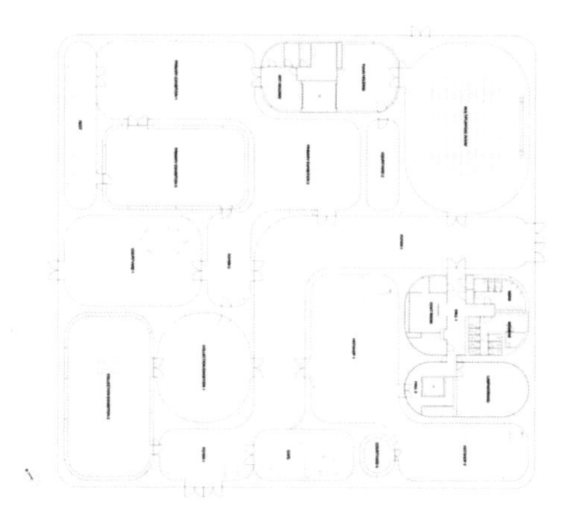

图 5-68 托莱多艺术博物馆平面图

（图片来源和加工自：参考文献 [62]）

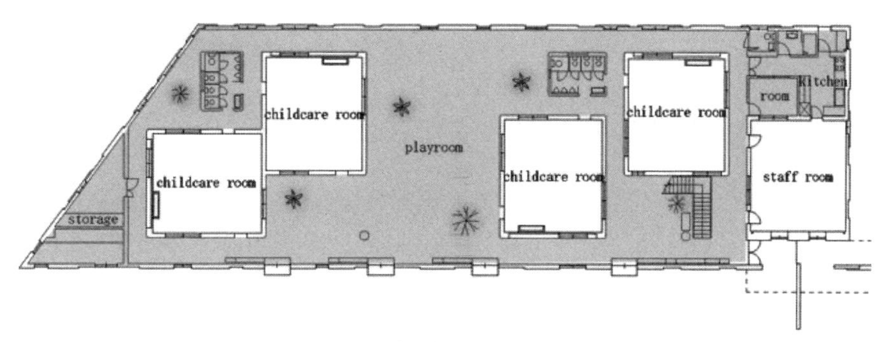

图 5-69 日本基督君王幼儿园平面图

（图片加工自：Atelier Cube，谷德设计网，https://www.gooood.cn/christ-the-king-kindergarten-by-atelier-cube.htm）

图 5-70 日本基督君王幼儿园实景图

（图片加工自：toshiyuki yano，谷德设计网，https://www.gooood.cn/christ-the-king-kindergarten-by-atelier-cube.htm）

莲”则是在带状、连续的内部空间中嵌入带卫生间的卧室组团、厨房及天井，其他空间则自动被划分，成为起居厅、休憩观景区、露台和交通空间等公共空间（图 5-71、图 5-72）。

匀质内嵌也可应用于工业建筑改造设计中，它可将原建筑外围护结构保留，仅在内部增加若干新功能房间体块，可最大限度地保留建筑原貌，减少对原建筑的影响，同时突出新、旧建筑的对比关系。

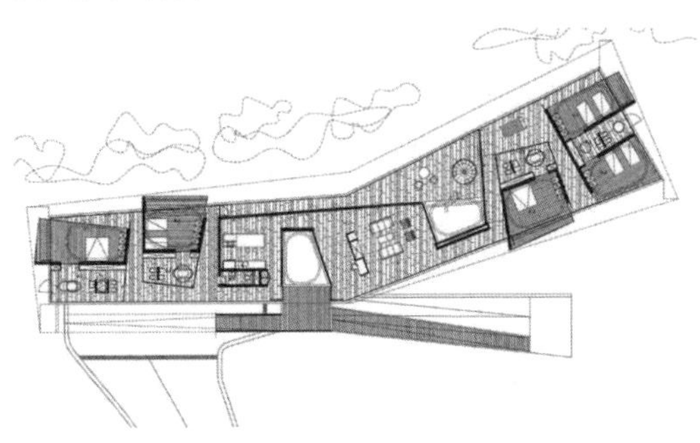

图 5-71 “睡莲”别墅平面图

（图片来源：马休斯·克劳兹）

图 5-72 “睡莲”别墅实景图

（图片来源：夏至，http://www.designwire.com.cn/post/15032）

意大利船厂改造办公空间设计中，建筑师完全保留了建筑原围护结构，与之留有一定距离后，将若干个新的办公室体块错落嵌入内部空间中，在历史的容器中融入了当代的内容，使得两者保持各自的风格并互相对话（图 5-73）[1]。这一设计方法既尊重历史，又植入新功能，是建筑改造设计的典型方法。这种方法的气候价值在于使得旧建筑空间自然成为功能房间的热缓冲层。悦·美术馆的改造设计同样采用了这种方法。设计中，保留原围护结构，紧贴外墙设置新的内衬作为结构体系，将小展厅、多功能厅、办公室等小空间嵌入通高的主展厅空间中，旧厂房的红砖外墙面与洁白、现代的内墙面形成强烈的对比，使建筑从内部焕发出新的生命力。纵横交错的体块在内部形成了充满戏剧效果的现代感（图 5-74）[2]。大空间对置入的空间起到了一定热缓冲调节作用。

---

1 Estudio N. 船厂改建成的办公空间，意大利 [EB/OL]. https://www.gooood.cn/tesa-105-conversion-by-estudio-n.htm,2012-07-06/2021-04-13.

2 陶磊建筑事务所 . 悦·美术馆，北京 [EB/OL]. https://www.gooood.cn/yue-art-gallery-china-by-taoa.htm,2011-11-29/2021-04-13.

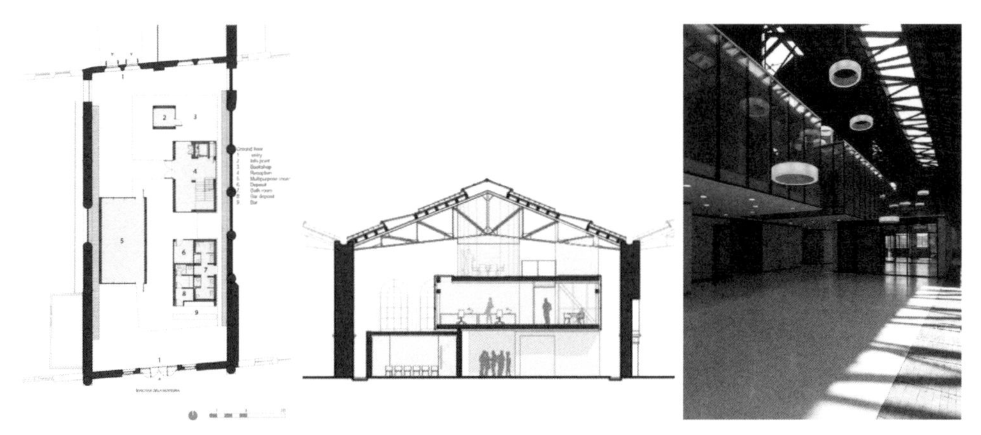

图 5-73 船厂改造办公空间平面图、剖面图及实景

（图片来源：Estudio N，谷德设计网，https://www.gooood.cn/tesa-105-conversion-by-estudio-n.htm）

图 5-74 悦·美术馆体块分析及实景

（图片来源：陶磊建筑事务所，谷德设计网，https://www.gooood.cn/yue-art-gallery-china-by-taoa.htm）

5.5.2 复合型内嵌

复合型内嵌是指中等尺度的主要空间组合分散地嵌入尺度较大的次要空间中。主要空间多为厅堂类功能房间及其辅助服务房间组成的房间组团，一般建筑内设有多个组团，而公共空间则由门厅、休息厅、大厅等开敞公共空间组成（图 5-75）。这种布局方式可以被看作多核心的圈层式空间层级，适用于多厅堂、大规模的观演类、体育类等大型公共建筑。

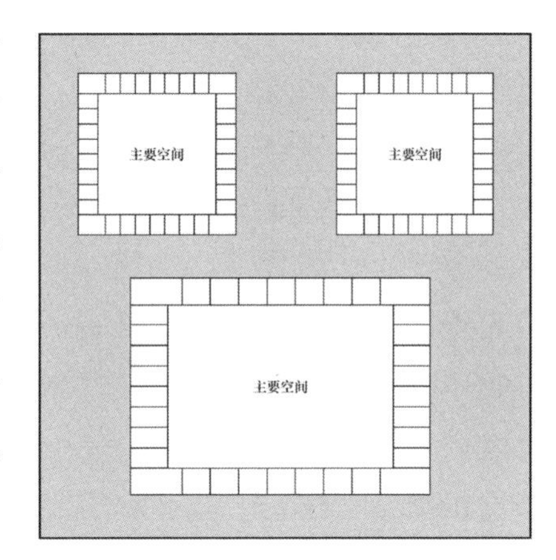

图 5-75 复合型内嵌

位于浙江湖州的联合国全球地理信息管理论坛永久会址便是采用复合型内嵌布局的观演类建筑，建筑由中间道路分为两个半球形体块，大剧院、影院、活动展厅、报告厅四个主要组团空间被分散设置于东、西两个半球的连通、开敞的大尺度休息厅与门厅中，外侧开敞空间对内侧主要空间形成了包裹关系，能够起到一定的热缓冲调节作用（图 5-76）。

日本追手门学院大学学术方舟建筑设计中，将图书馆与集会厅设于中部，环形走廊和交通核将教室和图书馆等主要空间分隔为若干组团。教室外为开敞外走廊，并设不锈钢遮阳栅格形成复合界面，减少了夏季各功能空间的得热量，多层界面的过滤使得内、外侧的主、次要功能房间均获得了较好的热环境舒适度。同时，图书馆与走廊之间设置了连续的通高空间，各层视线连通，在增强学习空间氛围的同时，也能有效组织热压通风，从而解决了内侧空间的通风问题（图 5-77、图 5-78）[1]。

我国南宁市五象新城青少年活动中心方案设计中同样采用了这种布局方式，将若干个运动场馆、报告厅、图书馆、办公室及其辅助服务用房等大空间组团分散在

1 三菱房地产设计．追手门学院大学学术方舟 [EB/OL]. https://www.gooood.cn/otemon-gakuin-university-academic-ark-japen-by-mitsubishi-jisho-sekkei-inc.htm,2020-07-17.

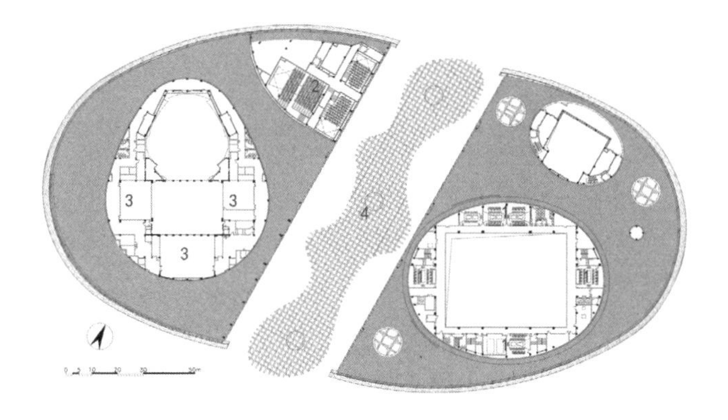

图 5-76　联合国全球地理信息管理论坛永久会址平面图

（图片加工自：浙江大学建筑设计研究院，谷德设计网，https://www.gooood.cn/united-nations-geospatial-information-management-forum-permanent-site-of-deqing-county-china-by-the-architectural-design-research-institute-of-zhejiang-university.htm）

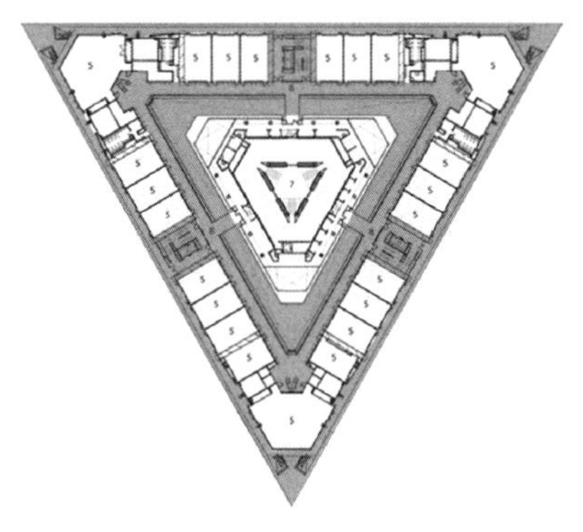

图 5-77 追手门学院大学学术方舟平面图

（图片加工自：三菱房地产设计，谷德设计网，https://www.gooood.cn/otemon-gakuin-university-academic-ark-japen-by-mitsubishi-jisho-sekkei-inc.htm）

图 5-78 追手门学院大学学术方舟实景图

（图片加工自：Naoomi Kurozumi，谷德设计网，https://www.gooood.cn/otemon-gakuin-university-academic-ark-japen-by-mitsubishi-jisho-sekkei-inc.htm）

场地中，由二层建筑体块覆盖，形成半室外的大尺度活动场地，架空一层结合二层的局部挖空空间，组织自然通风，对主要空间进行通风降温处理。同时，各主要大空间均设置了高耸的屋顶空间，利用烟囱效应组织内部空间的自然通风。设计在满足节能要求的同时也尝试营造多样、自由、与自然交融的空间氛围，打造了一个鼓励交往、激发灵感与创造性的场所（图 5-79）。这种布局模式主要鼓励遮阳和通风散热，是典型的夏季策略。

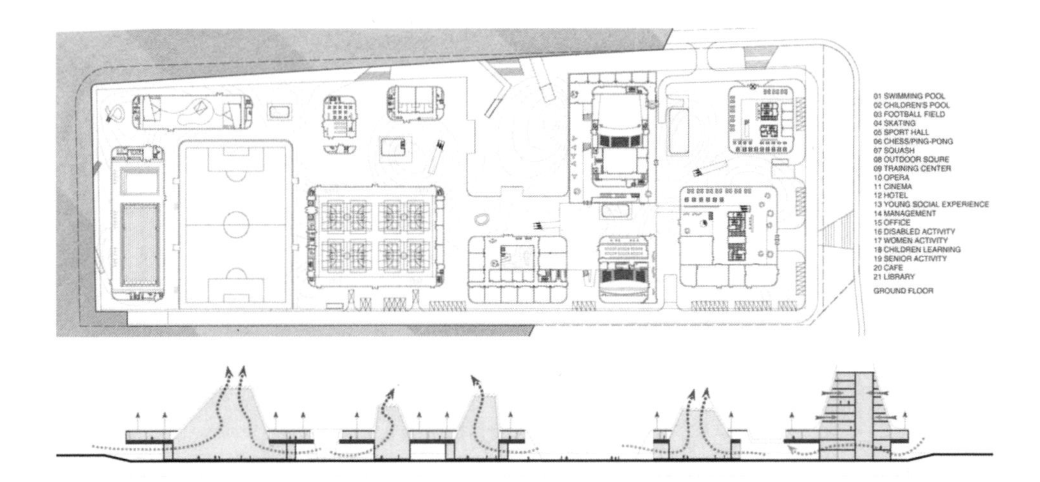

图 5-79 南宁市五象新城青少年活动中心方案设计平面图

（图片来源：源计划建筑师事务所，谷德设计网，https://www.gooood.cn/hill-city-o-office-architects.htm）

5.6 垂直式空间层级

垂直式空间层级根据次要空间形式的不同可分为包裹式与叠加式两种子模式。

5.6.1 包裹式

包裹式是标准的垂直式空间层级布局方式，主要空间位于内侧，次要空间在四周及顶部各个界面包裹主要空间，除地面外，阻断其他界面与外环境之间的热交换（图5-80）。主要空间即为各功能房间，四周次要空间由辅助功能房间、交通空间等组成，顶部次要空间多由吊顶、设备层、无实际功能的空间等组成。这种布局方式的适用性较好，适用于不同规模、不同功能类型的建筑。

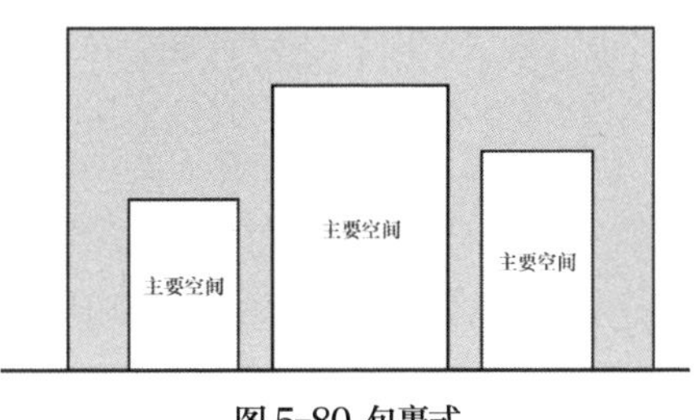

图5-80 包裹式

日本和弦住宅便是采用的这种布局方式，它将卧室、起居室、餐厅、厨房等主要功能房间设于内侧，外侧为交通等公共空间，顶部为阁楼空间及无功能的开敞空间等（图5-81）。顶部主要功能房间与四周开敞的公共空间理论上均能够充当主要空间天然的热缓冲屏障，起到较好的热缓冲调节作用。但是该住宅内部的多数盒子并无闭合边界，设计者更多追求的可能是空间效果，所以热缓冲作用实际上不存在。藤本壮介的作品 House N 也与之类似。但是从布局模式上看，这种盒子嵌套的布局存在热缓冲潜力，前提是内层边界也可闭合。

除封闭室内空间外，半室外空间也可作为缓冲层。法国互联之家设计中，在具有完整气候边界的形体外设半开敞的金属幕墙系统，在双层边界之间设置露台、阳台等半室外空间，对私密的室内空间进行公共功能的补充，同时为内侧空间提供了遮阳（图5-82）[1]。因为幕墙封闭面较多，夏季遮阳效果较好。但是这种主要适合夏季遮阳的模式也会阻挡内部主要空间冬季太阳辐射得热，所以在设计中外层表皮的

1 Jakob+Macfarlane Architects. 法国互联之家 [EB/OL]. https://www.archdaily.cn/cn/957732/,2021-03-02.

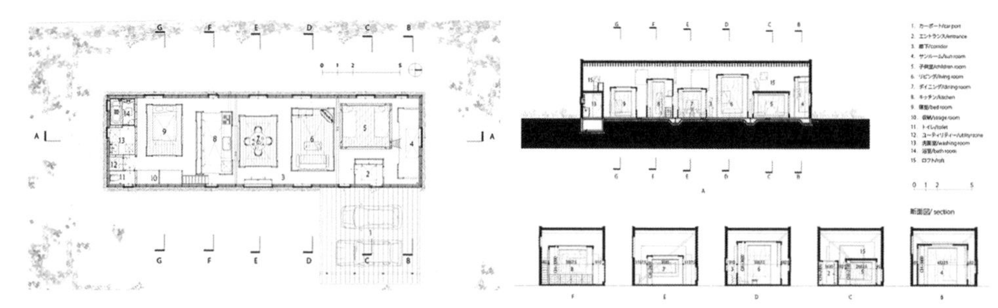

图 5-81 日本和弦住宅平面图及剖面图

（图片来源：Jun Igarashi Architects，谷德设计网，https://www.gooood.cn/polyphonic-house-jun-igarashi.htm）

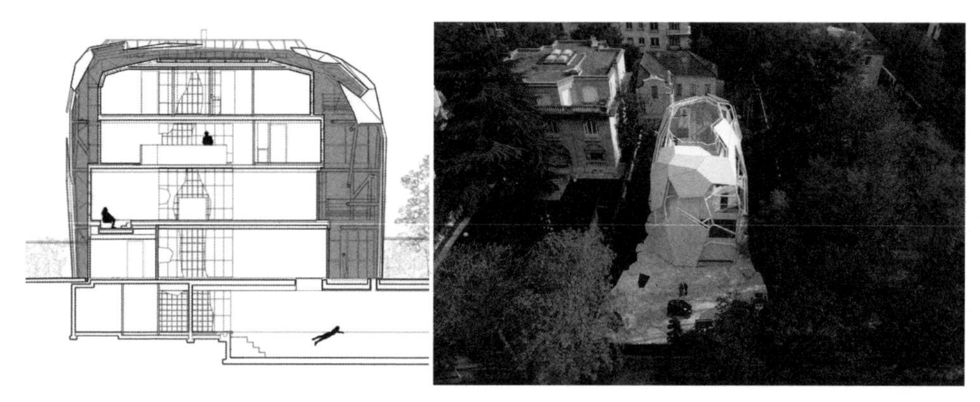

图 5-82 法国互联之家

（图片来源和加工自：Jakob + Macfarlane Architects，https://www.archdaily.cn/cn/957732/）

位置宜考虑冬季太阳高度角，让阳光在冬季可以透入内部主要空间。高雄的温室餐厅同样采用复合半开敞界面做法，将餐厅等主要空间设于内侧，外侧为半开敞、有顶盖的庭院。将庭院作为户外就餐区使用，对主要功能进行补充，同时结合双层半透明围合结构，为室内引入柔和的光线，并阻挡了部分热量进入主要空间，局部设内、外对应的窗洞，将外部景观引入室内。开敞的庭院空间能够很好地组织自然通风，对主要空间进行通风降温，庭院内种植的绿植还可进行一定的微气候调节，从而使室内保持在相对舒适的环境状态中（图 5-83、图 5-84）[1]。

1 J.R Architects. 温室咖啡厅兼餐厅——光与景之间，高雄 [EB/OL]. 谷德设计网，https://www.gooood.cn/in-between-by-j-r-architects.htm,2020-04-29.

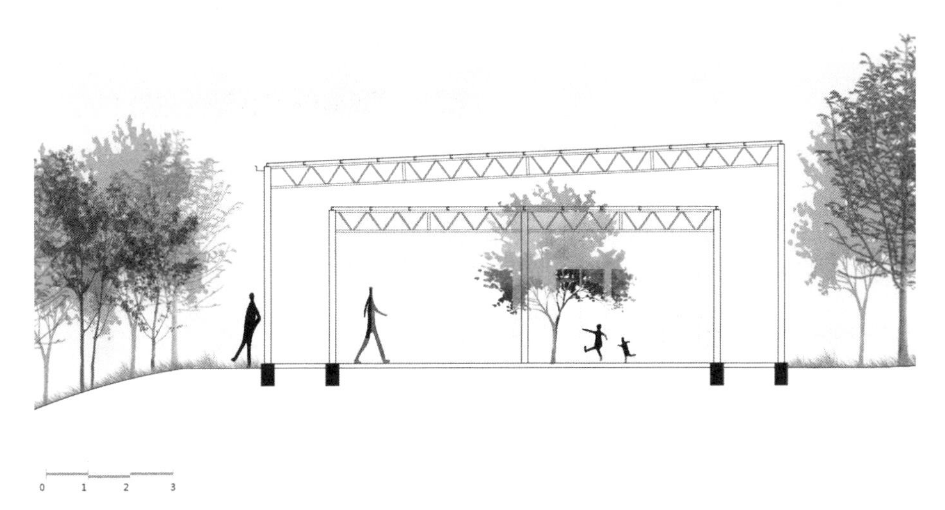

图 5-83 温室餐厅剖面图

（图片来源：J.R Architects，谷德设计网，https://www.gooood.cn/in-between-by-j-r-architects.htm）

图 5-84 温室餐厅实景图

（图片来源：赵宇晨，谷德设计网，https://www.gooood.cn/in-between-by-j-r-architects.htm）

5.6.2 叠加式

叠加式是指不考虑水平向包裹，以在主要空间顶部增设次要空间为主，以减少主要空间顶部与外环境的热交换，从而获得一定的热缓冲调节效果（图 5-85）。次要空间可由设备层、吊顶层、阁楼等辅助空间组成，抬高屋顶形成的顶部高耸空间和遮蔽型的屋顶露台也都属于此列。这种布局方式对建筑平面布局等无明确要求，因此适用性极强，可用于各种规模与功能的建筑类型。

图 5-85 叠加式

顶部增设设备吊顶层或阁楼等辅助空间的做法在建筑设计中极为常见。公共建筑通常会设置吊顶隐藏结构、设备管线等，以达到美观效果。此类封闭的顶部空间本身就起到了一定隔热作用，但也容易导致夏季过热而影响相邻层，它本身宜设置自然通风通道，比如传统民居的阁楼通常设气窗。

遮蔽型的露台是一种常见的夏季策略，夏季屋顶得热最多，遮阳的热调节效果显著。柯里亚在帕雷克住宅设计中，利用露台遮阳形成第一重缓冲，利用二楼的卧室形成第二重缓冲，由此使得底层起居空间在夏季获得阴凉，这顺应了印度的气候（图 5-86）。这在夏热冬冷气候区也同样适用，由于太阳高度角的变化，冬季得热的主要面为南侧，屋顶遮阳对冬季阳光辐射影响较小。

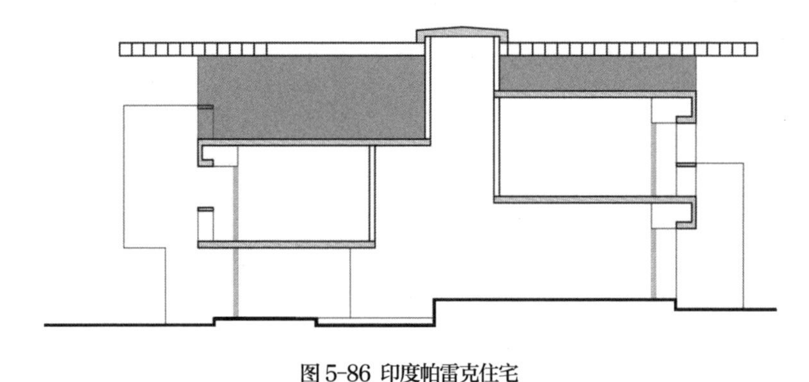
图 5-86 印度帕雷克住宅

抬高屋顶形成高耸空间的做法虽不普遍，但在公共建筑中也有一定的应用。高大的空间中，由于热分层现象，底部温度相对低，这经常在传统建筑和厅堂类建筑中被体验到。艾米利亚 - 罗马涅大区环境能源局设计中，在屋顶设置了 112 个“烟囱”，以利用阳光与组织通风：夏季高耸的“烟囱”自然地形成烟囱效应，带走建筑的热空气，组织热压通风；冬季封闭的“烟囱”利用温室效应蓄积太阳能，对下部空间进行加温处理（图 5-87）[1]。这种布局牺牲了一定的空间体积效率，所以适用面较窄，展览、宗教类的公共建筑可考虑此种布局。

山东科技大学文法办公楼设计中，将闷顶与太阳能腔体结合，闷顶本身起到对房间的冬夏温度缓冲作用，冬季经太阳能加热的空气还能被导入室内（图 5-88）[2]。这表明，叠加式布局不仅在夏季具有热缓冲效果，而且它在冬季的适应性也可以通过被动利用太阳能得到加强。

图 5-87 艾米利亚 - 罗马涅大区环境能源局

（图片来源：MC A 建筑事务所，谷德设计网，https://www.gooood.cn/arpae-headquarter-for-the-regional-agency-for-prevention-environment-and-energy-by-mario-cucinella-architects.htm）

图 5-88 山东科技大学文法办公楼

（图片加工自：郭清华，夏斐. 太阳能热利用措施与节能计算分析——以山东科技大学文法办公楼为例 [J]. 建筑节能，2007，35（2）：4）

1 MC A 建筑事务所 . 艾米利亚 - 罗马涅大区环境能源局，意大利 [EB/OL]. https://www.gooood.cn/arpae-headquarter-for-the-regional-agency-for-prevention-environment-and-energy-by-mario-cucinella-architects.htm, 2020-03-17.

2 郭清华 , 夏斐. 太阳能热利用措施与节能计算分析——以山东科技大学文法办公楼为例 [J]. 建筑节能 ,2007,35(2):4.

本章针对提升型与重构型优化模式进一步提出了其子模式，并结合案例的布局特征分析论证了各种子模式的可行性与适用范围。在案例选择上，主要不是考量它们实际是否具有热缓冲性能，而是考量其布局模式是否具有热缓冲潜力。有些案例布局设计的出发点与气候缓冲其实并无关联，笔者试图说明的是这种模式基本吻合原型的空间层级，再往前一步就具备了气候缓冲能力。符合原型空间层级特征的案例涵盖各种气候区、建筑类型和规模，由此也在一定程度上说明，这种布局模式具有广泛的适用性。有些案例适用于单一的夏季或冬季策略，分析中也指出了扩展其季节适应性的要点，以使空间层级策略能够冬夏兼顾。总结空间层级优化的子模式如表 5-1~ 表 5-6 所示。

表 5-1 附加热缓冲腔体

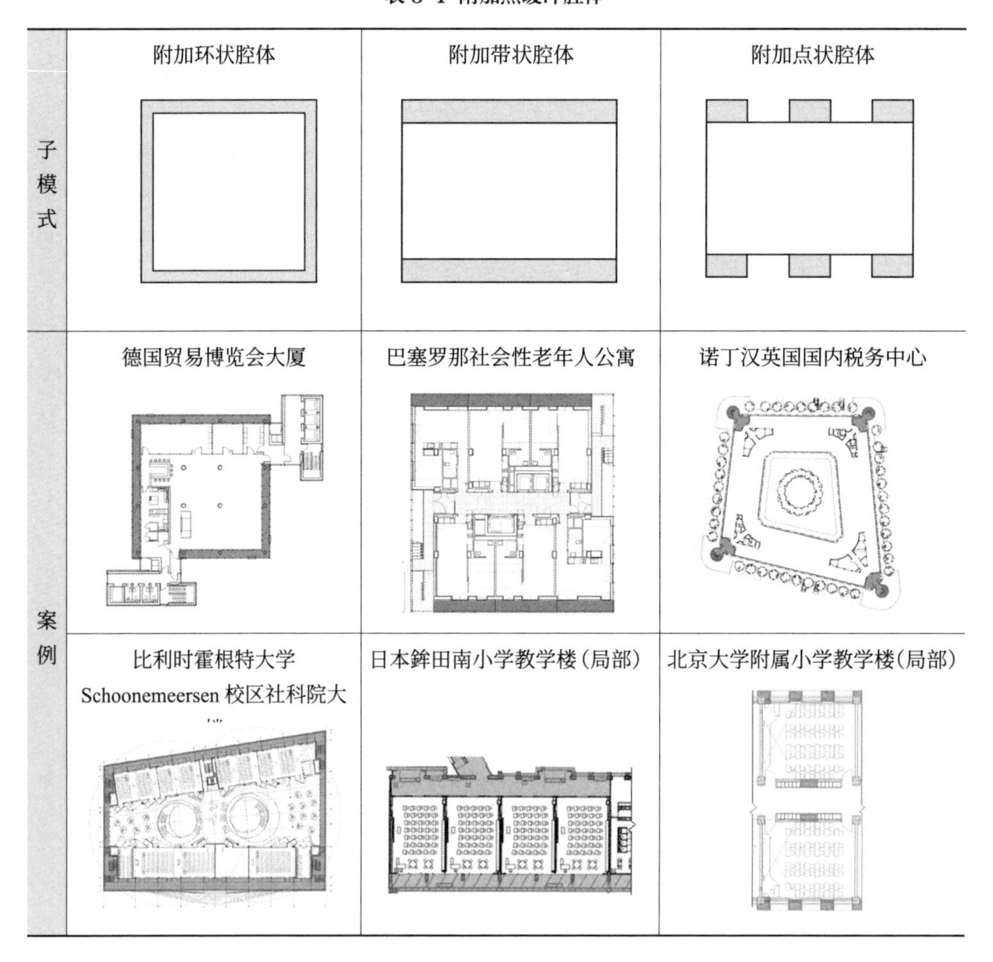

子模式	附加环状腔体	附加带状腔体	附加点状腔体
案例	德国贸易博览会大厦	巴塞罗那社会性老年人公寓	诺丁汉英国国内税务中心
	比利时霍根特大学 Schoonemeersen 校区社科院大	日本鉾田南小学教学楼（局部）	北京大学附属小学教学楼（局部）

表 5-2　嵌入热缓冲腔体

	嵌入竖向腔体	嵌入组合腔体	综合式腔体
子模式	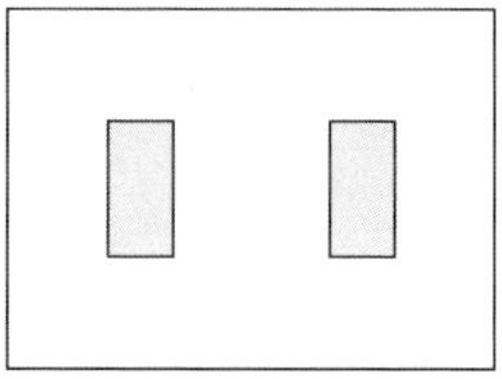	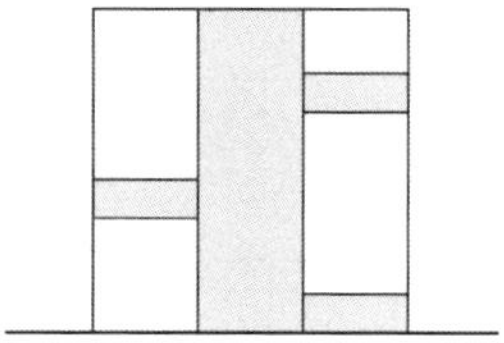	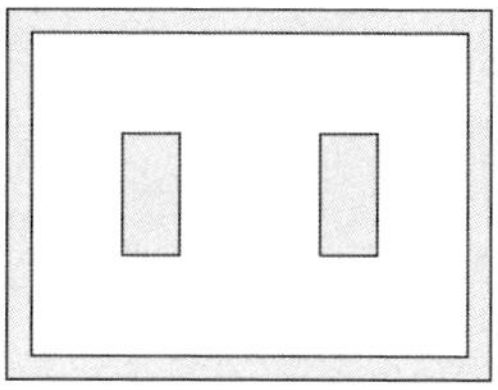
案例	日本仙台媒体中心 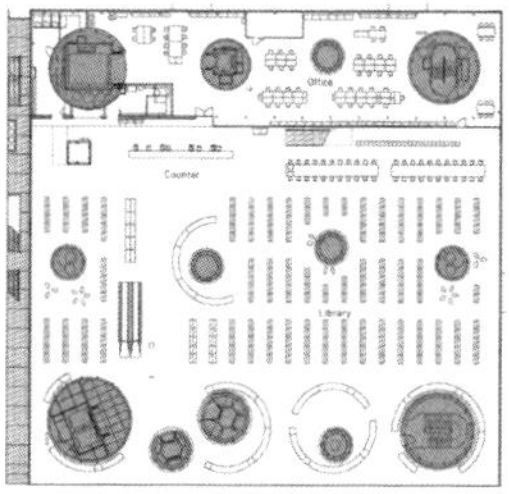	科威特 Wafra 风塔公寓 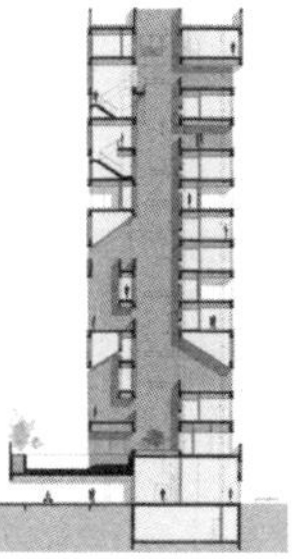	巴塞罗那自治大学环境科学和古生物学研究中心 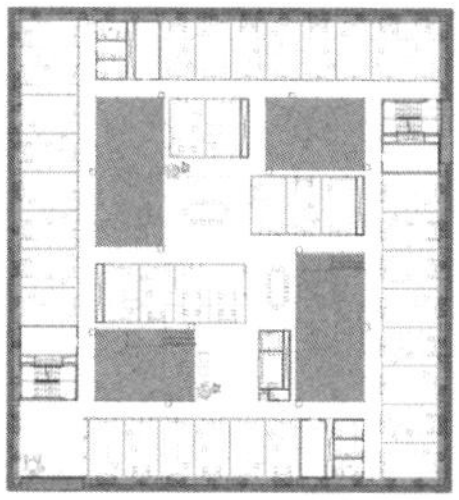
	瑞士再保险公司大厦 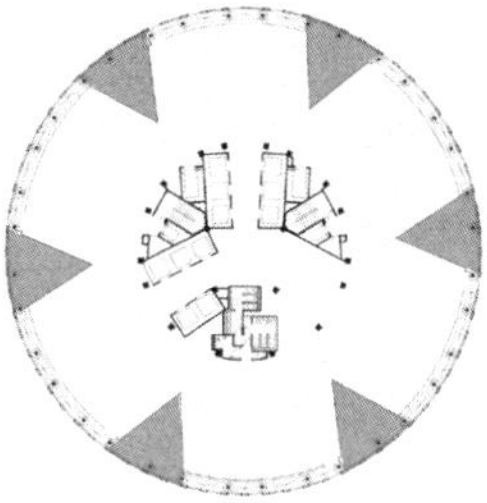	深圳国际体育文化交流中心（方案） 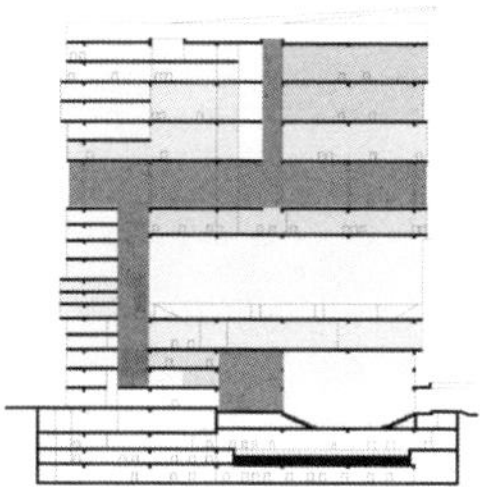	法兰克福德意志商业银行总部（局部） 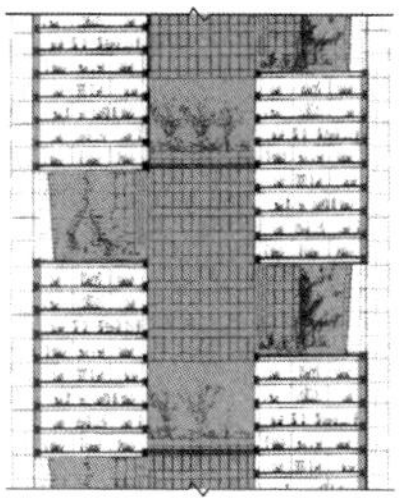

表 5-3 次要空间布局调整

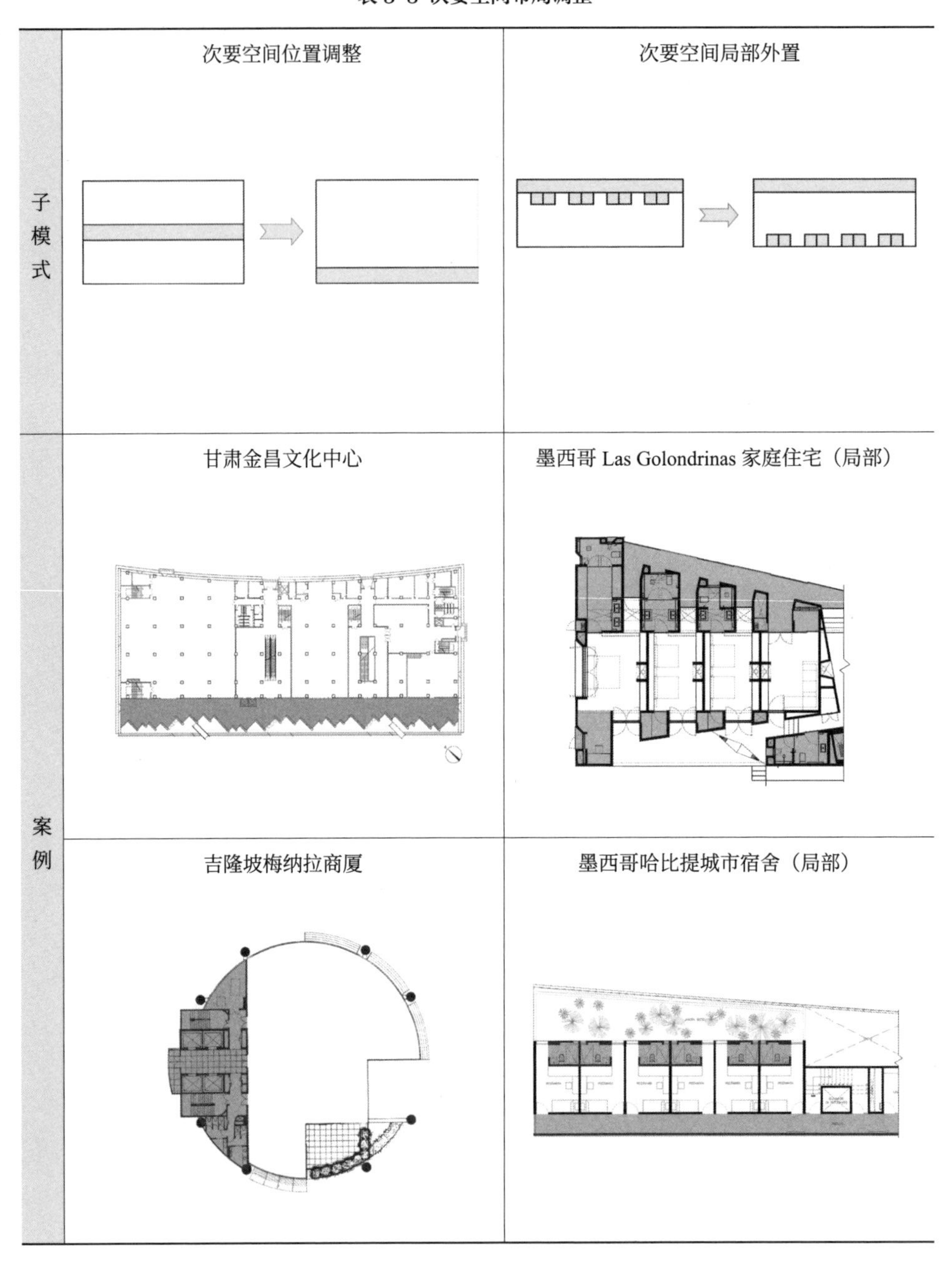

子模式	次要空间位置调整	次要空间局部外置
案例	甘肃金昌文化中心	墨西哥 Las Golondrinas 家庭住宅（局部）
	吉隆坡梅纳拉商厦	墨西哥哈比提城市宿舍（局部）

表 5-4 圈层式空间层级

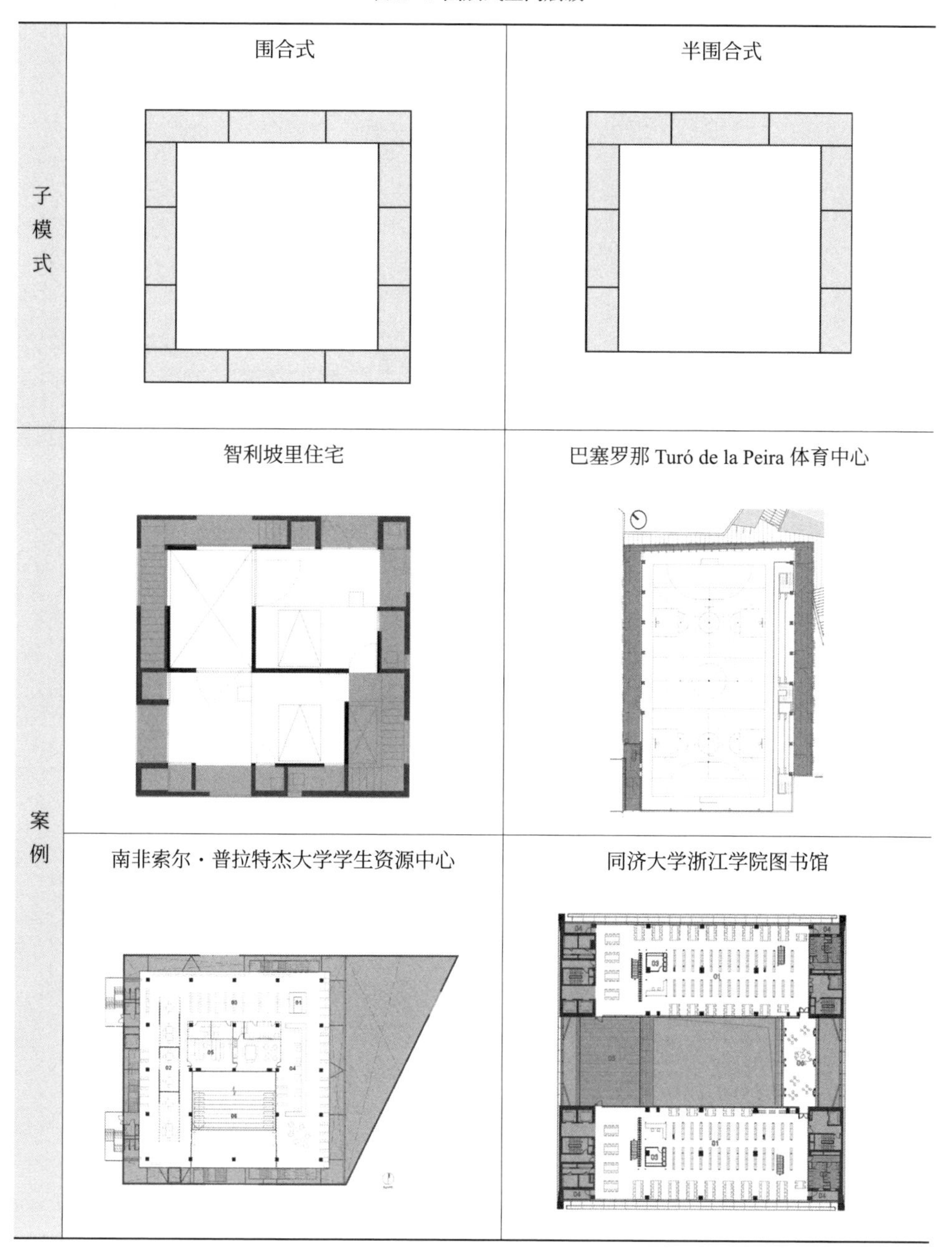

子模式	围合式	半围合式
案例	智利坡里住宅	巴塞罗那 Turó de la Peira 体育中心
案例	南非索尔·普拉特杰大学学生资源中心	同济大学浙江学院图书馆

表 5-5 内嵌式空间层级

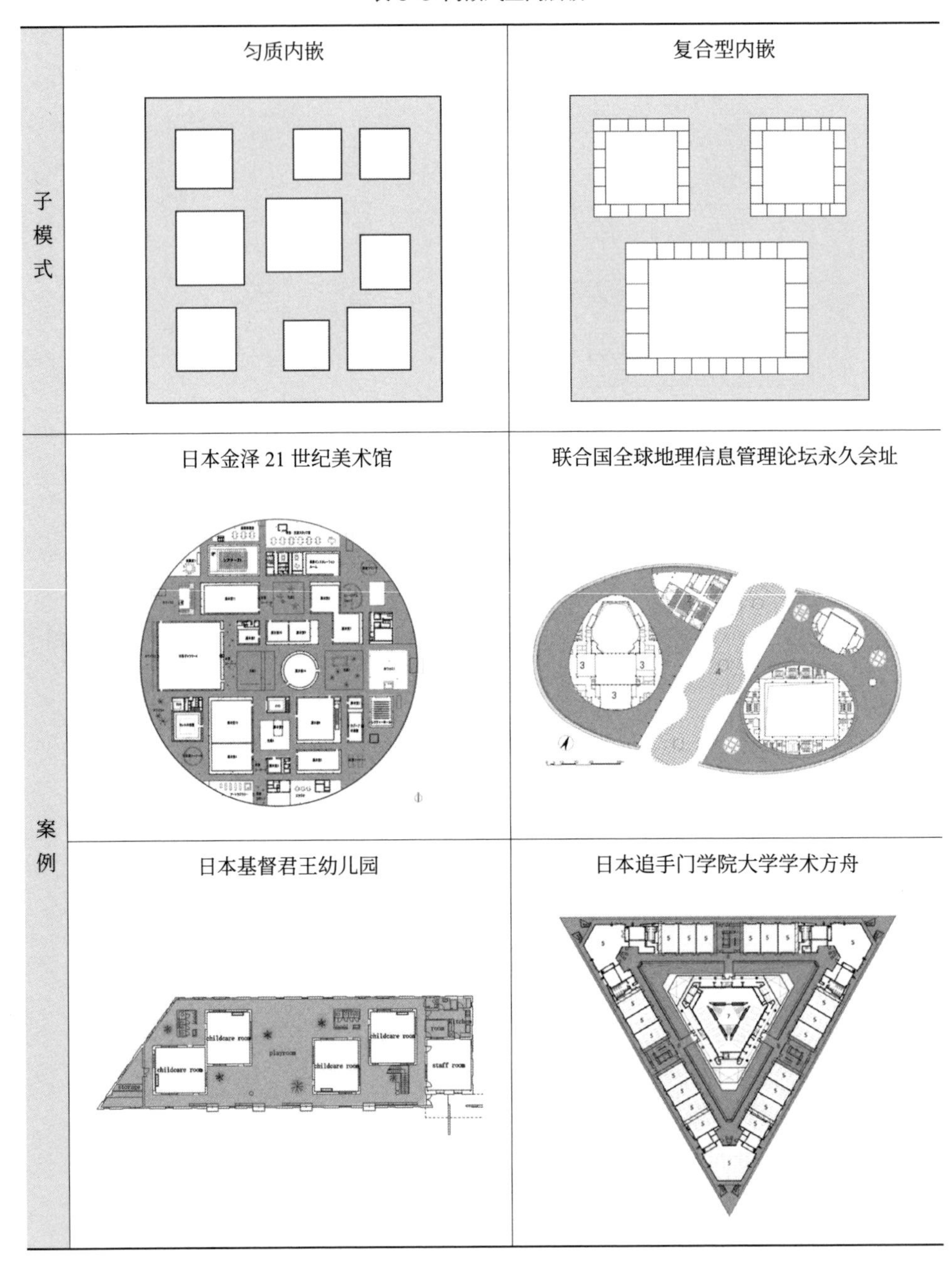

	匀质内嵌	复合型内嵌
子模式		
案例	日本金泽 21 世纪美术馆	联合国全球地理信息管理论坛永久会址
	日本基督君王幼儿园	日本追手门学院大学学术方舟

表 5-6 垂直式空间层级

子模式
包裹式
叠加式
主要空间
主要空间
主要空间
主要空间
案例
法国互联之家
印度帕雷克住宅
日本和弦住宅
山东科技大学文法办公楼

结语

1. 总结

在能源安全与“双碳”战略背景下，建筑节能成为长期任务，建筑设计是建筑节能的源头。在现代建筑发展之初和整个过程中，气候缓冲理念都没有缺席，发展到今天，它的重要性越来越凸显。空间热缓冲策略是向空间优化设计要效益，充分发挥次要空间的气候调节作用。建筑的次要空间一般不被重视，而恰当的布局能发挥它的热缓冲潜力，让能源在建筑中的分配遵循热规律，从而达成节能和改善微气候的目标。本书尝试从这一独特视角提出一种面向气候的建筑内部布局设计思路——空间层级布局，这是一种效用明显又具经济性的思路，是符合我国国情的节能增效途径。

从主次空间相对位置的视角看，在大量建筑空间布局设计中，核心式、内廊式、外廊式、南北式、围绕式和垂直式层级布局均是常见的空间组织类型。根据实测与模拟分析结果，次要空间起到的热缓冲作用参差不齐，核心式与内廊式性能较差，外廊式一般，而南北式、围绕式与垂直式性能较好。据此，符合热缓冲调节的空间层级类型已有了大致方向。

根据热缓冲调节理论与常见建筑空间层级研究，推断出由次要空间在外侧包裹主要空间的布局方式是基于热缓冲调节的空间层级原型。原型中次要空间包裹主要空间，可明显减少主要空间与外环境的热交换，具有较好的热缓冲调节性能。建筑在自然运行状态时，原型的内侧空间的温度稳定性较优，夏季降温缓冲作用较为明显，而冬季升温缓冲作用相对不明显。而当建筑在空调运行状态时，因为原型的空间层级能大大减少热传导，所以节能降耗作用显著，这也意味着主要针对内侧空间实施空气调节的做法极具节能潜力。外层围护结构的窗墙比是影响热缓冲性能的重要因素，在兼顾建筑采光及功能的前提下，选择适当小的外层窗墙比是较均衡的做法。外层遮阳型的原型建筑夏季隔热效果好，冷负荷较小，而冬季则可能出现外层保温效果与遮阳负面影响相互抵消的情况。但在夏热冬冷地区，应向夏季策略倾斜。若要进一步优化原型的季节适应性，外层表皮可调节是优选项。

结合热缓冲空间的特点与性能，以不同的方式介入热缓冲调节，即得到了提升型（对常规布局进行局部调整与优化）与重构型（推翻建筑常规布局进行空间重组）

两种优化思路。根据主次空间布局方式的不同，由两种优化思路进一步发展出了附加热缓冲腔体、嵌入热缓冲腔体、次要空间布局调整（提升型优化）与圈层式空间层级、内嵌式空间层级、垂直式空间层级（重构型优化）六种优化模式。经过模拟分析与验证，每种模式都或多或少地提升了原空间布局的热缓冲性能，分别适用于不同类型的建筑优化设计。

基于理论分析与数据模拟得出的优化布局模式，可以演绎出若干子模式，以适应不同类型的建筑。将各种布局子模式对照已有建筑的布局形式，可发现优化模式具备可行性。所选案例的设计初衷虽不一定以热缓冲调节为目的，但其采用的空间层级布局具备这种潜能，这也说明了该布局模式在各类型建筑中具有广泛的适用性。因此，本书结合典型案例分析，对每种子模式的空间布局、热缓冲空间组成及适用的建筑类型进行了详细论述。

本书的论述始终围绕“建筑空间层级”与“热缓冲调节”两个关键词，对不同层级类型建筑的热缓冲性能进行了详细的分析与对比，以层层递进、不断深入的研究方式，最终总结出了具备热缓冲性能的空间层级优化模式及具有不同适用性的优化子模式。同时应注意，建筑在自然运行状态时，空间层级优化所起到的提升作用不宜被夸大，模拟和实测数据都表明其提升潜力是有限的。而当建筑在空调运行状态时，空间层级优化所起到的节能降耗作用较为显著。要大范围地实现建筑低能耗目标，需要机电节能技术与被动式技术综合发挥作用。顺应气候的被动措施与反气候措施所带来的性能差距会相当明显，本书所倡导的空间层级布局主要着力于使建筑内部布局适应气候。

总之，本书尝试提出一种建筑空间布局与气候紧密结合的设计方法，它具有空间层级特征，兼顾冬、夏的热缓冲性能，具有较广泛的适用性。这种面向气候又符合我国国情的设计思路极具应用价值。

2. 局限性和展望

本书针对建筑空间层级与热缓冲性能的关联性展开了一定的研究，总结出了若干具备热缓冲性能的空间层级布局方式，但还存在一些不足与局限性，尚需进一步探讨。

（1）空间层级的热缓冲能力论证

第 5 章针对案例推断其热缓冲空间性能是一种定性分析，是根据相关理论结合案例分析得出的推断结论，它们的最终热缓冲效果如何不得而知，因为有些案例虽然形成了空间层级布局，但它们其他的运行措施不一定以热调节为主要目标。在实际使用中，建筑的季节运行状态会影响热缓冲效果，所谓的绿色建筑在投入使用后反而耗能高的例子不在少数。第 5 章的案例旨在说明空间层级优化模式在实践中具有应用的可能性。本书中的模拟与实测分析仅以有代表性的热缓冲空间为例进行了分析，无法涵盖全部类型。模拟和实测结果在一定程度上说明了次要空间具备热缓冲潜力，但是在实际运行的建筑中，影响要素很多。要实现其热缓冲效应，需要其他要素（如有否开口、开口的调节性、开窗比等）的正向支撑，这又是一个广泛的课题。总的来说，空间层级模式要充分发挥热缓冲作用，还需要与之配套的季节运行策略。

（2）优化模式的季节适用性

书中实测与模拟研究分析仅针对冬、夏两个季节，且以较为极端的天气状况为代表进行分析，未综合考虑各种季节与天气状况。因此，对于各种空间层级及优化模式的季节适应性讨论主要关注冬、夏，而在春、秋季是否会带来热环境负面效应还值得进一步探讨。如夏季各模拟中选择了日平均温度较高的 7 月 11 日—13 日为代表进行分析，在这三天中从 20：00 开始进行较高频率（10 次 / 时）的室内外通风，而室内温度在低于室外温度的情况下即开始下降，室内外温度走势不具备普遍代表性。而从 7 月整月变化来看，在室外温度稍低的情况下，内侧房间温度有可能高于外侧房间和室外温度，长时间维度的温度走势才更符合热平衡原理（图 6-1）。从这方面看，热缓冲空间在冬、夏较为极端的冷、热条件下，优化性能较为明显，而在其他时间段，还需要结合自然通风来维持热环境的舒适性，不应盲目夸大它的全季节适应性。而且一旦采纳这种模式，应谨慎确保春、秋季的自然通风，这方面需要进一步研究。

（3）预冷、预热通风组织

书中提到了结合预冷、预热的通风路径组织，结合 DeST 软件进行了一定的模拟分析。但实际上建筑中的通风路径较为复杂，受到多种因素的干扰，且 DeST 软件不是专业的通风分析软件，得出的分析仅代表基于理论研究的推论。实际应用中的预冷、预热通风组织效果还需要进一步的研究，通风路径本来就是一个复杂课题。

（4）数据分析的准确性

实测分析中，受到天气状况、人员与设备干扰、围护结构状态等各种因素的影响，样本也有限，相应的数据及分析不能代表工况的实时准确性。软件模拟中，为减少各种因素的干扰，设定无门窗、无人员使用、固定机械通风频率等方式，使得模拟建筑较为理想化，得出的数据可能不具备真实的准确性，仅为了说明某一变量改变时所产生的变化趋势性。

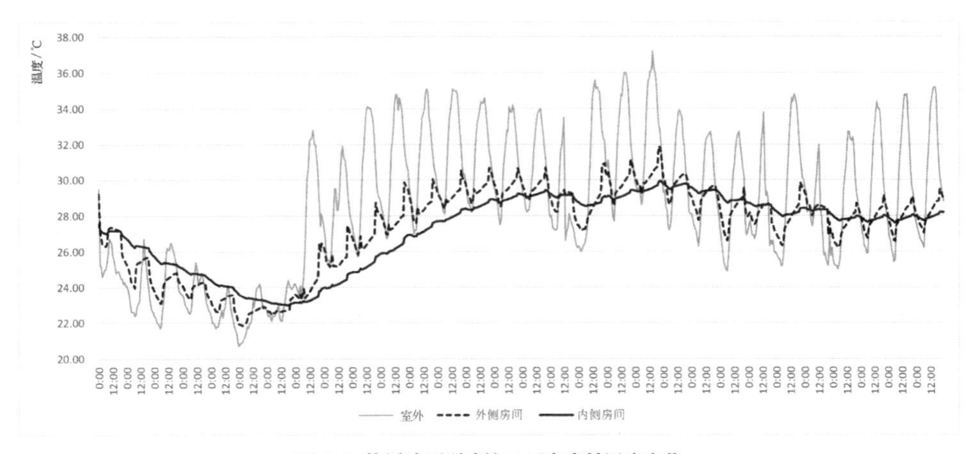

图 6-1 热缓冲原型建筑 7 月室内外温度变化

参考文献

[1]电力规划设计总院.中国能源发展报告2022[M].北京:人民日报出版社,2022.

[2]中国建筑节能协会建筑能耗与碳排放数据专委会.2021中国建筑能耗与碳排放研究报告:省级建筑碳排放形势评估[R/OL].(2021-12-23).

[3]住房和城乡建设部 国家发展改革委关于印发城乡建设领域碳达峰实施方案的通知[EB/OL].中华人民共和国住房和城乡建设部,https://www.mohurd.gov.cn/gongkai/fdzdgknr/zfhcxjsbwj/202207/20220713_767161.html,2022-06-30.

[4]习近平在气候变化巴黎大会开幕式上的讲话（全文）[EB/OL].新华网,http://www.xinhuanet.com/world/2015-12/01/c_1117309642.htm,2015-12-01.

[5]刘毅,孙秀艳.应对气候走极端,降碳按下快进键[N].人民日报, 2021-03-24(18).

[6]唐要家,尹温杰.财政分权、政府决策偏好与居民电费可承受力[J].中国地质大学学报（社会科学版）,2017(3):118-127.

[7]WHO. Energy sustainable development and health [Z].Geneva: WHO background papers, 2014.

[8]OLGYAY V, OLGYAY A. Design with climate: bioclimatic approach to architectural regionalism [M]. Princeton: Princeton University Press, 2015.

[9]FRAMPTON K.Technology place & architecture: the Jerusalem Seminar in architecture [M]. New York: Rizzoli International Publications, Inc, 1998.

[10]夏云,夏葵,施燕.生态与可持续建筑[M].北京:中国建筑工业出版社,2001.

[11]STEELE J.生态建筑:一部建筑批判史[M]. 孙骞骞,译.北京:中国建筑工业出版社,2014.

[12]张福墁.设施园艺学[M]. 2版.北京:中国农业大学出版社,2010.

[13]弗拉格,等.托马斯・赫尔佐格 建筑+技术[M]. 李保峰,译.北京:中国建筑工业出版社, 2003.

[14]KULTERMANN U. Contemporary architecture in the Arab states [M]. London: McGraw-Hill, 1999.

[15]麦克哈格.设计结合自然[M]. 芮经纬,译.北京:中国建筑工业出版社,1992.
[16]文丘里.建筑的矛盾性与复杂性[M]. 周卜颐,译.北京:中国建筑工业出版社,1991.
[17]弗兰姆普敦.现代建筑:一部批判的历史[M]. 原山,等译.北京:中国建筑工业出版社,1988.
[18]弗兰普顿.查尔斯・柯里亚作品评述[J]. 饶小军,译.世界建筑导报,1995(1):5-13.
[19]日华.托马斯・赫尔佐格的生态建筑[J].世界建筑,1999(2):16-20.
[20]CORREA C. Housing and urbanisation [M].London: Thames & Hudson, 2000.
[21]江亿.南方做外墙保温可能是“瞎忙”[R]. 第三届中外绿色地产论坛报告,深圳,金陵晚报李子墨整理,2006.
[22]孙大明,苑麒,李菊,等. 国内绿色建筑的造价成本调查和分析[A]//第四届国际智能、绿色建筑与建筑节能大会论文集——B绿色建筑与智能化,2008:34-40.
[23]原口秀昭.路易斯・Ⅰ・康的空间构成[M]. 徐苏宁,吕飞,译. 北京: 中国建筑工业出版社, 2007.
[24]金鑫.废墟之诗——路易斯・康的达卡国家医院[J].室内设计,2009,24(4):25-28.
[25]KENDALL S, TEICHER J. Residential open building [M]. New York: E&FN Spon Press,2000.
[26]鲍家声.支撑体住宅 [M].南京:江苏科学技术出版社,1988.
[27]宋晔皓,栗德祥. 整体生态建筑观、生态系统结构框架和生物气候缓冲层[J]. 建筑学报, 1999(3): 4-9+65.
[28]李钢. 建筑腔体生态策略[M]. 北京: 中国建筑工业出版社, 2007.
[29]梅洪元,王飞,张玉良. 低能耗目标下的寒地建筑形态适寒设计研究[J]. 建筑学报, 2013(11): 88-93.
[30]李保峰. 适应夏热冬冷地区气候的建筑表皮之可变化设计策略研究[D]. 北京: 清华大学, 2004.
[31]沈驰,孟建民. “冷巷”校园——深圳信息职业技术学院北校区设计[J]. 建筑学报,2011(9): 20-25.
[32]宋晔皓,孙菁芬,陈晓娟,等. 可持续整合设计实践与思考——贵安新区清控人居科技示范楼[J]. 建筑技艺, 2017(6): 62-69.

[33]FATHY H. Natural energy and vernacular architecture: principles and examples with reference to hot arid climates [M].Chicago: University of Chicago Press, 1995.
[34]汪芳. 查尔斯・柯里亚[M]. 北京:中国建筑工业出版社, 2003.
[35]YEANG K. Designing with nature: the ecological basis for architectural design [M]. New York: McGraw-Hill, 1995.
[36]吴向阳. 杨经文[M]. 北京:中国建筑工业出版社, 2007.
[37]武重义.无限接近自然:武重义的建筑设计美学[M]. 唐诗,王扬,译.长沙:湖南美术出版社, 2019.
[38]大师系列丛书编辑部. 托马斯・赫尔佐格的作品与思想[M]. 北京:中国电力出版社, 2006.
[39]DANIELS K.The technology of ecological building: the fundamental and approaches, examples, and ideas [M].Berlin: Birkhauser Verlag, 1994.
[40]吕爱民.应变建筑——大陆性气候的生态策略[M].上海:同济大学出版社,2003.
[41]沙华晶,许鹏,汤雯雯.夏热冬冷地区遮阳及自然采光节能优化设计[J].建筑节能, 2012,40(9):33-36.
[42]罗涛,燕达,江亿,等.办公建筑照明能耗模拟方法研究(上)[J].建筑科学, 2017, 33(4): 101-109.
[43]张祎玮. 当代冷巷的设计策略及其典型类型量化分析研究——以夏热冬冷地区为例[D]. 南京:东南大学,2017.
[44]黄艳雁,项显淙,熊业明. 夏热冬冷地区建筑外廊对室内空间热环境影响分析——以夏热冬冷地区某建筑为例[J].城市建筑,2020,17(13):114-119.
[45]石国兵,余晓平,黄雪,等. 重庆夏季自然通风对住宅热舒适的影响分析[J]. 建筑热能通风空调, 2020, 39(2): 9-12,4.
[46]黄晨,李美玲,邹志军,等. 大空间建筑室内热环境现场实测及能耗分析[J]. 暖通空调,2000,30 (6): 52-55.
[47]晏旺. 绵阳现有高校学生宿舍室内热舒适研究[D]. 绵阳:西南科技大学,2015.
[48]张启宁. 合肥地区高校宿舍室内热环境研究[D]. 合肥:合肥工业大学,2012.
[49]王琳. 重庆市高校学生宿舍热环境研究[D]. 重庆:重庆大学,2009.

[50]王艳,龙恩深,孟曦,等. 学生公寓热环境实测研究[J]. 制冷与空调（四川）, 2011, 25(z1): 156-159,163.

[51]杨洪生. 北京大学附属小学教学楼节能技术实践[A]//第三届国际智能、绿色建筑与建筑节能大会论文集——B绿色建筑与建筑节能, 2007: 14.

[52]设计家. 生态建筑实验与实践[M]. 天津:天津大学出版社, 2012.

[53]大师系列丛书编辑部. 伊东丰雄的作品与思想[M]. 北京:中国电力出版社, 2005.

[54]大师系列丛书编辑部. 诺曼・福斯特的作品与思想[M]. 北京:中国电力出版社, 2005.

[55]北京方亮文化传播有限公司. 世界绿色建筑设计[M]. 北京:中国建筑工业出版社, 2008.

[56]萨克森. 中庭建筑:开发与设计[M]. 戴复东,吴庐生,等译. 北京:中国建筑工业出版社, 1990.

[57]陈晓扬,施晓梅. 中庭布局及其热缓冲效应模拟研究[J]. 新建筑,2019(3):88-91.

[58]李真.180 m的生态——环境摩天楼瑞士再保险公司大厦[J].时代建筑,2005(4):74-81.

[59]刘存发. 绿色建筑设计策略与实践1[M]. 南京: 江苏凤凰科学技术出版社, 2014.

[60]肖特,陈海亮. 面向不同气候条件下低耗能、高效、大进深公共建筑的设计策略类型学[J]. 世界建筑, 2004(8): 20-33.

[61]李彬. 窗户的背后——解读Poli house（坡里住宅）[J]. 中外建筑,2009(10):47-49.

[62]KAZUYO SEJIMA, RYUE NISHIZAWA. Kazuyo Sejima + Ryue Nishizawa/SANAA works 1995-2003[M]. 日本九州: TOTO出版社, 2003.

图片来源

引用图片来源在文中均有标注，有版权人信息的优先标注版权人，未标注图片均为作者自绘。

附　　录

附录A 2021.01.22—2021.01.25东南大学四牌楼校区逸夫建筑馆温度实测数据（℃）

时间	室外	8层电梯厅	14层电梯厅	8层卫生间玄关	14层卫生间玄关
16:30	9.8	16.4	15.5	13.6	14.7
17:00	9.8	16.6	16.4	13.9	15.3
17:30	9.5	16.6	16.5	14	15.5
18:00	9.3	16.6	16.6	14.1	15.7
18:30	9.1	16.6	16.6	14	15.7
19:00	8.8	16.6	16.6	13.9	15.7
19:30	9	16.5	16.6	13.9	15.8
20:00	9.1	16.6	16.6	13.9	15.9
20:30	9.3	16.6	16.6	13.8	15.8
21:00	8.9	16.6	16.6	14	15.9
21:30	8.9	16.6	16.6	13.8	15.9
22:00	9.1	16.6	16.6	13.8	15.9
22:30	9.3	16.7	16.7	13.8	16
23:00	9.2	16.7	16.6	13.8	16
23:30	8.7	16.6	16.7	13.8	16
0:00	8.6	16.6	16.7	13.8	16
0:30	8.4	16.5	16.7	13.6	15.9
1:00	7.7	16.4	16.7	13.6	16
1:30	7.5	16.5	16.7	13.7	16
2:00	7.4	16.4	16.7	13.6	16
2:30	7.5	16.6	16.7	13.5	16
3:00	7.2	16.4	16.7	13.5	16
3:30	7.3	16.5	16.7	13.3	15.9
4:00	7.3	16.6	16.7	13.2	15.7

（续表）

时间	室外	8层电梯厅	14层电梯厅	8层卫生间玄关	14层卫生间玄关
4:30	6.9	16.6	16.7	13	15.4
5:00	6.7	16.6	16.7	13	15.5
5:30	6.9	16.6	16.7	12.9	15.3
6:00	6.9	16.6	16.7	12.8	15.3
6:30	6.9	16.7	16.7	12.7	15.3
7:00	6.6	16.6	16.7	12.5	14.6
7:30	6.5	16.6	16.7	12.4	14.4
8:00	6.6	16.6	16.7	12.5	15
8:30	6.8	16.6	16.7	12.5	15
9:00	6.6	16.6	16.7	12.6	15.4
9:30	6.8	16.6	16.7	12.8	15.6
10:00	6.9	16.6	16.7	12.8	15.7
10:30	7.1	16.6	16.7	12.7	15.5
11:00	7.4	16.6	16.7	12.7	15.4
11:30	7.2	16.6	16.7	12.5	15.3
12:00	7.2	16.6	16.7	12.6	15.5
12:30	7.3	16.6	16.6	12.7	15.5
13:00	7.7	16.6	16.6	12.7	15.6
13:30	8	16.6	16.6	12.8	15.6
14:00	8.1	16.6	16.7	12.7	14.9
14:30	7.8	16.6	16.7	12.9	15.6
15:00	8.3	16.6	16.6	13	15.7
15:30	8.5	16.6	16.6	13	15.5
16:00	8.2	16.6	16.7	12.8	14.7
16:30	8.1	16.6	16.7	12.6	15.2
17:00	7.9	16.6	16.6	12.7	15.5
17:30	7.6	16.6	16.6	12.7	15.5

（续表）

时间	室外	8 层电梯厅	14 层电梯厅	8 层卫生间玄关	14 层卫生间玄关
18:00	7.2	16.6	16.6	12.5	14.9
18:30	7.1	16.6	16.6	12.3	14.3
19:00	7.2	16.6	16.6	12.4	15.2
19:30	7.2	16.6	16.6	12.4	15.3
20:00	7.1	16.6	16.6	12.3	15.1
20:30	7	16.6	16.6	12.4	15.2
21:00	7	16.6	16.6	12.5	15.4
21:30	6.9	16.5	16.6	12.6	15.4
22:00	7	16.5	16.6	12.7	15.5
22:30	6.7	16.5	16.6	12.7	15.5
23:00	6.8	16.5	16.6	12.7	15.5
23:30	6.5	16.1	16.6	12.6	15.6
0:00	6.7	16.2	16.6	12.6	15.6
0:30	6.3	16.1	16.6	12.6	15.6
1:00	6.6	16.1	16.6	12.6	15.6
1:30	6.6	16.2	16.6	12.6	15.6
2:00	6.6	16.2	16.6	12.6	15.6
2:30	6.5	16.3	16.6	12.4	15.6
3:00	6.5	16.4	16.6	12.3	15.6
3:30	6.1	16.3	16.6	12.5	15.6
4:00	6.1	16.3	16.6	12.4	15.6
4:30	6.2	16.3	16.6	12.3	15.6
5:00	6.1	16.2	16.6	12.4	15.6
5:30	6	16.1	16.6	12.4	15.6
6:00	5.8	15.9	16.6	12.4	15.6
6:30	5.5	15.7	16.6	12.3	15.6
7:00	5.3	15.7	16.6	12.3	15.6

（续表）

时间	室外	8 层电梯厅	14 层电梯厅	8 层卫生间玄关	14 层卫生间玄关
7:30	5.3	15.7	16.6	12.3	15.3
8:00	5.1	15.6	16.5	12.3	15.2
8:30	5.4	15.6	16.5	12.3	15.1
9:00	5.3	15.6	16.5	12.3	15.1
9:30	5.7	15.7	16.5	12.4	15.1
10:00	6.6	15.8	16.5	12.6	15.1
10:30	6.7	15.8	16.5	12.7	15.1
11:00	7	15.8	16.5	12.8	15.1
11:30	8	15.9	16.5	12.8	15
12:00	8.5	16	16.5	12.9	15.1
12:30	9.6	16.1	16.4	12.7	14.7
13:00	10.1	16.2	16.5	12.8	15
13:30	10.3	16.2	16.5	12.9	15
14:00	9.7	16.1	16.5	13	15
14:30	9.5	15.8	16.5	13	15.1
15:00	9.5	15.8	16.5	12.9	15
15:30	9.5	15.7	16.5	13	15
16:00	9.2	15.7	16.5	12.9	15
16:30	8.9	15.7	16.5	12.8	14.9
17:00	8.8	15.6	16.5	12.8	14.9
17:30	8.7	15.7	16.5	12.7	14.9
18:00	8.6	15.7	16.5	12.7	15
18:30	8.4	15.7	16.5	12.7	14.9
19:00	8.3	15.5	16.5	12.7	15
19:30	8.4	15.5	16.5	12.6	15
20:00	8.4	15.5	16.5	12.6	15.1
20:30	8.6	15.6	16.5	12.6	15

（续表）

时间	室外	8层电梯厅	14层电梯厅	8层卫生间玄关	14层卫生间玄关
21:00	8.6	15.6	16.5	12.6	15.1
21:30	8.6	15.6	16.5	12.6	15
22:00	8.7	15.6	16.5	12.6	15
22:30	8.7	15.5	16.5	12.6	15.1
23:00	8.8	15.5	16.5	12.6	15.1
23:30	8.8	15.6	16.5	12.6	15
0:00	8.8	15.6	16.5	12.6	15
0:30	8.7	15.6	16.5	12.6	15
1:00	8.5	15.7	16.5	12.6	15
1:30	8.6	15.6	16.5	12.5	15
2:00	8.7	15.6	16.5	12.5	15
2:30	8.7	15.5	16.5	12.5	15
3:00	8.7	15.5	16.5	12.5	15
3:30	8.7	15.5	16.5	12.5	15
4:00	8.9	15.5	16.5	12.5	15
4:30	8.9	15.5	16.5	12.5	14.9
5:00	9.1	15.4	16.5	12.5	14.9
5:30	9.3	15.5	16.5	12.4	14.9
6:00	9.5	15.5	16.5	12.5	14.9
6:30	9.5	15.4	16.5	12.5	14.9
7:00	9.5	15.4	16.5	12.4	14.9
7:30	9.5	15.4	16.5	12.5	14.9
8:00	9.5	15.4	16.5	12.5	14.9
8:30	9.5	15.4	16.5	12.5	14.8
9:00	9.6	15.4	16.5	12.5	14.8
9:30	9.8	15.5	16.5	12.5	14.8
10:00	10.1	15.4	16.5	12.5	14.9

（续表）

时间	室外	8 层电梯厅	14 层电梯厅	8 层卫生间玄关	14 层卫生间玄关
10:30	10.2	15.4	16.5	12.5	15
11:00	10.3	15.4	16.5	12.5	15
11:30	10.6	15.4	16.5	12.5	15.2
12:00	10.9	15.4	16.5	12.6	15.2
12:30	11.2	15.5	16.5	12.7	15.3
13:00	11.3	15.5	16.5	12.7	15.3
13:30	11.7	15.6	16.6	12.7	15.3
14:00	11.5	15.6	16.5	12.7	15.3
14:30	11.3	15.6	16.5	12.8	15.3
15:00	11.3	15.7	16.5	12.8	15.3
15:30	10.9	15.7	16.5	12.8	15.3
16:00	10.7	15.6	16.5	12.8	15.3

附录B 2020.12.22—2020.12.24南京市同创软件大厦温度实测数据（℃）

时间	室内	走廊	室外	时间	室内	走廊	室外
0:00	14.7	11.9	5.0	21:00	14.6	12.3	8.1
0:30	14.7	11.9	4.8	21:30	14.6	12.2	8.0
1:00	14.6	11.9	4.8	22:00	14.6	12.1	8.0
1:30	14.6	11.7	5.0	22:30	14.6	12.1	8.2
2:00	14.6	11.7	5.1	23:00	14.6	12.1	8.3
2:30	14.6	11.6	5.2	23:30	14.6	12.2	8.1
3:00	14.6	11.8	4.8	0:00	14.6	12.2	8.0
3:30	14.5	11.8	4.5	0:30	14.6	12.3	7.7
4:00	14.5	11.8	4.1	1:00	14.6	12.4	7.5
4:30	14.5	11.8	3.9	1:30	14.5	12.3	7.4
5:00	14.5	11.8	3.8	2:00	14.5	12.2	7.3
5:30	14.4	11.8	3.6	2:30	14.5	12.1	7.2
6:00	14.4	11.8	3.5	3:00	14.5	12.0	7.3
6:30	14.4	11.7	3.3	3:30	14.5	11.9	7.3
7:00	14.4	11.5	3.2	4:00	14.5	11.9	7.3
7:30	14.4	11.6	3.5	4:30	14.5	12.0	7.1
8:00	14.4	11.9	4.0	5:00	14.5	11.9	6.5
8:30	14.4	11.6	4.7	5:30	14.5	11.8	6.3
9:00	14.4	11.4	7.6	6:00	14.5	11.7	6.5
9:30	14.5	11.5	10.2	6:30	14.5	11.7	6.5
10:00	14.5	11.7	12.1	7:00	14.5	11.8	6.5
10:30	14.5	11.8	13.3	7:30	14.5	11.8	6.2
11:00	14.6	11.9	13.4	8:00	14.5	11.8	6.9
11:30	14.6	12.0	13.0	8:30	14.5	11.9	7.6
12:00	14.6	12.1	11.9	9:00	14.5	12.0	9.7
12:30	14.5	12.8	11.4	9:30	14.6	12.2	11.5
13:00	14.6	12.4	10.8	10:00	14.6	12.4	10.9
13:30	14.6	12.1	11.0	10:30	14.6	12.7	11.7
14:00	14.7	12.1	11.3	11:00	14.6	12.5	12.3
14:30	14.7	12.2	11.4	11:30	14.6	12.5	12.5
15:00	14.6	13.6	11.4	12:00	14.6	12.4	12.6
15:30	14.6	12.6	11.2	12:30	14.7	12.5	12.3
16:00	14.7	12.7	10.9	13:00	14.8	12.6	12.3
16:30	14.7	12.7	10.7	13:30	14.9	12.7	12.1
17:00	14.8	12.7	10.3	14:00	14.9	14.0	11.9
17:30	14.8	12.9	9.8	14:30	14.9	13.6	11.9
18:00	14.8	12.7	9.3	15:00	14.9	13.0	11.8
18:30	14.8	13.1	8.9	15:30	14.9	13.0	11.7

（续表）

时间	室内	走廊	室外	时间	室内	走廊	室外
19:00	14.8	12.6	8.8	16:00	14.8	13.4	11.6
19:30	14.7	12.4	8.6	16:30	14.9	13.6	11.2
20:00	14.7	12.5	8.3	17:00	15.0	13.6	10.9
20:30	14.7	12.5	8.2	17:30	15.0	13.3	10.8
时间	室内	走廊	室外	时间	室内	走廊	室外
18:00	15.0	13.1	10.7	15:30	15.1	13.5	12.6
18:30	15.1	13.0	10.6	16:00	15.2	13.6	12.2
19:00	15.1	13.1	10.6	16:30	15.1	13.6	12.0
19:30	15.0	13.0	10.3	17:00	15.1	13.7	11.7
20:00	15.0	12.9	10.0	17:30	15.1	13.7	11.3
20:30	14.9	12.9	9.7	18:00	15.1	13.7	11.1
21:00	14.9	12.8	9.6	18:30	15.2	13.7	10.7
21:30	14.9	12.8	9.7	19:00	15.2	13.9	10.5
22:00	14.9	12.8	9.6	19:30	15.1	13.6	10.3
22:30	14.9	12.8	9.6	20:00	15.1	13.6	10.1
23:00	14.9	12.8	9.5	20:30	15.1	13.5	9.9
23:30	14.9	12.8	9.4	21:00	15.1	13.5	9.6
0:00	14.9	12.8	9.2	21:30	15.1	13.4	9.4
0:30	14.9	12.8	9.2	22:00	15.1	13.4	9.1
1:00	14.8	12.9	9.1	22:30	15.1	13.4	8.8
1:30	14.8	12.8	9.3	23:00	15.1	13.3	8.5
2:00	14.8	12.8	9.2	23:30	15.1	13.2	8.1
2:30	14.8	12.8	9.1				
3:00	14.8	12.8	8.9				
3:30	14.8	12.8	8.6				
4:00	14.8	12.8	8.3				
4:30	14.8	12.7	8.0				
5:00	14.8	12.7	7.6				
5:30	14.8	12.7	7.4				
6:00	14.8	12.6	7.3				
6:30	14.8	12.8	6.9				
7:00	14.8	12.7	6.9				
7:30	14.8	12.6	6.8				
8:00	14.8	12.7	6.9				
8:30	14.8	12.5	7.6				
9:00	14.8	12.6	9.4				
9:30	14.9	12.7	11.2				
10:00	14.9	13.0	12.7				

（续表）

时间	室内	走廊	室外	时间	室内	走廊	室外
10:30	14.9	13.0	13.9				
11:00	15.0	13.1	14.7				
11:30	15.0	13.2	14.2				
12:00	15.0	13.1	13.8				
12:30	15.0	13.1	13.4				
13:00	15.0	13.2	13.0				
13:30	15.1	13.3	13.0				
14:00	15.1	13.4	13.0				
14:30	15.1	13.4	13.0				
15:00	15.1	13.5	12.8				

附录C　2021.02.10—2021.02.13南阳市八中附属中学办公楼及教学楼温度实测数据（℃）

时间	室外	教科室	化学仪器室	走廊	一层教室	二层教室	三层教室	四层教室
12:00	12.8	11.8	10.9	11.4	9.6	10	10.4	10.9
12:30	13.5	11.7	10.9	11.5	9.8	10.3	10.7	11.2
13:00	13.9	11.8	10.9	11.6	10	10.6	10.9	11.4
13:30	14.3	11.8	11	11.7	10.2	10.8	11	11.7
14:00	14.7	11.8	11	11.8	10.4	10.9	11.2	12
14:30	15	11.9	11.1	11.9	10.5	11	11.4	12.2
15:00	14.6	11.9	11.2	11.9	10.7	11.2	11.6	12.4
15:30	14.4	12	11.3	12	10.9	11.3	11.7	12.6
16:00	14.4	12	11.3	12.1	11	11.5	11.8	12.9
16:30	14.3	12.1	11.4	12.2	10.9	11.5	11.8	12.9
17:00	13.8	12.2	11.5	12.2	10.8	11.5	11.9	12.9
17:30	13.3	12.2	11.5	12.3	10.8	11.4	11.8	12.9
18:00	12.7	12.2	11.5	12.3	10.7	11.3	11.7	12.7
18:30	12.1	12.2	11.5	12.2	10.7	11.2	11.6	12.6
19:00	11.7	12.1	11.5	12.2	10.6	11.1	11.5	12.5
19:30	11.3	12.1	11.5	12.1	10.6	11	11.5	12.4
20:00	11	12.1	11.5	12.1	10.5	11	11.4	12.4
20:30	10.6	12.1	11.5	12.1	10.5	10.9	11.3	12.4
21:00	10.3	12.1	11.5	12	10.5	10.9	11.3	12.4
21:30	10.3	12	11.5	12	10.4	10.9	11.3	12.3
22:00	10.2	12.1	11.6	12	10.4	10.9	11.2	12.3
22:30	10.1	12.1	11.6	12	10.4	10.9	11.2	12.2
23:00	9.8	12.1	11.5	11.9	10.4	10.8	11.1	12.1
23:30	9.5	12.1	11.4	11.8	10.3	10.7	11.1	12
0:00	9.5	12.1	11.4	11.7	10.3	10.7	11	11.9
0:30	9.3	12.1	11.3	11.6	10.3	10.6	11	11.8
1:00	9	12.1	11.3	11.6	10.3	10.5	11	11.7
1:30	8.7	12.1	11.2	11.5	10.2	10.4	10.9	11.6
2:00	8.3	12.1	11.1	11.4	10.2	10.4	10.8	11.5
2:30	8.3	12.1	11	11.4	10.1	10.3	10.7	11.4
3:00	8.3	12.1	11	11.3	10	10.2	10.6	11.2
3:30	8.1	12.1	10.9	11.2	10	10.1	10.6	11.1
4:00	8.1	12.1	10.9	11.2	9.9	10.1	10.5	11
4:30	7.8	12.1	10.8	11.1	9.9	10	10.4	10.9
5:00	7.6	12.1	10.7	11.1	9.8	10	10.4	10.8
5:30	7.4	12.1	10.7	11	9.8	9.9	10.3	10.7

（续表）

时间	室外	教科室	化学仪器室	走廊	一层教室	二层教室	三层教室	四层教室
6:00	7.2	12	10.6	10.9	9.7	9.9	10.2	10.6
6:30	7	12	10.5	10.8	9.6	9.8	10.1	10.5
7:00	6.8	12	10.5	10.7	9.5	9.7	10.1	10.3
7:30	6.8	12	10.4	10.6	9.5	9.6	10.1	10.3
8:00	7	12	10.5	10.7	9.5	9.6	10.1	10.3
8:30	7.3	12	10.9	10.9	9.6	9.7	10.1	10.4
9:00	8.3	12	11.3	11.2	9.7	9.8	10.1	10.5
9:30	9.8	12.1	11.4	11.6	9.8	10	10.3	10.8
10:00	10.6	12.1	11.5	11.9	10	10.3	10.7	11.1
10:30	11.3	12.2	11.5	12.2	10.1	10.6	11	11.5
11:00	12.1	12.3	11.5	12.4	10.3	10.9	11.2	11.8
11:30	13	12.3	11.6	12.6	10.3	11.1	11.5	12.1
12:00	13.8	12.3	11.6	12.8	10.5	11.4	11.9	12.3
12:30	14.2	12.3	11.7	12.9	10.7	11.7	12	12.5
13:00	14.5	12.4	11.7	12.9	10.9	11.8	12.2	12.7
13:30	14.9	12.5	11.8	13	11.1	12.1	12.4	13.1
14:00	15.3	12.5	11.9	13	11.3	12.3	12.6	13.3
14:30	16	12.5	12	13.1	11.6	12.6	12.8	13.6
15:00	15.3	12.6	12	13.2	11.6	12.5	12.8	13.6
15:30	15.6	12.7	12.1	13.2	11.7	12.7	12.9	13.8
16:00	15.5	12.8	12.2	13.3	11.8	12.7	13	13.9
16:30	15.3	12.9	12.2	13.3	11.8	12.7	13	14
17:00	14.8	12.9	12.2	13.4	11.7	12.6	13	14
17:30	14.4	12.9	12.3	13.5	11.6	12.5	12.9	13.9
18:00	13.8	12.9	12.2	13.4	11.6	12.5	12.8	13.8
18:30	13.2	12.9	12.2	13.4	11.5	12.3	12.8	13.7
19:00	13	12.9	12.3	13.4	11.4	12.3	12.7	13.7
19:30	12.4	12.9	12.3	13.4	11.4	12.2	12.6	13.6
20:00	12.1	12.9	12.3	13.4	11.3	12.1	12.6	13.6
20:30	11.7	12.9	12.3	13.3	11.3	12	12.5	13.5
21:00	11.7	12.9	12.3	13.3	11.3	12	12.5	13.5
21:30	11.4	12.9	12.4	13.2	11.2	11.9	12.4	13.4
22:00	11.2	12.9	12.4	13.2	11.2	11.9	12.4	13.3
22:30	11	12.9	12.4	13.2	11.2	11.8	12.4	13.3
23:00	10.8	12.9	12.4	13.1	11.2	11.8	12.3	13.2
23:30	10.8	12.9	12.5	13.1	11.2	11.8	12.3	13.1
0:00	10.8	12.9	12.4	13	11.2	11.8	12.2	13.1

（续表）

时间	室外	教科室	化学仪器室	走廊	一层教室	二层教室	三层教室	四层教室
0:30	11.1	12.9	12.4	13	11.2	11.8	12.2	13.1
1:00	11.1	12.9	12.5	12.9	11.2	11.8	12.2	13.1
1:30	10.9	12.9	12.4	12.9	11.2	11.8	12.2	13
2:00	10.8	12.9	12.4	12.9	11.2	11.7	12.1	12.9
2:30	10.6	12.9	12.4	12.8	11.2	11.7	12.1	12.9
3:00	10.6	12.9	12.3	12.8	11.1	11.7	12.1	12.8
3:30	10.7	12.9	12.3	12.8	11.1	11.7	12.1	12.8
4:00	10.6	12.9	12.3	12.7	11.1	11.7	12.1	12.7
4:30	10.4	12.9	12.2	12.7	11.1	11.6	12	12.6
5:00	10.3	12.9	12.2	12.6	11.1	11.6	12	12.5
5:30	10.2	12.9	12.2	12.5	11.1	11.6	11.9	12.5
6:00	9.9	12.9	12.2	12.5	11	11.5	11.9	12.4
6:30	10	12.9	12.1	12.4	11	11.4	11.9	12.4
7:00	10	12.9	12.1	12.3	10.9	11.4	11.9	12.3
7:30	9.7	12.9	12	12.3	10.9	11.3	11.8	12.2
8:00	9.8	12.9	12	12.3	10.9	11.3	11.8	12.2
8:30	10	12.9	12.2	12.3	10.9	11.3	11.8	12.1
9:00	10.5	12.9	12.4	12.5	11	11.4	11.9	12.3
9:30	11.3	13	12.5	12.7	11.1	11.6	11.9	12.6
10:00	12.1	13	12.5	13	11.2	11.8	12.2	12.9
10:30	12.9	13.1	12.5	13.2	11.3	11.9	12.4	13.1
11:00	13.8	13.1	12.5	13.4	11.4	12.2	12.7	13.3
11:30	14.5	13.2	12.6	13.6	11.6	12.4	12.8	13.6
12:00	15	13.2	12.6	13.8	11.7	12.6	13	13.8
12:30	15.6	13.3	12.7	13.9	11.9	12.7	13.2	14
13:00	16	13.3	12.7	14	12	13	13.5	14.2
13:30	16.4	13.4	12.8	14.1	12.2	13.2	13.6	14.5
14:00	16.6	13.4	12.9	14.1	12.3	13.3	13.7	14.6
14:30	16.6	13.5	12.9	14.2	12.4	13.5	13.8	14.8
15:00	16.4	13.6	13	14.3	12.6	13.5	13.9	15
15:30	15.9	13.6	13.1	14.4	12.7	13.6	14.1	15.2
16:00	16.2	13.7	13.1	14.4	12.7	13.6	14.1	15.3
16:30	15.5	13.8	13.2	14.5	12.7	13.6	14.1	15.3
17:00	15.3	13.8	13.2	14.5	12.6	13.6	14.1	15.3
17:30	14.8	13.8	13.3	14.5	12.6	13.6	14	15.2
18:00	14.5	13.8	13.2	14.5	12.5	13.5	13.9	15.1
18:30	13.9	13.8	13.2	14.4	12.5	13.4	13.8	15

（续表）

时间	室外	教科室	化学仪器室	走廊	一层教室	二层教室	三层教室	四层教室
19:00	13.7	13.8	13.3	14.4	12.4	13.3	13.8	14.9
19:30	13.2	13.8	13.3	14.4	12.4	13.3	13.7	14.9
20:00	13	13.8	13.3	14.4	12.4	13.2	13.7	14.8
20:30	13	13.8	13.3	14.4	12.3	13.2	13.7	14.7
21:00	12.8	13.8	13.3	14.3	12.3	13.1	13.7	14.7
21:30	12.6	13.8	13.3	14.3	12.3	13.1	13.7	14.6
22:00	12.3	13.8	13.4	14.2	12.3	13	13.6	14.6
22:30	12.2	13.8	13.4	14.2	12.3	13	13.6	14.6
23:00	12.1	13.8	13.4	14.1	12.2	13	13.5	14.5
23:30	11.9	13.8	13.4	14.1	12.2	12.9	13.5	14.4
0:00	11.7	13.8	13.4	14.1	12.2	12.9	13.4	14.3
0:30	12	13.8	13.4	14	12.2	12.9	13.4	14.3
1:00	12.2	13.8	13.4	14	12.2	12.9	13.5	14.3
1:30	12.4	13.8	13.5	14	12.2	12.9	13.5	14.3
2:00	12.4	13.8	13.5	13.9	12.2	13	13.5	14.3
2:30	12.5	13.8	13.5	13.9	12.2	13	13.5	14.2
3:00	12.6	13.8	13.5	13.9	12.2	13	13.5	14.2
3:30	12.6	13.9	13.5	13.9	12.2	13	13.5	14.2
4:00	12.4	13.9	13.5	13.9	12.2	13	13.5	14.2
4:30	12.4	13.9	13.5	13.8	12.2	12.9	13.4	14.1
5:00	12.4	13.9	13.5	13.8	12.2	12.9	13.4	14.1
5:30	12.1	13.9	13.4	13.8	12.2	12.9	13.4	14
6:00	11.9	13.9	13.4	13.7	12.2	12.8	13.4	13.9
6:30	11.9	13.9	13.3	13.7	12.2	12.8	13.3	13.8
7:00	11.7	13.9	13.2	13.7	12.2	12.7	13.2	13.8
7:30	11.4	13.9	13.1	13.6	12.1	12.7	13.2	13.7
8:00	11.7	13.9	13.1	13.5	12.1	12.7	13.1	13.6
8:30	12.2	13.9	13.2	13.5	12.2	12.7	13.2	13.7
9:00	12.7	13.9	13.3	13.6	12.2	12.8	13.3	13.8
9:30	13.2	14	13.5	13.7	12.3	12.9	13.4	14
10:00	14.4	14	13.5	13.9	12.4	13.1	13.6	14.3
10:30	15.3	14.1	13.6	14	12.6	13.3	13.7	14.5
11:00	15.6	14.1	13.6	14.1	12.7	13.5	13.9	14.7
11:30	16.3	14.2	13.6	14.2	12.8	13.6	14.1	14.9
12:00	16.7	14.2	13.7	14.4	12.9	13.7	14.3	15.1
12:30	16.9	14.3	13.7	14.5	13	13.8	14.4	15.3
13:00	17.2	14.3	13.8	14.6	13.1	14	14.6	15.4

（续表）

时间	室外	教科室	化学仪器室	走廊	一层教室	二层教室	三层教室	四层教室
13:30	17.7	14.4	13.8	14.7	13.2	14.1	14.6	15.6
14:00	17.5	14.4	13.8	14.8	13.2	14.2	14.7	15.8
14:30	17.4	14.5	13.9	14.9	13.2	14.2	14.7	15.8
15:00	17.3	14.5	13.9	14.9	13.2	14.2	14.7	15.8
15:30	16.3	14.5	13.9	14.9	13.2	14.2	14.7	15.8
16:00	16	14.5	13.9	14.9	13.2	14.1	14.6	15.7
16:30	15.6	14.5	14	14.9	13.2	14.1	14.6	15.7
17:00	15.4	14.6	14	14.9	13.2	14.2	14.6	15.7
17:30	15.1	14.6	14	14.9	13.2	14.1	14.6	15.7
18:00	14.8	14.6	14	14.9	13.2	14.1	14.6	15.6
18:30	14.4	14.6	14	14.9	13.2	14.1	14.6	15.5

附录 D 2021.02.15—2021.02.18 南阳市某住宅温度实测数据（℃）

时间	室外	阳台	次卧室 1	次卧室 2	卫生间	主卧室
17:30	10.5	12.1	13.5	13.6	13.9	13.6
18:00	9.9	12.2	13.7	13.7	14	13.7
18:30	9.6	12.1	13.7	13.7	13.8	13.8
19:00	9.5	12.1	13.6	13.8	13.8	13.8
19:30	9.4	12	13.7	13.8	14.1	13.8
20:00	9.1	12.1	13.7	13.8	13.8	13.9
20:30	8.7	12	13.6	13.8	13.8	13.9
21:00	8.5	12	13.6	13.9	13.7	14
21:30	8.1	12	13.6	13.9	13.6	14
22:00	8	12	13.5	13.9	13.8	14.1
22:30	7.8	12	13.7	13.9	14.2	14.1
23:00	7.7	11.9	13.7	13.9	14	14.2
23:30	7.5	11.8	13.7	13.9	13.8	14.2
0:00	7.3	11.8	13.7	13.9	13.7	14.1
0:30	7.1	11.7	13.7	13.9	13.6	14.1
1:00	6.9	11.6	13.7	13.9	13.5	14.1
1:30	6.5	11.7	13.7	13.9	13.3	14.1
2:00	6.3	11.5	13.7	13.9	13.3	14.1
2:30	6	11.4	13.7	13.9	13.3	14.1
3:00	5.8	11.3	13.7	13.8	13.2	14.1
3:30	5.7	11.3	13.7	13.8	13.1	14.1
4:00	5.4	11.2	13.7	13.8	13.1	14.1
4:30	5.2	11.1	13.7	13.9	12.9	14
5:00	4.9	11.1	13.7	13.8	12.9	14
5:30	4.9	11.1	13.7	13.8	12.8	14
6:00	4.7	11	13.7	13.8	12.8	14
6:30	4.5	10.9	13.7	13.8	12.7	14
7:00	4.4	10.9	13.7	13.8	12.5	14
7:30	4.2	10.8	13.7	13.8	12.8	13.9
8:00	4.4	10.7	13.6	13.8	12.9	13.9
8:30	5.3	10.7	13.6	13.8	12.7	13.9
9:00	6	10.7	13.7	13.7	12.9	13.9
9:30	6.9	10.8	13.6	13.7	13.1	13.9
10:00	8.3	11	13.6	13.7	13.3	13.9
10:30	8.6	11.1	13.5	13.7	13.1	13.9
11:00	9.9	11.6	13.5	13.7	13	13.9
11:30	10.7	12	13.5	13.7	12.9	13.9
12:00	12	12.5	13.5	13.7	13.5	14

（续表）

时间	室外	阳台	次卧室 1	次卧室 2	卫生间	主卧室
12:30	13	13	13.5	13.7	13.5	14.1
13:00	13.9	13.6	13.5	13.7	13.4	14.2
13:30	14.7	14	13.5	13.7	13.3	14.2
14:00	15.2	14.5	13.6	13.8	13.5	14.2
14:30	15.8	14.5	13.6	13.8	13.5	14.2
15:00	16.5	14.2	13.6	13.8	13.3	14.2
15:30	16	14	13.5	13.7	13.2	14.2
16:00	15.8	14.1	13.5	13.7	13.1	14.2
16:30	15.6	14	13.5	13.7	13.1	14.2
17:00	15.2	14	13.5	13.7	13	14.2
17:30	14.6	14	13.5	13.7	12.9	14.1
18:00	13.9	13.9	13.4	13.7	13.1	14.1
18:30	13.2	13.9	13.4	13.7	13.4	14.2
19:00	12.5	13.8	13.5	13.7	13.2	14.1
19:30	12.4	13.8	13.5	13.7	13.2	14.1
20:00	11.9	13.8	13.6	13.7	13.6	14.1
20:30	11.4	13.7	13.5	13.7	13.2	14.1
21:00	11	13.6	13.5	13.7	13.4	14.1
21:30	10.5	13.6	13.5	13.8	13.3	14.1
22:00	10.3	13.5	13.4	13.8	13.5	14.1
22:30	10	13.4	13.4	13.8	13.7	14.1
23:00	9.8	13.4	13.4	13.8	14	14.1
23:30	9.5	13.3	13.5	13.8	13.6	14.2
0:00	9.2	13.2	13.6	13.8	13.4	14.2
0:30	9.1	13.1	13.6	13.8	13.2	14.2
1:00	9.5	13	13.6	13.8	13.1	14.2
1:30	9.5	12.9	13.6	13.8	13	14.2
2:00	9.3	12.9	13.6	13.8	13	14.2
2:30	9.1	12.8	13.6	13.7	12.9	14.2
3:00	8.5	12.7	13.6	13.7	12.8	14.2
3:30	8.1	12.5	13.6	13.7	12.8	14.2
4:00	7.8	12.4	13.6	13.7	12.8	14.1
4:30	7.4	12.2	13.5	13.7	12.7	14.1
5:00	7.2	12.2	13.5	13.6	12.6	14.1
5:30	7	12	13.5	13.6	12.6	14.1
6:00	6.7	12	13.5	13.6	12.4	14
6:30	6.3	11.9	13.4	13.6	12.4	14
7:00	6.1	11.8	13.4	13.6	12.4	14

（续表）

时间	室外	阳台	次卧室 1	次卧室 2	卫生间	主卧室
7:30	6	11.7	13.4	13.6	12.4	14
8:00	6.3	11.6	13.4	13.6	12.7	14
8:30	6.7	11.6	13.4	13.6	12.8	14
9:00	7.3	11.7	13.4	13.6	13	14
9:30	8.3	11.8	13.5	13.6	13.2	14
10:00	8.9	12.1	13.7	13.6	13.2	14.1
10:30	9.5	12.4	13.8	13.6	13.1	14.1
11:00	10.7	12.7	13.8	13.6	13.1	14.2
11:30	11.4	13	13.7	13.6	13.3	14.2
12:00	12.1	13.4	13.7	13.6	13.5	14.2
12:30	12.6	13.8	13.8	13.6	13.5	14.2
13:00	13.3	14.1	13.8	13.6	13.8	14.3
13:30	13.8	14.5	13.7	13.6	13.6	14.4
14:00	14.2	14.9	13.7	13.6	13.8	14.5
14:30	14.5	15	13.7	13.6	13.8	14.5
15:00	14.5	14.7	13.6	13.6	13.7	14.4
15:30	14.5	14.5	13.6	13.6	13.5	14.4
16:00	14.3	14.4	13.5	13.6	13.4	14.3
16:30	14.2	14.4	13.5	13.6	13.2	14.3
17:00	13.6	14.3	13.4	13.6	13.1	14.3
17:30	13	14.2	13.4	13.6	13.1	14.3
18:00	12.5	14.2	13.4	13.6	13.2	14.3
18:30	11.8	14.1	13.3	13.6	13.5	14.3
19:00	11.3	14	13.3	13.6	13.6	14.4
19:30	11.1	13.9	13.3	13.6	13.5	14.4
20:00	10.9	13.9	13.5	13.6	13.8	14.4
20:30	10.7	13.8	13.6	13.6	13.6	14.4
21:00	10.9	13.8	13.7	13.6	13.4	14.4
21:30	10.6	13.8	13.7	13.6	13.5	14.4
22:00	10.3	13.7	13.7	13.7	13.8	14.4
22:30	10	13.6	13.7	13.6	13.8	14.3
23:00	9.7	13.5	13.7	13.6	14.4	14.3
23:30	9.5	13.4	13.7	13.7	14.1	14.3
0:00	9.2	13.3	13.6	13.7	13.8	14.3
0:30	8.9	13.2	13.6	13.7	13.7	14.3
1:00	8.7	13.1	13.6	13.6	13.5	14.2
1:30	8.5	13	13.6	13.6	13.4	14.2
2:00	8.3	12.9	13.6	13.6	13.3	14.2

（续表）

时间	室外	阳台	次卧室 1	次卧室 2	卫生间	主卧室
2:30	8.1	12.9	13.6	13.6	13.2	14.2
3:00	7.9	12.8	13.6	13.7	13.1	14.2
3:30	7.7	12.8	13.6	13.7	13.1	14.2
4:00	7.6	12.7	13.6	13.6	13.1	14.2
4:30	7.4	12.6	13.5	13.6	13	14.2
5:00	7.3	12.5	13.5	13.6	12.9	14.2
5:30	7	12.5	13.5	13.7	12.9	14.2
6:00	6.9	12.4	13.5	13.7	12.8	14.2
6:30	6.8	12.4	13.5	13.6	12.8	14.2
7:00	6.8	12.2	13.5	13.7	12.6	14.2
7:30	6.9	12.1	13.5	13.6	12.7	14.2
8:00	7.1	12.1	13.5	13.6	12.7	14.2
8:30	7.8	12	13.5	13.7	12.7	14.2
9:00	8.3	12.1	13.5	13.6	13.1	14.1
9:30	9.5	12.2	13.5	13.6	13.2	14.1
10:00	10.6	12.5	13.5	13.6	13.5	14.2
10:30	11	12.8	13.6	13.6	13.6	14.2
11:00	11.9	13	13.7	13.6	13.6	14.2
11:30	12.9	13.4	13.8	13.6	13.5	14.3
12:00	13.5	13.7	13.9	13.7	13.8	14.3
12:30	14	14	14	13.6	13.7	14.4
13:00	14.8	14.4	13.9	13.6	13.6	14.4
13:30	15.2	14.7	13.8	13.6	13.5	14.5
14:00	15.5	15.1	13.9	13.7	13.5	14.6
14:30	15.7	15.3	13.9	13.7	13.8	14.6
15:00	15.6	15	13.9	13.7	13.9	14.6
15:30	15.6	14.8	13.8	13.7	13.8	14.6
16:00	15.5	14.7	13.7	13.7	13.7	14.6
16:30	15.4	14.7	13.7	13.7	13.5	14.6
17:00	14.8	14.7	13.7	13.7	13.4	14.6
17:30	14.1	14.7	13.7	13.7	13.3	14.6
18:00	13.5	14.6	13.7	13.7	13.1	14.5
18:30	12.8	14.5	13.7	13.7	13.1	14.5

彩 图

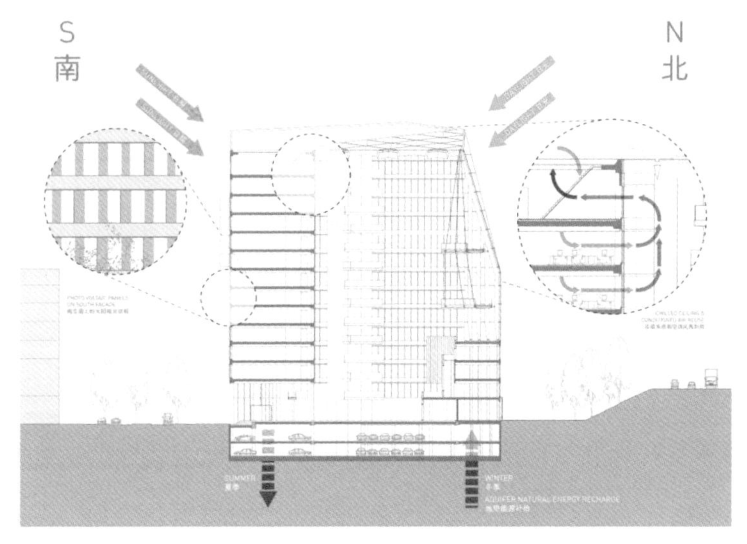

图 5-21 阿姆斯特丹前沿大厦节能设计

（图片来源：PLP Architecture，https://www.archdaily.cn/cn/785999/, 2016-04-21）

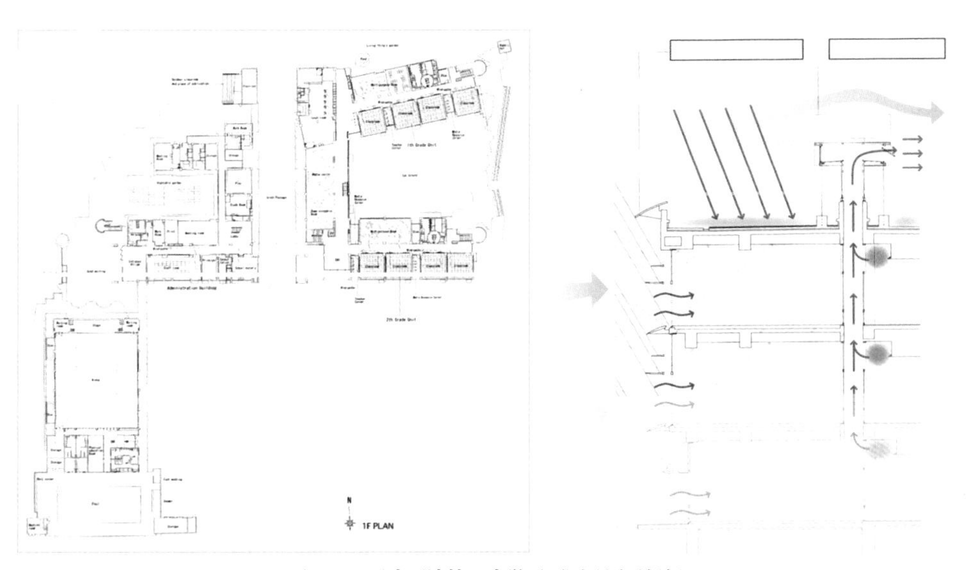

图 5-24 日本玉津第一小学平面图及通风组织

（图片来源：参考文献[59]）

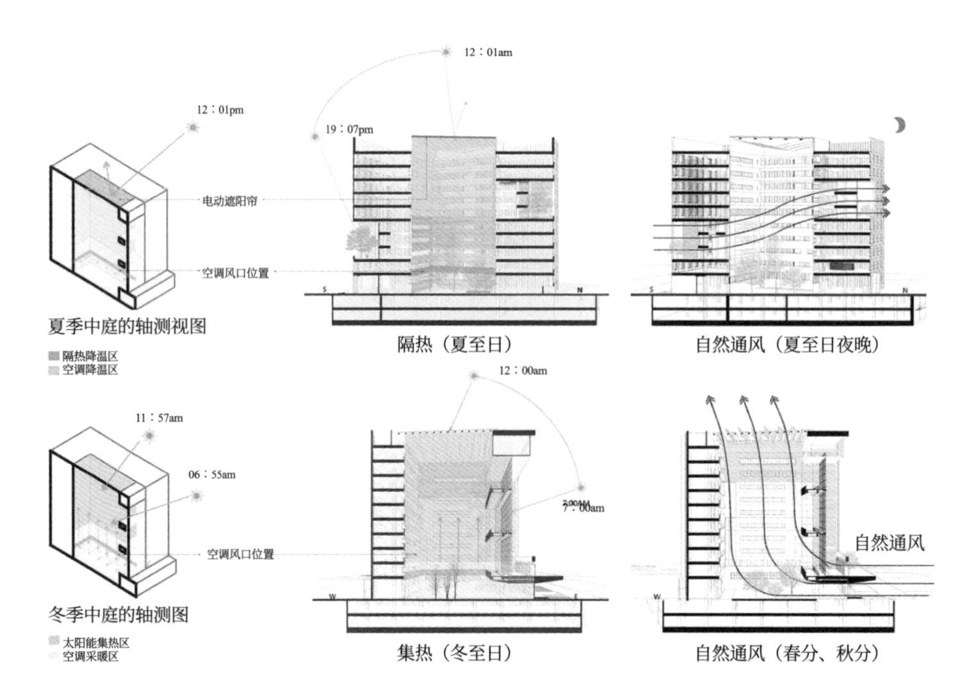

图 5-28 常州港华润燃气调度服务中心中庭可变式设计

（图片来源：东南大学建筑设计研究院，https://www.archdaily.cn/cn/953219/，2020-12-14/2021-04-13）

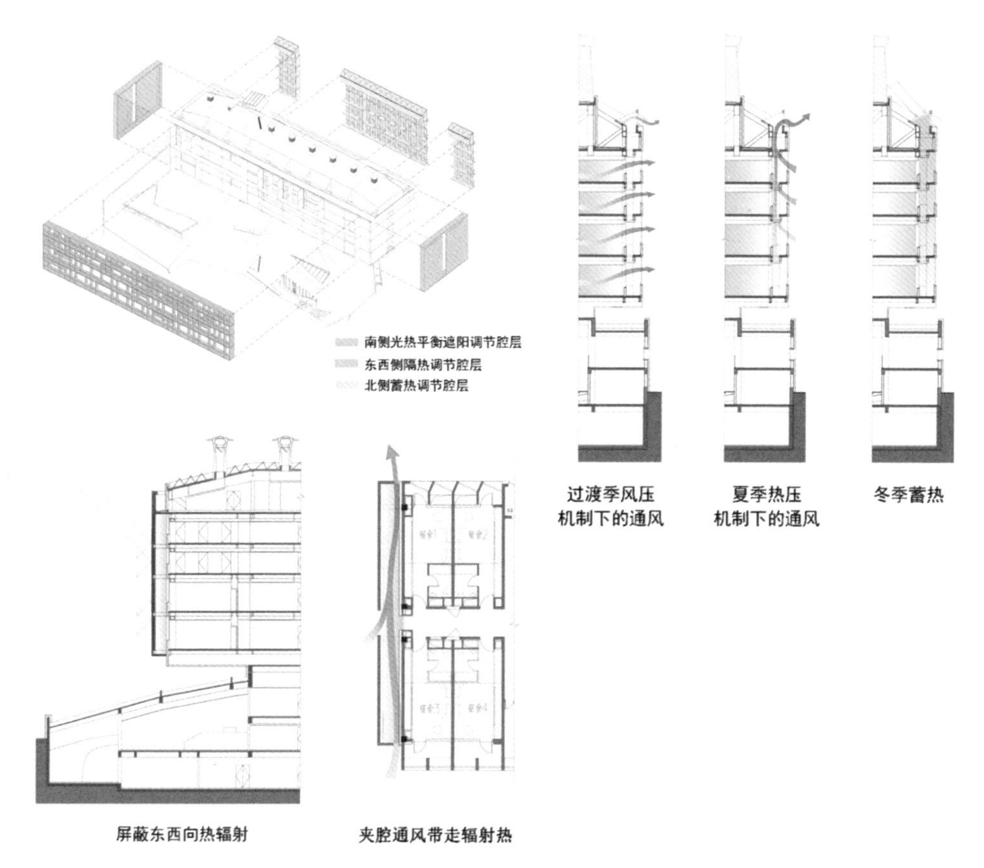

图 5-34 盐城市城南新区教师培训中心节能分析

（图片来源：风土建筑 DesignLab）

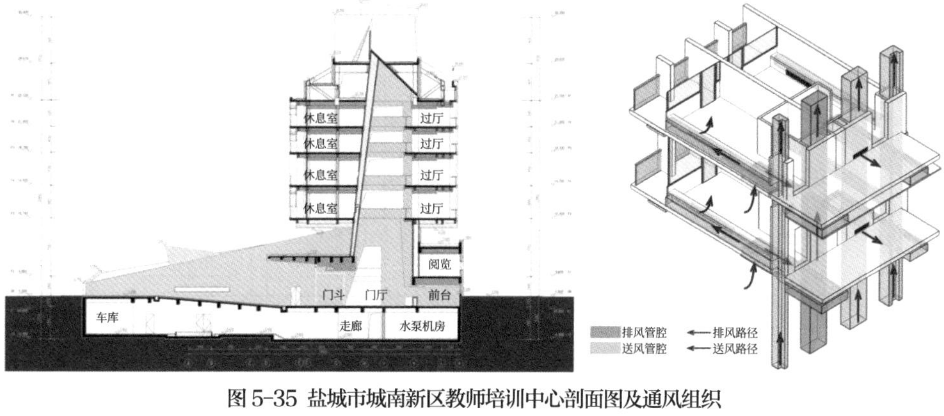

图 5-35 盐城市城南新区教师培训中心剖面图及通风组织

（图片来源：风土建筑 DesignLab）

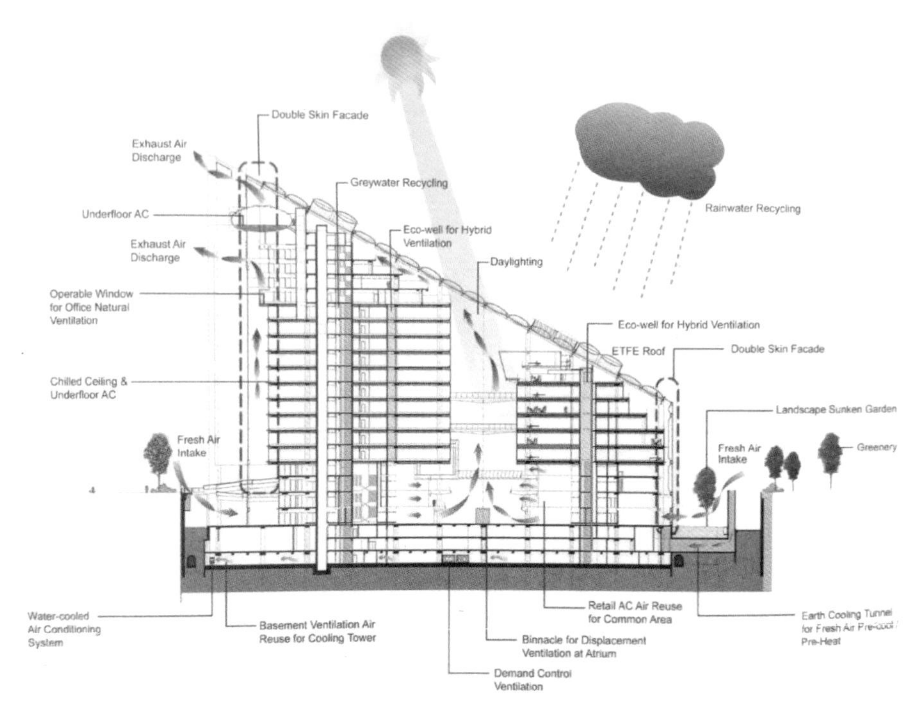

图 5-36 北京侨福芳草地综合体节能设计

（图片来源：参考文献 [59]）